化学工程与技术研究生教学丛书

过程装备固体力学基础

陈 旭 主编

天津大学研究生创新人才培养项目资助

科学出版社

北 京

内 容 简 介

本书介绍了在过程装备设计中所应用的固体力学方面的基本理论和基础知识。主要内容包括弹性力学基本方法和平面问题解答、厚壁圆筒的应力分析、薄板弯曲理论、旋转薄壳理论、高周疲劳及应力-寿命方法、低周疲劳及应变-寿命方法、断裂力学和疲劳裂纹扩展、高温蠕变强度、有限单元法简介、ANSYS 软件介绍等。

本书可作为高等学校过程装备与控制工程专业本科生和化工过程机械方向研究生的基础课教材，也可供相关专业工程技术人员参考。

图书在版编目（CIP）数据

过程装备固体力学基础/陈旭主编. —北京：科学出版社，2022.4
（化学工程与技术研究生教学丛书）
ISBN 978-7-03-071956-0

Ⅰ. ①过… Ⅱ. ①陈… Ⅲ. ①化工过程-化工设备-固体力学-研究生-教材 Ⅳ. ①TQ051

中国版本图书馆 CIP 数据核字（2022）第 047512 号

责任编辑：陈雅娴 李丽娇 / 责任校对：杨 赛
责任印制：张 伟 / 封面设计：无极书装

科 学 出 版 社 出版
北京东黄城根北街 16 号
邮政编码：100717
http://www.sciencep.com
北京九州迅驰传媒文化有限公司 印刷
科学出版社发行 各地新华书店经销
*
2022 年 4 月第 一 版 开本：787×1092 1/16
2022 年 4 月第一次印刷 印张：15 3/4
字数：370 000
定价：89.00 元
（如有印装质量问题，我社负责调换）

前　言

为了满足本科生必修课过程装备力学基础的授课需要，编者于 2001 年编写出版了普通高等教育"十一五"国家级规划教材《过程装备力学基础》，并于 2006 年修订再版。通过对用人单位特别是设计院的回访，发现他们均要求学生在化工设备分析设计和力学基础方面有很扎实的基础，以适应复杂工程设计的需要。因此，天津大学为化工过程机械硕士研究生也开设了学位课程过程装备固体力学基础，至今已有十多年，但一直没有编写教材。为了适应新时期天津大学本硕博贯通的培养模式，要在有限的学时中将过程装备与控制工程专业所涉及的固体力学知识都集成到一门课程中，使学生系统掌握力学知识。因此，编者将课程重新整合并编写了本书。

过程装备与控制工程专业的学生需要掌握压力容器设计和运行的知识，所面对的设备涉及国民经济的重大行业，设备安全运行尤其重要。有关设备的设计涉及较深的力学知识，因而要求该专业学生掌握扎实的固体力学知识，为今后学习压力容器分析设计技术打下基础。对过程装备固体力学基础课程的学习，是初步掌握固体力学知识和方法的捷径。本书涉及固体力学的三个方面，第一篇介绍弹塑性力学及板壳理论；第二篇介绍过程装备的疲劳、断裂和蠕变；第三篇介绍过程装备结构应力分析。本书涉猎较广，但由于篇幅和学时所限，深度有限，一些内容只是入门阶段，若要深入掌握，需要学生寻找相应的书籍自学，每篇内容都有相应的专著介绍。

本书基于原有《过程装备力学基础》改编，主要在第二篇"过程装备的疲劳、断裂和蠕变"以及第三篇"过程装备结构应力分析"做了较大修改。课程总学时建议 48 学时，讲授内容安排可如下考虑：弹塑性力学及板壳理论约 32 学时，以精讲多练为原则，每章后都附有习题，以便学生自学和练习，这是容器设计的理论基础，应为必修内容。过程装备的疲劳、断裂和蠕变以及结构应力分析共 16 学时，介绍基本概念和应用实例。

本书编写分工如下：第 1 章、5~8 章由天津大学陈旭编写，第 2、3 章由太原理工大学段滋华编写，第 4 章由天津大学谭蔚编写，第 9 章由太原理工大学张铱芬编写，第 10 章由天津大学刘彩明和陈旭编写，全书由陈旭主编。研究生靳鹏飞、付巳超、王纵驰、李兵兵、李亚晶、岳文俊、孙兴悦等为图片及文字的整理工作给予了很大的帮助。

本书的编写和出版得到了天津大学研究生创新人才培养项目的资助。

由于编者水平有限，编写时间仓促，书中不妥之处在所难免，望读者提出意见以便更正。

编　者

2021 年 12 月于北洋园

目 录

第二篇　过程装备的疲劳、断裂和蠕变

第一篇 弹塑性力学及板壳理论

第1章

弹性力学基本方法和平面问题解答

1.1 弹性力学的基本方法

1.1.1 弹性力学的内容

弹性力学是研究物体在弹性范围内由于外载荷作用或物体温度改变而产生的应力、应变和位移。就此而言,弹性力学的任务和材料力学是相似的。材料力学中关于弹性体的均匀连续假设和各向同性假设也适用于弹性力学。

弹性力学和材料力学的不同在于:材料力学主要研究杆件和比较简单的杆件系统,且在研究杆件和杆件系统时,为简化数学推导,在大量实验观察的基础上,采用了关于变形和应力分布的假设,并以一个有限大的单元体作为研究对象;而弹性力学除了研究杆件外,还研究平面问题及空间问题,在研究这些问题时,并不采用变形和应力分布之类的假设,由于结构和受力的复杂性,以无限小的单元体作为研究和分析问题的出发点,并由力平衡方程、几何方程和物理方程等构成数学-力学问题求解。

1.1.2 弹性力学中的几个基本概念

弹性力学中经常用到的基本概念有外力、应力、应变和位移。

作用于物体的外力可以分为体积力(体力)和表面力(面力)两种。体力是分布在物体体积内的力,如重力和惯性力;面力是分布在物体表面上的力,如流体的压力和接触力。

物体在外力作用下将产生变形。为了反抗这种变形,其内部就要产生相互作用力,称为内力。内力在各点的集度就是各点的应力。对于应力,通常用其沿作用截面的法线方向和切线方向的分量,即正应力 σ 和剪应力 τ 来表示。因为这些分量与物体的形状改变或材料的强度有直接关系。

为了考察物体受载后内部某一点 P 的应力,在 P 点从物体内取出一个微小的正六面体,它的棱边平行于坐标轴,长度为 $PA = \Delta x$, $PB = \Delta y$, $PC = \Delta z$,如图 1-1 所示。将每个面上的应力分解为一个正应力和两个剪应力,分别与三个坐标轴平行。为了表明应力的作用面和作用方向,在正应力 σ 上加一个坐标角码,如 σ_x 是指作用在垂直于 x 轴的面上,并与 x 轴方向平行的正应力;在剪应力 τ 上加两个坐标角码,前一个角码表明作用面垂直于哪一个坐标轴,后一个角码表明作用方向沿着哪一个坐标轴,如 τ_{xy} 是指作用在垂直于 x 轴的面上而沿 y 轴方向的剪应力。如果某个截面上的外法线是沿着坐标轴

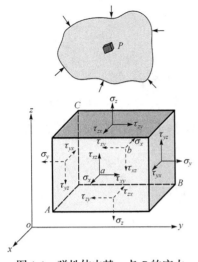

图 1-1　弹性体内某一点 P 的应力

的正方向，这个截面就称为一个正面。在这个面上的应力分量就以沿坐标轴正方向为正，沿坐标轴负方向为负。反之，如果某个截面上的外法线是沿着坐标轴的负方向，这个截面就称为一个负面，而在这个面上的应力分量就以沿坐标轴负方向为正，沿坐标轴正方向为负。图 1-1 所示的应力分量全部都是正的。

六个剪应力之间具有一定的互等关系。例如，以连接正六面体前后两面中心的直线 ab 为力矩轴，见图 1-1，写出力矩平衡方程为

$$2\tau_{yz}\Delta z\Delta x\frac{\Delta y}{2} - 2\tau_{zy}\Delta y\Delta x\frac{\Delta z}{2} = 0$$

由此得到

$$\tau_{yz} = \tau_{zy}$$

同样可以建立其余两个相似的方程，可得出

$$\tau_{zx} = \tau_{xz}, \ \tau_{xy} = \tau_{yx}$$

这就证明了剪应力互等定律，即作用在两个垂直面上且垂直于该两面交线的剪应力是互等的，大小相等，正负号也相同。因此，剪应力记号的两个角码可以对调。

在九个应力分量中，只有六个独立的未知量，即三个正应力 σ_x、σ_y、σ_z 和三个剪应力 τ_{xy}、τ_{yz}、τ_{zx}。与材料力学的分析相似，利用静力平衡，过 P 点所作的任意斜截面上的应力都可用上述六个应力分量来确定。因此，这六个应力分量确定为 P 点的应力状态。应力分析的目的就是确定物体受载后各点的六个应力分量，进而求得主应力，作为强度设计的依据。

物体的形状可以用它各部分的长度和角度表示。因此，物体受外载后的变形也可以归结为长度的改变和角度的改变。例如，求物体内某点 P 的变形，可在 P 点沿坐标轴 x、y、z 正方向取三个微小线段 PA、PB、PC，如图 1-1 所示。物体变形后，PA、PB、PC 的长度以及它们之间的直角一般将改变。各线段的每单位长度的伸长或缩短称为正应变，用字母 ε 表示；各线段之间的直角改变以弧度为单位，称为剪应变，用字母 γ 表示。在正应变 ε 上加一个坐标角码表示伸缩的方向，如 ε_x 表示 x 方向的线段 PA 的正应变；在剪应变 γ 上加两个坐标角码，表示两方向线段之间的直角改变，如 γ_{yz} 表示 y 与 z 两方向的线段即 PB 与 PC 之间的直角改变。正应变以伸长为正，缩短为负；剪应变以直角变小为正，变大为负。这些规定和正应力、剪应力的符号规定是相对应的。

物体内任一点的位移用它在 x、y、z 三轴上的投影 u、v、w 表示。沿坐标轴正方向为正，反之为负。这三个投影称为该点的位移分量。

一般而论，弹性体内任意一点的体力分量、面力分量、应力分量、应变分量和位移分量随着该点的位置而变，因而都是位置坐标的函数。弹性力学所研究的绝大多数是静不定问题，必须综合应用平衡(应力、体力、面力之间的关系)、几何(应变、位移、边界位移

之间的关系)和物理(应力、应变之间的关系)三个方面的方程才能得到问题的解答。

1.1.3 弹性力学的基本方程

1. 平衡微分方程

在物体内任意一点 P 处割取一个微小的正六面体,如图 1-2 所示。六面体垂直于坐标轴,沿 x、y、z 方向的长度分别为 dx、dy、dz。因为应力分量是 x、y、z 坐标的函数,所以作用在小单元体三对面上的应力分量是不同的。

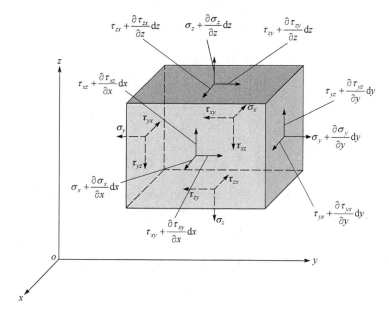

图 1-2 单元体受力分析

在垂直 x 轴的两个面上应力分别为

$$\sigma_x \text{、} \tau_{xy} \text{、} \tau_{xz} \quad \text{和} \quad \sigma_x + \frac{\partial \sigma_x}{\partial x}dx \text{、} \tau_{xy} + \frac{\partial \tau_{xy}}{\partial x}dx \text{、} \tau_{xz} + \frac{\partial \tau_{xz}}{\partial x}dx$$

在垂直 y 轴的两个面上的应力分别为

$$\sigma_y \text{、} \tau_{yx} \text{、} \tau_{yz} \quad \text{和} \quad \sigma_y + \frac{\partial \sigma_y}{\partial y}dy \text{、} \tau_{yx} + \frac{\partial \tau_{yx}}{\partial y}dy \text{、} \tau_{yz} + \frac{\partial \tau_{yz}}{\partial y}dy$$

在垂直 z 轴的两个面上的应力分别为

$$\sigma_z \text{、} \tau_{zx} \text{、} \tau_{zy} \quad \text{和} \quad \sigma_z + \frac{\partial \sigma_z}{\partial z}dz \text{、} \tau_{zx} + \frac{\partial \tau_{zx}}{\partial z}dz \text{、} \tau_{zy} + \frac{\partial \tau_{zy}}{\partial z}dz$$

因为正六面体是微小的,各面上所受的应力可以认为是均匀分布,其合力作用在对应面的中心。正六面体上的外力为体力,沿 x、y、z 轴的分量为 X、Y、Z。体力 X、Y、Z 也可以认为是均匀分布的,其合力作用在体积中心。正六面体的受力情况如图 1-2 所示。

由图 1-2 所示的正六面体可列出三个静力平衡方程:

沿 x 轴的力的平衡方程 $\sum F_x = 0$

$$\left(\sigma_x + \frac{\partial \sigma_x}{\partial x}\mathrm{d}x\right)\mathrm{d}y\mathrm{d}z - \sigma_x\mathrm{d}y\mathrm{d}z + \left(\tau_{yx} + \frac{\partial \tau_{yx}}{\partial y}\mathrm{d}y\right)\mathrm{d}x\mathrm{d}z - \tau_{yx}\mathrm{d}x\mathrm{d}z$$

$$+ \left(\tau_{zx} + \frac{\partial \tau_{zx}}{\partial z}\mathrm{d}z\right)\mathrm{d}x\mathrm{d}y - \tau_{zx}\mathrm{d}x\mathrm{d}z + X\mathrm{d}x\mathrm{d}y\mathrm{d}z = 0$$

化简后，两边同除以 $\mathrm{d}x\mathrm{d}y\mathrm{d}z$，得 $\frac{\partial \sigma_x}{\partial x} + \frac{\partial \tau_{yx}}{\partial y} + \frac{\partial \tau_{zx}}{\partial z} + X = 0$。同理，由 $\sum F_y = 0$ 得 $\frac{\partial \tau_{xy}}{\partial x} +$

$\frac{\partial \sigma_y}{\partial y} + \frac{\partial \tau_{zy}}{\partial z} + Y = 0$，由 $\sum F_z = 0$ 得 $\frac{\partial \tau_{xz}}{\partial x} + \frac{\partial \tau_{yz}}{\partial y} + \frac{\partial \sigma_z}{\partial z} + Z = 0$，即

$$\left.\begin{array}{c}\dfrac{\partial \sigma_x}{\partial x} + \dfrac{\partial \tau_{yx}}{\partial y} + \dfrac{\partial \tau_{zx}}{\partial z} + X = 0\\[2mm]\dfrac{\partial \tau_{xy}}{\partial x} + \dfrac{\partial \sigma_y}{\partial y} + \dfrac{\partial \tau_{zy}}{\partial z} + Y = 0\\[2mm]\dfrac{\partial \tau_{xz}}{\partial x} + \dfrac{\partial \tau_{yz}}{\partial y} + \dfrac{\partial \sigma_z}{\partial z} + Z = 0\end{array}\right\} \tag{1-1}$$

式(1-1)即为物体的平衡方程。对于这一微正六面体的力矩平衡条件，同样可以导出剪应力互等定律

$$\left.\begin{array}{l}\sum M_x = 0, \quad \tau_{yz} = \tau_{zy}\\[2mm]\sum M_y = 0, \quad \tau_{xz} = \tau_{zx}\\[2mm]\sum M_z = 0, \quad \tau_{xy} = \tau_{yx}\end{array}\right\} \tag{1-2}$$

2. 几何方程

当物体变形后的各点位移分量确定后，各微元体的应变分量也相应地确定了。所以位移分量与应变分量之间有着密切的关系，而这种关系纯属几何方面的。在 1.2 节将给出平面问题几何方程的推导，这里直接给出空间问题的几何方程：

$$\left.\begin{array}{ll}\varepsilon_x = \dfrac{\partial u}{\partial x}, & \gamma_{xy} = \dfrac{\partial v}{\partial x} + \dfrac{\partial u}{\partial y}\\[2mm]\varepsilon_y = \dfrac{\partial v}{\partial y}, & \gamma_{yz} = \dfrac{\partial w}{\partial y} + \dfrac{\partial v}{\partial z}\\[2mm]\varepsilon_z = \dfrac{\partial w}{\partial z}, & \gamma_{zx} = \dfrac{\partial u}{\partial z} + \dfrac{\partial w}{\partial x}\end{array}\right\} \tag{1-3}$$

式(1-3)给出了六个应变分量和三个位移分量之间的关系。

3. 物理方程

在完全弹性的各向同性体内，应变分量与应力分量之间的关系式也就是物理方程，可以由在材料力学中已经得到的广义胡克定律给出：

$$\varepsilon_x = \frac{1}{E}\left[\sigma_x - \mu\left(\sigma_y + \sigma_z\right)\right]$$

$$\varepsilon_y = \frac{1}{E}\left[\sigma_y - \mu\left(\sigma_x + \sigma_z\right)\right]$$

$$\varepsilon_z = \frac{1}{E}\left[\sigma_z - \mu\left(\sigma_x + \sigma_y\right)\right]$$

$$\gamma_{xy} = \frac{1}{G}\tau_{xy}$$

$$\gamma_{yz} = \frac{1}{G}\tau_{yz}$$

$$\gamma_{zx} = \frac{1}{G}\tau_{zx}$$

(1-4)

式中，E 为弹性模量；G 为剪切弹性模量；μ 为泊松比。这三个弹性常量之间有如下关系：

$$G = \frac{E}{2(1+\mu)}$$

(1-5)

以上导出的 3 个平衡微分方程[式(1-1)]、6 个几何方程[式(1-3)]和 6 个物理方程[式(1-4)]为弹性力学空间问题的 15 个基本方程。这 15 个基本方程中包含 15 个未知量：6 个应力分量 σ_x、σ_y、σ_z、τ_{xy}、τ_{yz}、τ_{zx}，6 个应变分量 ε_x、ε_y、ε_z、γ_{xy}、γ_{yz}、γ_{zx}，3 个位移分量 u、v、w。基本方程数目和未知函数的数目相等，在适当的边界条件下是能得到解答的。

1.2 弹性力学的平面问题

1.2.1 平面应力和平面应变

任何弹性体都是空间物体，一般的外力都是空间力系。因此，任何一个实际的弹性力学问题都是空间问题。但是如果所考察的弹性体具有某种特殊的形状，承受的是某种特殊的外力，就可以把空间问题简化为平面问题。这样处理可以大大减少分析和计算的工作量，且仍能满足工程上的精度要求。

平面问题可分为平面应力问题和平面应变问题。当弹性体的一个方向尺寸很小，如薄板，在板的边缘有平行于板面并沿板厚均匀分布的力作用，如图 1-3 所示，图中 S 为板厚。对于这类问题，由于两个板面上无外载作用，因而两个板面上的应力分量为零：

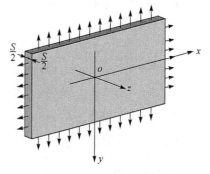

图 1-3 平面应力示例

$$(\sigma_z)_{z=\pm\frac{S}{2}}=0, \quad (\tau_{zx})_{z=\pm\frac{S}{2}}=0, \quad (\tau_{zy})_{z=\pm\frac{S}{2}}=0$$

又因为板很薄，外力不沿厚度变化，应力沿着板厚度是连续分布的，所以在整个板内的所有点都有 $\sigma_z=0$、$\tau_{zx}=0$、$\tau_{zy}=0$。六个应力分量只剩下平行于 xoy 面的三个应力分量，即 σ_x、σ_y、τ_{xy}，而且它们只是坐标 x、y 的函数，与 z 无关。这类问题称为平面应力问题。

当弹性体的一个方向尺寸很大，如很长的柱形体，在柱形体的表面上有平行于横截面而不沿长度变化的外力，如图 1-4(a)所示。若柱形体无限长，则柱形体任一点的应力分量、应变分量和位移分量都不沿 z 方向变化，而只是 x、y 的函数。此外，由于在 z 方向柱形体的结构型式和受力都相同，因此任一横截面都可以看作是对称面[图 1-4(b)]，而对称面在 z 方向的位移必须为零，所以柱形体内任一点都只有 x、y 方向的位移 u、v。由于对称，$\tau_{zy}=0$，$\tau_{zx}=0$，这样六个应力分量剩下四个，即 σ_x、σ_y、σ_z 和 τ_{xy}。这类问题称为平面应变问题。

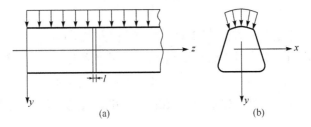

(a)   (b)

图 1-4　平面应变示例

1.2.2　平面问题的基本方程

1. 平衡方程

对于平面应力问题，$\sigma_z=0$，$\tau_{zx}=0$，$\tau_{zy}=0$。

对于平面应变问题，在 z 方向还作用有正应力 σ_z，但 σ_z 是自成平衡的，$\tau_{zy}=0$，$\tau_{zx}=0$。

由式(1-1)，得平面问题中的平衡微分方程为

$$\left.\begin{array}{l}\dfrac{\partial \sigma_x}{\partial x}+\dfrac{\partial \tau_{yx}}{\partial y}+X=0 \\[3mm] \dfrac{\partial \sigma_y}{\partial y}+\dfrac{\partial \tau_{xy}}{\partial x}+Y=0\end{array}\right\} \tag{1-6}$$

两个微分方程包含三个未知量：σ_x、σ_y、$\tau_{xy}=\tau_{yx}$，所以是静不定问题，必须考虑变形关系，才能解出未知量。

2. 几何方程

现在推导平面问题中应变分量和位移分量间的关系式。在图 1-3 所示薄板和图 1-4(b)所

示的薄片上的任意点 P，沿 x 轴、y 轴取微小长度 $PA=\mathrm{d}x$，$PB=\mathrm{d}y$。假设薄板或薄片受力后，P、A、B 分别移动到 P'、A'、B'。P 点移动到 P' 点的位移分量为 u、v，如图 1-5 所示。

A 点横坐标比 P 点有一增量 $\mathrm{d}x$，所以 A 点移动到 A' 点的位移分量为 $u+\dfrac{\partial u}{\partial x}\mathrm{d}x$、$v+\dfrac{\partial v}{\partial x}\mathrm{d}x$。

B 点纵坐标比 P 点有一增量 $\mathrm{d}y$，所以 B 点移动到 B' 点的位移分量为 $u+\dfrac{\partial u}{\partial y}\mathrm{d}y$、$v+\dfrac{\partial v}{\partial y}\mathrm{d}y$。

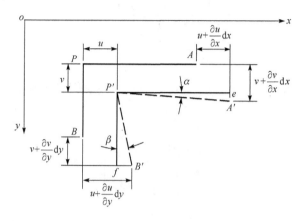

图 1-5　在直角坐标的位移

因为 $P'A'$ 的倾斜角 α 和 $P'B'$ 的倾斜角 β 很小，所以 PA 的正应变 ε_x 为

$$\varepsilon_x = \frac{P'A'-PA}{PA} \approx \frac{\left[\left(u+\dfrac{\partial u}{\partial x}\mathrm{d}x\right)+\mathrm{d}x-u\right]-\mathrm{d}x}{\mathrm{d}x} = \frac{\partial u}{\partial x}$$

PB 的正应变 ε_y 为

$$\varepsilon_y = \frac{P'B'-PB}{PB} \approx \frac{\left[\left(v+\dfrac{\partial v}{\partial y}\mathrm{d}y\right)+\mathrm{d}y-v\right]-\mathrm{d}y}{\mathrm{d}y} = \frac{\partial v}{\partial y}$$

PA 和 PB 之间的直角变化即剪应变 γ_{xy} 为

$$\gamma_{xy} = \alpha+\beta \approx \tan\alpha+\tan\beta = \frac{A'e}{P'e}+\frac{B'f}{P'f}$$

$$= \frac{\left(v+\dfrac{\partial v}{\partial x}\mathrm{d}x\right)-v}{\left(u+\dfrac{\partial u}{\partial x}\mathrm{d}x\right)+\mathrm{d}x-u}+\frac{\left(u+\dfrac{\partial u}{\partial y}\mathrm{d}y\right)-u}{\left(v+\dfrac{\partial v}{\partial y}\mathrm{d}y\right)+\mathrm{d}y-v}$$

$$\approx \frac{\partial v}{\partial x}+\frac{\partial u}{\partial y}$$

这里采用了小变形下的近似关系：

$$\left(\frac{\partial u}{\partial x}+1\right)\mathrm{d}x \approx \mathrm{d}x，\quad \left(\frac{\partial v}{\partial y}+1\right)\mathrm{d}y \approx \mathrm{d}y$$

于是，平面问题中的几何方程为

$$
\left.\begin{array}{c}
\varepsilon_x = \dfrac{\partial u}{\partial x} \\[2mm]
\varepsilon_y = \dfrac{\partial v}{\partial y} \\[2mm]
\gamma_{xy} = \dfrac{\partial v}{\partial x} + \dfrac{\partial u}{\partial y}
\end{array}\right\}
\tag{1-7}
$$

3. 物理方程

在平面应力问题中，$\sigma_z = 0$，$\tau_{yz} = 0$，$\tau_{zx} = 0$。将它们代入式(1-4)，得到平面应力的物理方程为

$$
\left.\begin{array}{c}
\varepsilon_x = \dfrac{1}{E}\left(\sigma_x - \mu\sigma_y\right) \\[2mm]
\varepsilon_y = \dfrac{1}{E}\left(\sigma_y - \mu\sigma_x\right) \\[2mm]
\gamma_{xy} = \dfrac{1}{G}\tau_{xy}
\end{array}\right\}
\tag{1-8}
$$

且 $\gamma_{yz} = 0$，$\gamma_{xz} = 0$。

此外，式(1-4)中的第三式变为

$$
\varepsilon_z = -\frac{\mu}{E}\left(\sigma_x + \sigma_y\right)
$$

可以用来求薄板厚度的变化。

在平面应变问题中，$\tau_{zy} = 0$，$\tau_{zx} = 0$，$\varepsilon_z = 0$。将它们代入式(1-4)，得

$$
\varepsilon_x = \frac{1}{E}\left[\sigma_x - \mu\left(\sigma_y + \sigma_z\right)\right]
$$

$$
\varepsilon_y = \frac{1}{E}\left[\sigma_y - \mu\left(\sigma_x + \sigma_z\right)\right]
$$

$$
\sigma_z = \mu\left(\sigma_x + \sigma_y\right)
$$

$$
\gamma_{xy} = \frac{1}{G}\tau_{xy}, \quad \gamma_{zy} = 0, \quad \gamma_{zx} = 0
$$

将上面的 σ_z 代入 ε_x 和 ε_y，经整理得到平面应变问题的物理方程：

$$
\left.\begin{array}{c}
\varepsilon_x = \dfrac{1-\mu^2}{E}\left(\sigma_x - \dfrac{\mu}{1-\mu}\sigma_y\right) \\[2mm]
\varepsilon_y = \dfrac{1-\mu^2}{E}\left(\sigma_y - \dfrac{\mu}{1-\mu}\sigma_x\right) \\[2mm]
\gamma_{xy} = \dfrac{1}{G}\tau_{xy} = \dfrac{2(1+\mu)}{E}\tau_{xy}
\end{array}\right\}
\tag{1-9}
$$

比较式(1-8)、式(1-9)可知两种平面问题的物理方程在形式上是相似的，仅系数不同。如果在平面应力的物理方程[式(1-8)]中将 E 换为 $\dfrac{E}{1-\mu^2}$ ， μ 换为 $\dfrac{\mu}{1-\mu}$ ，就得到平面应变问题的物理方程[式(1-9)]。

以上导出的 2 个平衡微分方程[式(1-6)]、3 个几何方程[式(1-7)]和 3 个物理方程[式(1-8)或式(1-9)]为弹性力学平面问题的 8 个基本方程。这 8 个基本方程中包含 8 个未知量：3 个应力分量 σ_x、σ_y、τ_{xy}，3 个应变分量 ε_x、ε_y、γ_{xy}，2 个位移分量 u、v。基本方程数目和未知函数的数目相等，在适当的边界条件下是能得到解答的。

1.2.3　平面问题的边界条件

平面问题的边界条件有以下三种。

1. 位移边界条件

若弹性体在边界上给定位移分量 $\bar{u}$ 、$\bar{v}$ ，它们是边界坐标的已知函数。作为基本方程的位移分量 u、v 则是坐标的待求函数，当代入边界坐标时，必须等于该点的给定位移，即要求

$$u=\bar{u}\ ,\quad v=\bar{v} \tag{1-10}$$

式(1-10)就是位移边界条件。

2. 应力边界条件

若弹性体在边界上给定表面力分量 $\overline{X}$ 、$\overline{Y}$ ，它们在边界上是坐标的已知函数。作为基本方程解的应力分量 σ_x、σ_y、τ_{xy} 则是坐标的待求函数。在边界上，应力分量与给定表面力之间的关系即应力边界条件，可由边界上小单元体的平衡条件得出。

在边界上取出小单元体，它的斜面 AB 与物体的边界重合，如图 1-6 所示。用 N 代表边界面 AB 的外法线方向，并令 N 的方向余弦为

$$\cos(N,x)=l \qquad \cos(N,y)=m$$

若边界面 AB 的长度为 $\mathrm{d}s$，则 PA 和 PB 的长度分别为 $l\mathrm{d}s$ 和 $m\mathrm{d}s$。垂直于图面的尺寸取为一个单位。作为在边界上的已知面力沿坐标轴的分量为 $\overline{X}$ 、$\overline{Y}$ 。

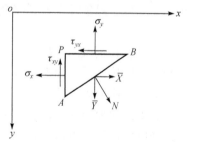

图 1-6　应力边界条件

由平衡条件 $\sum F_x=0$ ，得

$$\overline{X}\mathrm{d}s\times 1-\sigma_x l\mathrm{d}s\times 1-\tau_{yx}m\mathrm{d}s\times 1+X\frac{l\mathrm{d}s m\mathrm{d}s\times 1}{2}=0$$

各项除以 $\mathrm{d}s$，并令 $\mathrm{d}s$ 趋于零，则得

$$l\sigma_x+m\tau_{yx}=\overline{X}$$

式中，σ_x、τ_{yx} 为应力分量的边界值。

同样，由平衡条件 $\sum F_y = 0$，得

$$m\sigma_y + l\tau_{xy} = \overline{Y}$$

于是得到物体边界上各点应力分量与面力分量之间的关系式，即平面问题的边界条件为

$$\left.\begin{array}{l} l\sigma_x + m\tau_{yx} = \overline{X} \\ m\sigma_y + l\tau_{xy} = \overline{Y} \end{array}\right\} \tag{1-11}$$

当边界垂直于某一坐标轴时，应力边界条件的形式将大为简化。在垂直于 x 轴的边界上，x 值为常量，$l = \pm 1$，$m = 0$，应力边界条件简化为

$$\sigma_x = \pm\overline{X}, \quad \tau_{xy} = \pm\overline{Y}$$

在垂直于 y 轴的边界上，y 值为常量，$l = 0$，$m = \pm 1$，应力边界条件简化为

$$\sigma_y = \pm\overline{Y}, \quad \tau_{yx} = \pm\overline{X}$$

可见，在这种情况下，应力分量的边界值等于对应的面力分量。

3. 混合边界条件

当物体的一部分边界具有已知位移，而另一部分边界具有已知面力时，则具有已知位移的边界可应用式(1-10)，具有已知面力的边界可应用式(1-11)。此外，还可能在同一部分边界上出现混合边界条件，即两个边界条件中的一个是位移边界条件，另一个则是应力边界条件。

1.2.4　圣维南原理

在求解弹性力学问题时，使应力分量、形变分量、位移分量完全满足基本方程并不困难，要使边界条件也得到完全满足却往往很困难。因此，弹性力学问题在数学上被称为边界问题。

另外，在很多的工程结构计算中都会遇到这样的情况：在物体的一小部分边界上，仅仅知道物体所受的面力的合力，而这个面力的分布方式并不明确，因而无从考虑这部分边界上的应力边界条件。

在上述两种情况下，圣维南原理有时可以提供很大的帮助。

圣维南原理可以这样陈述：如果把物体的一小部分边界上的面力变换为分布不同但静力等效的面力(主矢量相同，对于同一点的主矩也相同)，则近处的应力分布将有显著的改变，但是远处所受的影响可以不计。

1.2.5　平面问题的解法

在弹性力学里求解未知的应力分量、应变分量和位移分量，按基本变量的选定可分为应力解法、位移解法和混合解法三种。

应力解法是以应力分量作为基本未知函数，综合运用平衡、几何和物理方程，得到

只包含应力分量的微分方程，由这些微分方程和边界条件求出应力分量，再用物理方程求出应变分量，用几何方程求出位移分量。

位移解法是以位移分量作为基本未知函数，综合运用平衡、几何和物理方程，得到只包含位移分量的微分方程，由这些微分方程和边界条件求出位移分量，再由几何方程求出应变分量，用物理方程求出应力分量。

混合解法是同时以某些位移分量和某些应力分量为基本未知函数，综合运用平衡、几何和物理方程，得到只包含这些位移分量和应力分量的微分方程，由这些微分方程和边界条件求出某些位移分量和某些应力分量，再利用适当的方程，求出其他的未知量。

下面用应力解法求解平面问题。

将平面问题的几何方程式(1-7)中的 ε_x 对 y 求二次导数、ε_y 对 x 求二次导数后相加，得

$$\frac{\partial^2 \varepsilon_x}{\partial y^2} + \frac{\partial^2 \varepsilon_y}{\partial x^2} = \frac{\partial^2}{\partial y^2}\left(\frac{\partial u}{\partial x}\right) + \frac{\partial^2}{\partial x^2}\left(\frac{\partial v}{\partial y}\right) = \frac{\partial^2}{\partial x \partial y}\left(\frac{\partial u}{\partial y} + \frac{\partial v}{\partial x}\right)$$

等式右边括弧中的表达式就是 γ_{xy}，所以

$$\frac{\partial^2 \varepsilon_x}{\partial y^2} + \frac{\partial^2 \varepsilon_y}{\partial x^2} = \frac{\partial^2 \gamma_{xy}}{\partial x \partial y} \tag{1-12}$$

式(1-12)称为相容方程或变形协调方程。若任选函数 ε_x、ε_y、γ_z 而不满足这个方程，则将此任选的 ε_x、ε_y、γ_z 代入几何方程式(1-7)中，由其中的任意两式如 $\varepsilon_x = \frac{\partial u}{\partial x}$、$\varepsilon_y = \frac{\partial v}{\partial y}$ 求出的位移分量 u、v 将不满足式(1-7)中的第三式 $\gamma_{xy} = \frac{\partial v}{\partial x} + \frac{\partial u}{\partial y}$。这说明变形后的物体不能保持连续，而发生某些部分互相脱离或互相侵入的情况。只有当 ε_x、ε_y、γ_z 满足式(1-12)，变形才能协调。

利用物理方程将式(1-12)中的应变分量消去，使相容方程中只包含应力分量，然后与平衡方程联立，就能解出应力分量。

对于平面应力问题，将物理方程式(1-8)代入式(1-12)，得到只包含应力分量的相容方程

$$\frac{\partial^2}{\partial y^2}\left(\sigma_x - \mu\sigma_y\right) + \frac{\partial^2}{\partial x^2}\left(\sigma_y - \mu\sigma_x\right) = 2(1+\mu)\frac{\partial^2 \tau_{xy}}{\partial x \partial y} \tag{1-13}$$

将式(1-13)和平衡方程式(1-6)联立就可解出应力分量。

式(1-13)还可简化为更简单的形式：将平衡方程式(1-6)写成

$$\frac{\partial \tau_{yx}}{\partial y} = -\frac{\partial \sigma_x}{\partial x} - X$$

$$\frac{\partial \tau_{xy}}{\partial x} = -\frac{\partial \sigma_y}{\partial y} - Y$$

将前一式对 x 求导，后一式对 y 求导，然后相加，并注意 $\tau_{xy} = \tau_{yx}$，得

$$2\frac{\partial^2 \tau_{xy}}{\partial x \partial y} = -\frac{\partial^2 \sigma_x}{\partial x^2} - \frac{\partial^2 \sigma_y}{\partial y^2} - \frac{\partial X}{\partial x} - \frac{\partial Y}{\partial y} \tag{1-14}$$

将式(1-14)代入式(1-13)，化简得

$$\left(\frac{\partial^2}{\partial x^2} + \frac{\partial^2}{\partial y^2}\right)(\sigma_x + \sigma_y) = -(1+\mu)\left(\frac{\partial X}{\partial x} + \frac{\partial Y}{\partial y}\right) \tag{1-15}$$

式(1-15)为平面应力问题以应力表示的相容方程。

对于平面应变问题，只要在式(1-15)中将 μ 换为 $\dfrac{\mu}{1-\mu}$ 就可得到以应力表示的相容方程。其方程为

$$\left(\frac{\partial^2}{\partial x^2} + \frac{\partial^2}{\partial y^2}\right)(\sigma_x + \sigma_y) = -\frac{1}{1-\mu}\left(\frac{\partial X}{\partial x} + \frac{\partial Y}{\partial y}\right) \tag{1-16}$$

因此，用应力解法求解平面问题时，对于平面应力问题，利用平衡方程式(1-6)和以应力表示的相容方程式(1-15)就可解出应力分量 σ_x、σ_y、τ_{xy}，这些应力分量当然应当满足应力边界条件。对于平面应变问题，利用平衡方程式(1-6)和以应力表示的相容方程式(1-16)解出应力分量，这些应力分量当然也应满足应力边界条件。

当体力是常量，如重力和平行移动的惯性力，这时 $\dfrac{\partial X}{\partial x}$、$\dfrac{\partial Y}{\partial y}$ 为零，则以应力表示的相容方程式(1-15)和式(1-16)可化成以下相同的形式：

$$\left(\frac{\partial^2}{\partial x^2} + \frac{\partial^2}{\partial y^2}\right)(\sigma_x + \sigma_y) = 0 \tag{1-17}$$

或

$$\nabla^2(\sigma_x + \sigma_y) = 0$$

式中，$\nabla^2 = \dfrac{\partial^2}{\partial x^2} + \dfrac{\partial^2}{\partial y^2}$ 称为平面问题的拉普拉斯算子。

由此可见，在体积力是常量的情况下，平衡方程式(1-6)、相容方程式(1-17)以及应力边界条件都不包含弹性常数，而且两种平面问题的方程都是相同的。因此，若两个弹性体具有相同的边界形状，受到同样分布的外力，则不论这两个弹性体的材料是否相同，也不论它们是平面应力问题还是平面应变问题，应力分量 σ_x、σ_y、τ_{xy} 的分布都是相同的(但 σ_z 应变分量和位移分量不一定相同)。这一结论为用实验方法测定平面问题的应力提供了极大的方便，可以用便于测量的材料代替不便测量的材料制造模型，用薄板模型代替长柱形模型。

1.2.6　应力函数

综上所述，在体力为常量的情况下，将应力作为基本变量求解平面问题时，归结为求解下列微分方程：

$$\left.\begin{array}{l} \dfrac{\partial \sigma_x}{\partial x}+\dfrac{\partial \tau_{yx}}{\partial y}+X=0 \\[3mm] \dfrac{\partial \sigma_y}{\partial y}+\dfrac{\partial \tau_{xy}}{\partial x}+Y=0 \end{array}\right\} \tag{1-6}$$

$$\left(\frac{\partial^2}{\partial x^2}+\frac{\partial^2}{\partial y^2}\right)\left(\sigma_x+\sigma_y\right)=0 \tag{1-17}$$

平衡微分方程式(1-6)为非齐次微分方程组，它的解答包括两部分，即式(1-6)的任一特解和齐次方程

$$\left.\begin{array}{l} \dfrac{\partial \sigma_x}{\partial x}+\dfrac{\partial \tau_{yx}}{\partial y}=0 \\[3mm] \dfrac{\partial \sigma_y}{\partial y}+\dfrac{\partial \tau_{xy}}{\partial x}=0 \end{array}\right\} \tag{1-18}$$

的通解之和。

特解很容易找到。例如，取下列特解：

$$\sigma_x=-Xx\ ,\quad \sigma_y=-Yy\ ,\quad \tau_{xy}=0 \tag{1-19}$$

将式(1-19)代入可满足式(1-6)。

为了求齐次方程式(1-18)的通解，可将式(1-18)改写为

$$\frac{\partial \sigma_x}{\partial x}=\frac{\partial}{\partial y}\left(-\tau_{yx}\right) \tag{a}$$

$$\frac{\partial \sigma_y}{\partial y}=\frac{\partial}{\partial x}\left(-\tau_{xy}\right) \tag{b}$$

由微分方程理论可知：若存在 $\dfrac{\partial p(x,y)}{\partial y}=\dfrac{\partial q(x,y)}{\partial x}$，则表达式 $p(x,y)\mathrm{d}x+q(x,y)\mathrm{d}y$ 必为某 x、y 函数的全微分。因此，(a)式指出了表达式 $\sigma_x\mathrm{d}y-\tau_{yx}\mathrm{d}x$ 为以 $A(x,y)$ 表示的某函数的全微分。于是

$$\sigma_x=\frac{\partial A(x,y)}{\partial y}\ ,\quad \tau_{yx}=-\frac{\partial A(x,y)}{\partial x} \tag{c}$$

同样，(b)式指出了表达式 $\sigma_y\mathrm{d}x-\tau_{xy}\mathrm{d}y$ 为某函数 $B(x,y)$ 的全微分，且

$$\tau_{xy}=-\frac{\partial B(x,y)}{\partial y}\ ,\quad \sigma_y=\frac{\partial B(x,y)}{\partial x} \tag{d}$$

比较(c)式和(d)式，可得到

$$\frac{\partial A(x,y)}{\partial x}=\frac{\partial B(x,y)}{\partial y} \tag{e}$$

(e)式也指出表达式 $B(x,y)\mathrm{d}x+A(x,y)\mathrm{d}y$ 为某函数 $\phi(x,y)$ 的全微分，且

$$B(x,y)=\frac{\partial \phi}{\partial x}, \quad A(x,y)=\frac{\partial \phi}{\partial y} \tag{f}$$

将(c)式、(d)式代入(f)式，就得到式(1-18)的通解：

$$\left.\begin{array}{l} \sigma_x=\dfrac{\partial^2 \phi}{\partial y^2} \\[3mm] \sigma_y=\dfrac{\partial^2 \phi}{\partial x^2} \\[3mm] \tau_{xy}=-\dfrac{\partial^2 \phi}{\partial x \partial y} \end{array}\right\} \tag{1-20}$$

将通解和特解叠加，即得微分方程式(1-6)的全解：

$$\left.\begin{array}{l} \sigma_x=\dfrac{\partial^2 \phi}{\partial y^2}-Xx \\[3mm] \sigma_y=\dfrac{\partial^2 \phi}{\partial x^2}-Yy \\[3mm] \tau_{xy}=-\dfrac{\partial^2 \phi}{\partial x \partial y} \end{array}\right\} \tag{1-21}$$

无论 ϕ 是什么样的函数，应力分量式(1-21)总能满足平衡微分方程式(1-6)，函数 ϕ 称为平面问题的应力函数。应力分量式(1-21)除必须满足平衡微分方程外，还应满足变形协调条件。将式(1-21)代入相容方程(1-17)，得

$$\left(\frac{\partial^2}{\partial x^2}+\frac{\partial^2}{\partial y^2}\right)\left(\frac{\partial^2 \phi}{\partial x^2}-Xx+\frac{\partial^2 \phi}{\partial y^2}-Yy\right)=0$$

注意 X、Y 为常量，可见上式中后一括弧中的 Xx 及 Yy 并不起作用，可以删去，从而变为

$$\left(\frac{\partial^2}{\partial x^2}+\frac{\partial^2}{\partial y^2}\right)\left(\frac{\partial^2 \phi}{\partial x^2}+\frac{\partial^2 \phi}{\partial y^2}\right)=0 \tag{1-22}$$

展开为

$$\frac{\partial^4 \phi}{\partial x^4}+2\frac{\partial^4 \phi}{\partial x^2 \partial y^2}+\frac{\partial^4 \phi}{\partial y^4}=0 \tag{1-23}$$

简化为

$$\nabla^2 \nabla^2 \phi=0 \tag{1-24}$$

这就是用应力函数 ϕ 表示的相容方程。由此可见，应力函数应当是重调和函数。

如果体力可以不计，则 $X=Y=0$。式(1-21)简化为

$$\sigma_x=\frac{\partial^2 \phi}{\partial y^2}, \quad \sigma_y=\frac{\partial^2 \phi}{\partial x^2}, \quad \tau_{xy}=-\frac{\partial^2 \phi}{\partial x \partial y} \tag{1-25}$$

因此，用应力解法求解平面问题时，如果体力是常量，就只需由微分方程式(1-23)解

出应力函数 ϕ，然后用式(1-21)求出应力分量。但是在求解具体问题时，寻求满足式(1-23)的应力函数 ϕ 并不困难，而要它严格地满足边界条件却是很困难的。因此，在具体求解问题时，只能采用逆解法或半逆解法。

逆解法是先假设各种形式的满足相容方程式(1-23)的应力函数 ϕ，用式(1-21)算出应力分量，然后根据应力边界条件来考察在各种形状的弹性体上，这些应力分量对应于什么样的面力，从而得知所设定的应力函数可以解决什么问题。

例如，设应力函数 $\phi = cy^3$，式中，c 为任意常数。无论 c 取何值，总能满足相容方程式(1-23)，若不计体力，由式(1-25)求出对应的应力分量为

$$\sigma_x = 6cy , \quad \sigma_y = 0 , \quad \tau_{xy} = 0$$

当弹性体的形状为矩形板，且坐标的取法如图 1-7 所示时，若在板内发生上述应力，则此矩形板上下两边应没有面力，左右两边应没有垂直面力，有按直线变化的水平面力，而每条边上的水平面力合成为一个力偶。因此，应力函数 $\phi = cy^3$ 能解决矩形梁受纯弯曲问题。

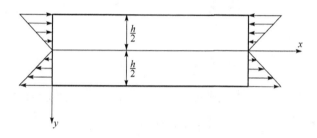

图 1-7　矩形梁受纯弯曲

半逆解法是针对所要求解的问题，根据弹性体的边界形状和受力情况，假设部分或全部应力分量为某种形式的函数，从而推出应力函数 ϕ，然后考虑这个应力函数是否满足相容方程，以及原来所假设的应力分量和由这个应力函数求出的其余应力分量是否满足应力边界条件。如果相容方程和各方面条件都能满足，自然就得出正确的解答，如果某一方面条件不能满足，就要另作假设，重新考虑。

1.3　弹性力学平面问题的极坐标解答

1.2 节讨论的所有结论都是采用直角坐标，但是有些弹性体如圆形、楔形、扇形等形状的物体，采用极坐标较为方便。本节讨论用极坐标解答平面问题。

1.3.1　极坐标中的基本方程

1. 极坐标中的平衡方程

在极坐标中，平面内任一点的位置用径向坐标 r 和周向(或环向)坐标 θ 表示。从所考虑的薄板或长柱形中在任意点上沿 r 和 θ 方向取出微小六面体，其沿径向的长度为 dr，

沿周向的交角为$\mathrm{d}\theta$，沿z方向为一个单位长度。在微小的六面体上作用的内力如图1-8所示。沿r方向的正应力σ_r称为径向正应力；沿θ方向的正应力σ_θ称为周向或环向正应力；剪应力用$\tau_{r\theta}$、$\tau_{\theta r}$表示，根据剪应力互等定律，$\tau_{r\theta}=\tau_{\theta r}$。各应力分量的正负号规定和直角坐标中一样，只是$r$方向代替了$x$方向，$\theta$方向代替了$y$方向。图中所示的应力分量都是正的。图中$K_r$、$K_\theta$代表六面体的体力分量。

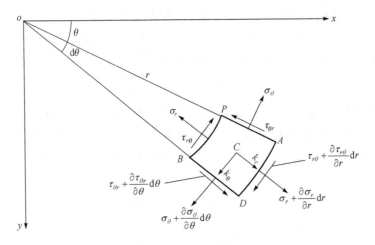

图1-8   极坐标中微元体受力图

与直角坐标相似，由于应力随坐标r和θ变化，PB面上的应力为σ_r、$\tau_{r\theta}$，AD面上的应力为$\sigma_r+\dfrac{\partial \sigma_r}{\partial r}\mathrm{d}r$、$\tau_{r\theta}+\dfrac{\partial \tau_{r\theta}}{\partial r}\mathrm{d}r$；$PA$面上的应力为$\sigma_\theta$、$\tau_{\theta r}$；$BD$面上的应力为$\sigma_\theta+\dfrac{\partial \sigma_\theta}{\partial \theta}\mathrm{d}\theta$、$\tau_{\theta r}+\dfrac{\partial \tau_{\theta r}}{\partial \theta}\mathrm{d}\theta$。

将六面体所受各力投影到六面体中心C的径向轴上，列出径向平衡方程

$$\sum F_r=0$$

$$\left(\sigma_r+\frac{\partial \sigma_r}{\partial r}\mathrm{d}r\right)(r+\mathrm{d}r)\mathrm{d}\theta\times 1-\sigma_r r\mathrm{d}\theta\times 1+\left(\tau_{\theta r}+\frac{\partial \tau_{\theta r}}{\partial \theta}\mathrm{d}\theta\right)\mathrm{d}r\cos\frac{\mathrm{d}\theta}{2}\times 1$$

$$-\tau_{\theta r}\mathrm{d}r\cos\frac{\mathrm{d}\theta}{2}\times 1-\left(\sigma_\theta+\frac{\partial \sigma_\theta}{\partial \theta}\mathrm{d}\theta\right)\mathrm{d}r\sin\frac{\mathrm{d}\theta}{2}\times 1-\sigma_\theta \mathrm{d}r\sin\frac{\mathrm{d}\theta}{2}\times 1+K_r r\mathrm{d}\theta \mathrm{d}r\times 1=0$$

由于$\mathrm{d}\theta$是微小的，可以取$\sin\dfrac{\mathrm{d}\theta}{2}\approx\dfrac{\mathrm{d}\theta}{2}$，$\cos\dfrac{\mathrm{d}\theta}{2}\approx 1$，代入上式，化简，各项同除以$r\mathrm{d}\theta \mathrm{d}r$，略去高阶微量，得

$$\frac{\partial \sigma_r}{\partial r}+\frac{1}{r}\frac{\partial \tau_{\theta r}}{\partial \theta}+\frac{\sigma_r-\sigma_\theta}{r}+K_r=0$$

将六面体所受各力投影到六面体中心C的周向轴上，列出周向平衡方程

$$\sum F_\theta=0$$

$$\left(\sigma_\theta+\frac{\partial\sigma_\theta}{\partial\theta}\mathrm{d}\theta\right)\mathrm{d}r\cos\frac{\mathrm{d}\theta}{2}\times1-\sigma_\theta\mathrm{d}r\cos\frac{\mathrm{d}\theta}{2}\times1+\left(\tau_{r\theta}+\frac{\partial\tau_{r\theta}}{\partial r}\mathrm{d}r\right)(r+\mathrm{d}r)\mathrm{d}\theta\times1$$

$$-\tau_{r\theta}\mathrm{d}r\mathrm{d}\theta\times1+\left(\tau_{\theta r}+\frac{\partial\tau_{\theta r}}{\partial\theta}\mathrm{d}\theta\right)\mathrm{d}r\sin\frac{\mathrm{d}\theta}{2}\times1+\tau_{\theta r}\mathrm{d}r\sin\frac{\mathrm{d}\theta}{2}\times1+K_\theta r\mathrm{d}\theta\mathrm{d}r\times1=0$$

利用 $\sin\dfrac{\mathrm{d}\theta}{2}\approx\dfrac{\mathrm{d}\theta}{2}$、$\cos\dfrac{\mathrm{d}\theta}{2}\approx1$ 和剪应力互等定律，将上式化简，各项同除以 $r\mathrm{d}\theta\mathrm{d}r$，略去高阶微量，得

$$\frac{1}{r}\frac{\partial\sigma_\theta}{\partial\theta}+\frac{\partial\tau_{\theta r}}{\partial r}+\frac{2\tau_{r\theta}}{r}+K_\theta=0$$

还有一个力矩平衡方程，由此方程可得出 $\tau_{r\theta}=\tau_{\theta r}$，又一次证明剪应力互等定律。这样，极坐标中的平衡微分方程为

$$\left.\begin{aligned}\frac{1}{r}\frac{\partial\sigma_\theta}{\partial\theta}+\frac{\partial\tau_{\theta r}}{\partial r}+\frac{2\tau_{r\theta}}{r}+K_\theta&=0\\[2mm]\frac{\partial\sigma_r}{\partial r}+\frac{1}{r}\frac{\partial\tau_{\theta r}}{\partial\theta}+\frac{\sigma_r-\sigma_\theta}{r}+K_r&=0\end{aligned}\right\}\qquad(1\text{-}26)$$

这两个微分方程包含三个未知量 σ_r、σ_θ、$\tau_{r\theta}=\tau_{\theta r}$，是静不定问题。为了求解还必须考虑变形关系。

2. 极坐标中的几何方程和物理方程

在极坐标中，用 ε_r 代表径向正应变，ε_θ 代表周向正应变，$\gamma_{r\theta}$ 代表径向与周向两线段之间的直角改变即剪应变，u 代表径向位移，v 代表周向位移。

在推导几何方程的过程中，由于是小变形，可以不计高阶微量，且可用叠加原理。

首先，假设只有径向位移没有周向位移，如图 1-9(a) 所示。由于径向位移 u，径向线段 $PA(=\mathrm{d}r)$ 移到 $P'A'$。周向线段 $PB(=r\mathrm{d}\theta)$ 移到 $P'B'$。P、A、B 三点的位移分别为

$$PP'=u,\quad AA'=u+\frac{\partial u}{\partial r}\mathrm{d}r,\quad BB'=u+\frac{\partial u}{\partial\theta}\mathrm{d}\theta$$

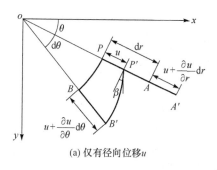
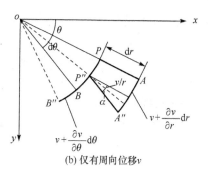

(a) 仅有径向位移 u　　　　　　　　(b) 仅有周向位移 v

图 1-9　极坐标中的位移

径向线段 PA 的正应变为

$$\varepsilon_r = \frac{P'A' - PA}{PA} = \frac{AA' - PP'}{PA} = \frac{\left(u + \dfrac{\partial u}{\partial r}\mathrm{d}r\right) - u}{\mathrm{d}r} = \frac{\partial u}{\partial r} \tag{a}$$

周向线段 PB 的正应变为

$$\varepsilon_\theta = \frac{P'B' - PB}{PB} = \frac{(r+u)\mathrm{d}\theta - r\mathrm{d}\theta}{r\mathrm{d}\theta} = \frac{u}{r} \tag{b}$$

径向线段 PA 的转角为

$$\alpha = 0$$

周向线段 PB 的转角为

$$\beta = \frac{BB' - PP'}{PB} = \frac{\left(u + \dfrac{\partial u}{\partial \theta}\mathrm{d}\theta\right) - u}{r\mathrm{d}\theta} = \frac{1}{r}\frac{\partial u}{\partial \theta}$$

剪应变为

$$\gamma_{r\theta} = \alpha + \beta = \frac{1}{r}\frac{\partial u}{\partial \theta} \tag{c}$$

其次，假设只有周向位移而没有径向位移，如图 1-9(b)所示。由于周向位移，径向线段 PA 移到 $P''A''$，周向线段 PB 移到 $P''B''$，而 P、A、B 三点的位移分别为

$$PP'' = v, \quad AA'' = v + \frac{\partial v}{\partial r}\mathrm{d}r, \quad BB'' = v + \frac{\partial v}{\partial \theta}\mathrm{d}\theta$$

径向线段 PA 的正应变为

$$\varepsilon_r = 0 \tag{d}$$

周向线段 PB 的正应变为

$$\varepsilon_\theta = \frac{P''B'' - PB}{PB} = \frac{\left(v + \dfrac{\partial v}{\partial \theta}\mathrm{d}\theta\right) - v}{r\mathrm{d}\theta} = \frac{1}{r}\frac{\partial v}{\partial \theta} \tag{e}$$

径向线段 PA 的转角为

$$\alpha = \frac{AA'' - PP''}{PA} - \frac{v}{r} = \frac{v + \dfrac{\partial v}{\partial r}\mathrm{d}r - v}{\mathrm{d}r} - \frac{v}{r} = \frac{\partial v}{\partial r} - \frac{v}{r}$$

周向线段 PB 的转角为

$$\beta = 0$$

剪应变为

$$\gamma_{r\theta} = \alpha + \beta = \frac{\partial v}{\partial r} - \frac{v}{r} \tag{f}$$

当一般情况下，径向和周向都有位移时，可将(a)、(b)、(c)式和(d)、(e)、(f)式分别相加起来，就得到极坐标中的几何方程

$$\left. \begin{array}{l} \varepsilon_r = \dfrac{\partial u}{\partial r} \\[3mm] \varepsilon_\theta = \dfrac{u}{r} + \dfrac{1}{r}\dfrac{\partial v}{\partial \theta} \\[3mm] \gamma_{r\theta} = \dfrac{1}{r}\dfrac{\partial u}{\partial \theta} + \dfrac{\partial v}{\partial r} - \dfrac{v}{r} \end{array} \right\} \tag{1-27}$$

由于极坐标和直角坐标一样，也是正交坐标，因此极坐标的物理方程和直角坐标的物理方程具有相同形式，只是角码 x 和 y 分别改换为 r 和 θ。据此，在平面应力情况下，物理方程为

$$\left. \begin{array}{l} \varepsilon_r = \dfrac{1}{E}\left(\sigma_r - \mu\sigma_\theta\right) \\[3mm] \varepsilon_\theta = \dfrac{1}{E}\left(\sigma_\theta - \mu\sigma_r\right) \\[3mm] \gamma_{r\theta} = \dfrac{1}{G}\tau_{r\theta} = \dfrac{2(1+\mu)}{E}\tau_{r\theta} \end{array} \right\} \tag{1-28}$$

在平面应变的情况下，将式(1-28)中的 E 换为 $\dfrac{E}{1-\mu^2}$，μ 换为 $\dfrac{\mu}{1-\mu}$，物理方程为

$$\left. \begin{array}{l} \varepsilon_r = \dfrac{1-\mu^2}{E}\left(\sigma_r - \dfrac{\mu}{1-\mu}\sigma_\theta\right) \\[3mm] \varepsilon_\theta = \dfrac{1-\mu^2}{E}\left(\sigma_\theta - \dfrac{\mu}{1-\mu}\sigma_r\right) \\[3mm] \gamma_{r\theta} = \dfrac{2(1+\mu)}{E}\tau_{r\theta} \end{array} \right\} \tag{1-29}$$

3. 极坐标中的应力函数与相容方程

与在直角坐标中推导相似，当体力可不计时，平衡微分方程式(1-26)的通解可以用极坐标的应力函数 $\phi(r,\theta)$ 表示为

$$\left. \begin{array}{l} \sigma_r = \dfrac{1}{r}\dfrac{\partial \phi}{\partial r} + \dfrac{1}{r^2}\dfrac{\partial^2 \phi}{\partial \theta^2} \\[3mm] \sigma_\theta = \dfrac{\partial^2 \phi}{\partial^2 r} \\[3mm] \tau_{r\theta} = \tau_{\theta r} = -\dfrac{\partial}{\partial r}\left(\dfrac{1}{r}\dfrac{\partial \phi}{\partial \theta}\right) = \dfrac{1}{r^2}\dfrac{\partial \phi}{\partial \theta} - \dfrac{1}{r}\dfrac{\partial^2 \phi}{\partial r \partial \theta} \end{array} \right\} \tag{1-30}$$

式(1-30)必须满足以应力表示的相容方程。在极坐标中以应力表示的相容方程也和在直角坐标中一样，可由极坐标的几何方程、物理方程和平衡微分方程导出，但推导过程极其烦琐，在这里不直接推导，而用直角坐标中的相容方程经坐标变换得到。

直角坐标中的相容方程为

$$\left(\frac{\partial^2}{\partial x^2}+\frac{\partial^2}{\partial y^2}\right)\left(\frac{\partial^2}{\partial x^2}+\frac{\partial^2}{\partial y}\right)\phi=0 \tag{1-31-a}$$

极坐标与直角坐标的关系如图1-10所示：

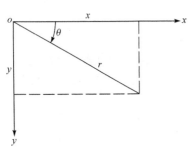

$$r^2 = x^2 + y^2$$

$$\theta = \text{arctg}\frac{y}{x}$$

由此得

$$\frac{\partial r}{\partial x}=\frac{x}{r}=\cos\theta$$

$$\frac{\partial r}{\partial y}=\frac{y}{r}=\sin\theta$$

图1-10　极坐标和直角坐标的关系

$$\frac{\partial \theta}{\partial x}=-\frac{y}{r^2}=-\frac{\sin\theta}{r}$$

$$\frac{\partial \theta}{\partial y}=\frac{x}{r^2}=\frac{\cos\theta}{r}$$

通过分步导数，最后可得到

$$\frac{\partial^2\phi}{\partial x^2}+\frac{\partial^2\phi}{\partial y^2}=\frac{\partial^2\phi}{\partial r^2}+\frac{1}{r}\frac{\partial\phi}{\partial r}+\frac{1}{r^2}\frac{\partial^2\phi}{\partial\theta^2}$$

代入式(1-22)，得极坐标中的相容方程为

$$\left(\frac{\partial^2}{\partial r^2}+\frac{1}{r}\frac{\partial}{\partial r}+\frac{1}{r^2}\frac{\partial^2}{\partial\theta^2}\right)^2\phi=0 \tag{1-31-b}$$

用极坐标求解平面问题时，若体力可以不计，就只需从式(1-31)求解应力函数$\phi(r,\theta)$，将$\phi(r,\theta)$代入式(1-30)求出应力分量。对于给定问题，这些应力分量在边界上应当满足应力边界条件。

1.3.2　平面轴对称问题

在平面问题中，如果它的几何形状、约束情况以及所承受的外载都对称于某一轴Z，则所有的应力分量、应变分量和位移分量也必然对称于Z轴，也就是这些分量仅是径向坐标r的函数，而与θ无关。这类问题称为平面轴对称问题。

在轴对称问题中，应力函数ϕ只是径向坐标r的函数，即

$$\phi=\phi(r)$$

在此情况下，式(1-30)简化为

$$\left.\begin{array}{l}\sigma_r=\dfrac{1}{r}\dfrac{\mathrm{d}\phi}{\mathrm{d}r}\\[2mm]\sigma_\theta=\dfrac{\mathrm{d}^2\phi}{\mathrm{d}r^2}\\[2mm]\tau_{r\theta}=\tau_{\theta r}=0\end{array}\right\} \tag{1-32}$$

式(1-31)简化为

$$\left(\frac{\mathrm{d}^2}{\mathrm{d}r^2}+\frac{1}{r}\frac{\mathrm{d}}{\mathrm{d}r}\right)^2\phi=0 \tag{1-33}$$

将它展开，为

$$\frac{\mathrm{d}^4\phi}{\mathrm{d}r^4}+\frac{2}{r}\frac{\mathrm{d}^2\phi}{\mathrm{d}r^2}-\frac{1}{r^2}\frac{\mathrm{d}^2\phi}{\mathrm{d}r^2}+\frac{1}{r^3}\frac{\mathrm{d}\phi}{\mathrm{d}r}=0$$

这是一个四阶变系数常微分方程，它的通解是

$$\phi=A\ln r+Br^2\ln r+Cr^2+D \tag{1-34}$$

式中，A、B、C、D 为任意常数。

将式(1-34)代入式(1-32)，得到应力分量

$$\left.\begin{array}{l}\sigma_r=\dfrac{A}{r^2}+B\left(1+2\ln r\right)+2C\\[2mm]\sigma_\theta=-\dfrac{A}{r^2}+B\left(3+2\ln r\right)+2C\\[2mm]\tau_{r\theta}=\tau_{\theta r}=0\end{array}\right\} \tag{1-35}$$

现在考虑轴对称情况下的应变分量和位移分量。

对平面应力问题，将应力分量式(1-35)代入物理方程式(1-28)得

$$\left.\begin{array}{l}\varepsilon_r=\dfrac{1}{E}\left[\left(1+\mu\right)\dfrac{A}{r^2}+\left(1-3\mu\right)B+2B\left(1-\mu\right)\ln r+2\left(1-\mu\right)C\right]\\[3mm]\varepsilon_\theta=\dfrac{1}{E}\left[-\left(1+\mu\right)\dfrac{A}{r^2}+\left(3-\mu\right)B+2B\left(1-\mu\right)\ln r+2\left(1-\mu\right)C\right]\\[3mm]\gamma_{r\theta}=0\end{array}\right\} \tag{1-36}$$

在轴对称情况下，位移 $u=u(r)$，$v=0$，代入几何方程式(1-27)，得

$$\varepsilon_r=\frac{\mathrm{d}u}{\mathrm{d}r},\qquad \varepsilon_\theta=\frac{u}{r},\qquad \gamma_{r\theta}=0 \tag{1-37}$$

将式(1-36)代入式(1-37)的第一式，并对 r 积分得

$$u=\int\varepsilon_r\mathrm{d}r=\frac{1}{E}\left[-\left(1+\mu\right)\frac{A}{r}+\left(1-3\mu\right)Br+2B\left(1-\mu\right)\left(\ln r-1\right)r+2\left(1-\mu\right)Cr\right]+F$$

将式(1-36)代入式(1-37)的第二式，得

$$u=r\varepsilon_\theta=\frac{1}{E}\left[-\left(1+\mu\right)\frac{A}{r}+\left(3-\mu\right)Br+2B\left(1-\mu\right)r\ln r+2\left(1-\mu\right)Cr\right]$$

为了使 u 的两个表达式一致，也就是满足位移单值条件，必须使式中的 $B=0$，$F=0$。将 $B=0$、$F=0$ 的条件代入式(1-35)、式(1-36)，由此得出轴对称平面应力情况下的应力分量、应变分量和位移分量的表达式：

$$\left.\begin{array}{l}\sigma_r = \dfrac{A}{r^2} + 2C \\[3mm] \sigma_\theta = -\dfrac{A}{r^2} + 2C\end{array}\right\} \tag{1-38}$$

$$\left.\begin{array}{l}\varepsilon_r = \dfrac{1}{E}\left[(1+\mu)\dfrac{A}{r^2} + 2(1-\mu)C\right] \\[3mm] \varepsilon_\theta = \dfrac{1}{E}\left[-(1+\mu)\dfrac{A}{r^2} + 2(1-\mu)C\right]\end{array}\right\} \tag{1-39}$$

$$\left.\begin{array}{l}u = \dfrac{1}{E}\left[-(1+\mu)\dfrac{A}{r} + 2(1-\mu)Cr\right] \\[3mm] v = 0\end{array}\right\} \tag{1-40}$$

对于轴对称平面应变问题，只要将应变分量式(1-39)、位移分量式(1-40)中的 E 换为 $\dfrac{E}{1-\mu^2}$，μ 换为 $\dfrac{\mu}{1-\mu}$，就可得到平面应变的全部方程，方程中的积分常数 A、C 由边界条件确定。

1.3.3　解法举例

1. 沿径向承受均布压力的环板

如图 1-11 所示，设环板的内半径为 R_i，外半径为 R_o，沿径向任一处的半径为 r。环板内圆受均布压力 p_i，外圆受均布压力 p_o。

这是一个轴对称平面应力问题。环板内、外边界上所受的面力即内压、外压为已知，且环板的边界垂直于坐标轴 r，因此应力分量的边界值等于对应的面力分量。所以应力边界为

$$r = R_i，\quad \sigma_r = -p_i$$
$$r = R_o，\quad \sigma_r = p_o$$

将这些条件代入式(1-38)：

$$-p_i = \dfrac{A}{R_i^2} + 2C$$

$$-p_o = \dfrac{A}{R_o^2} + 2C$$

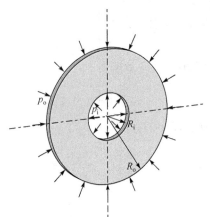

图 1-11　承受径向压力的环板

求解这两个方程，得

$$\left.\begin{array}{l}A = \dfrac{R_i^2 R_o^2 (p_o - p_i)}{R_o^2 - R_i^2} \\[4mm] C = \dfrac{1}{2}\dfrac{R_i^2 p_i - R_o^2 p_o}{R_o^2 - R_i^2}\end{array}\right\} \tag{1-41}$$

将式(1-41)代入式(1-38)～式(1-40)中，得环板的应力分量、应变分量和位移分量为

$$\left. \begin{aligned} \sigma_r &= \frac{R_i^2 p_i - R_o^2 p_o}{R_o^2 - R_i^2} + \frac{R_i^2 R_o^2 (p_o - p_i)}{r^2 (R_o^2 - R_i^2)} \\ \sigma_\theta &= \frac{R_i^2 p_i - R_o^2 p_o}{R_o^2 - R_i^2} - \frac{R_i^2 R_o^2 (p_o - p_i)}{r^2 (R_o^2 - R_i^2)} \end{aligned} \right\} \tag{1-42}$$

$$\left. \begin{aligned} \sigma_r &= \frac{1}{E}\left[(1-\mu)\frac{R_i^2 p_i - R_o^2 p_o}{R_o^2 - R_i^2} + (1+\mu)\frac{R_i^2 R_o^2 (p_o - p_i)}{r^2 (R_o^2 - R_i^2)} \right] \\ \sigma_\theta &= \frac{1}{E}\left[(1-\mu)\frac{R_i^2 p_i - R_o^2 p_o}{R_o^2 - R_i^2} - (1+\mu)\frac{R_i^2 R_o^2 (p_o - p_i)}{r^2 (R_o^2 - R_i^2)} \right] \end{aligned} \right\} \tag{1-43}$$

$$u = \frac{1}{E}\left[(1-\mu)r\frac{R_i^2 p_i - R_o^2 p_o}{R_o^2 - R_i^2} - (1+\mu)\frac{R_i^2 R_o^2 (p_o - p_i)}{r (R_o^2 - R_i^2)} \right] \tag{1-44}$$

2. 圆孔的孔边应力集中

若受力的弹性体具有小孔，则孔边的应力远大于无孔时的应力，也远大于距孔稍远处的应力，这种现象称为孔边应力集中。孔边应力集中是局部现象，在几倍孔径以外，应力几乎不受孔的影响，应力的分布情况以及数值大小都几乎与无孔时相同，一般来讲，应力集中的程度越高，集中现象越是局部性的。

孔边应力增大的倍数与孔的形状有关，在各种形状的开孔中，圆孔孔边的应力集中程度最低。因此，如果必须在构件中开孔，应当尽可能开圆孔。如果不可能开圆孔，也应当采用近似于圆形的孔。只有圆孔孔边的应力可以用较简单的数学工具进行分析。下面分析几种不同承载情况下圆孔孔边的应力集中问题。

(1) 矩形薄板，在离开边缘较远处有半径为 a 的小圆孔，薄板四边受均布拉力，强度为 q，如图 1-12(a)所示。

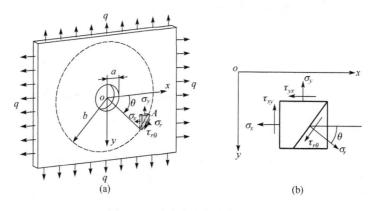

图 1-12　孔边应力集中求解图 1

坐标原点取在圆孔的中心，坐标轴平行于边界。就直边的边界条件而论，宜用直角坐标，就圆孔的边界条件而论，宜用极坐标。因为这里主要是考察圆孔附近的应力，所以用极坐标求解。首先将直边变换为圆边。为此，以远大于 a 的某一长度 b 为半径，以坐标原点为圆心，作一个大圆，如图 1-12(a) 中虚线所示。由于应力集中的局部性，在大圆周处，如 A 点，应力情况与无孔时相同，也就是在 A 点沿 x 轴、y 轴和大圆周切线方向取小单元体，在小单元体两个垂直面上的应力分别为 $\sigma_x = q$、$\tau_{xy} = 0$ 和 $\sigma_y = q$、$\tau_{yx} = 0$；与圆周相切的斜截面上的应力为 σ_r、$\tau_{r\theta}$，如图 1-12(b) 所示。列出小单元体沿斜截面法线和切线方向的静力平衡方程，整理得

$$\left.\begin{aligned}\sigma_r &= \frac{\sigma_x + \sigma_y}{2} + \frac{\sigma_x - \sigma_y}{2}\cos 2\theta + \tau_{xy}\sin 2\theta \\ \tau_{r\theta} &= \frac{\sigma_y - \sigma_x}{2}\sin 2\theta + \tau_{xy}\cos 2\theta\end{aligned}\right\} \tag{1-45}$$

将 $\sigma_x = q$、$\sigma_y = q$、$\tau_{xy} = 0$ 代入式(1-45)可得

$$(\sigma_r)_{r=b} = q, \quad (\tau_{r\theta})_{r=b} = 0$$

在大圆周上的任一点都能得到 $\sigma_r = q$、$\tau_{r\theta} = 0$ 的结果，因此问题变为求内半径为 a、外半径为 b 的环板在外边界上受均布拉力 q 的应力分布。

为了得到这个新问题的解答，只需在环板内、外压力时的应力表达式(1-42)中，令 $p_i = 0$、$p_o = -q$、$R_i = a$、$R_o = b$，得

$$\sigma_r = q\frac{b^2 r^2 - a^2 b^2}{(b^2 - a^2)r^2} = q\frac{1 - \dfrac{a^2}{r^2}}{1 - \dfrac{a^2}{b^2}}$$

$$\sigma_\theta = q\frac{b^2 r^2 + a^2 b^2}{(b^2 - a^2)r^2} = q\frac{1 + \dfrac{a^2}{r^2}}{1 - \dfrac{a^2}{b^2}}$$

因为 b 远大于 a，可以近似取 $\dfrac{a}{b} \approx 0$，从而得到解答：

$$\sigma_r = q\left(1 - \frac{a^2}{r^2}\right), \quad \sigma_\theta = q\left(1 + \frac{a^2}{r^2}\right) \tag{1-46}$$

(2) 矩形薄板，在离开边缘较远处有一半径为 a 的小孔，薄板左右两边受均布拉力，上下受均布压力，强度都为 q，如图 1-13 所示。

与第一种承载情况进行相同的处理与分析：在大圆周上任一点 A 的应力情况与无孔时相同，即 $\sigma_x = q$、$\sigma_y = -q$、$\tau_{xy} = 0$。代入式(1-45)，得到与大圆周相切的斜截面上的应力

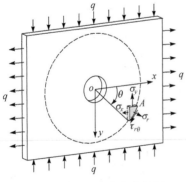

图 1-13　孔边应力集中求解图 2

$$\left.\begin{array}{r}(\sigma_r)_{r=b} = q\cos 2\theta \\ (\tau_{r\theta})_{r=b} = -q\sin 2\theta\end{array}\right\} \tag{a}$$

这也是环板的外边界条件。

环板的内边界即孔边的边界条件为

$$\left.\begin{array}{r}(\sigma_r)_{r=0} = 0 \\ (\tau_{r\theta})_{r=0} = 0\end{array}\right\} \tag{b}$$

由环板的内、外边界条件可见，当采用半逆解法时，可以假设 σ_r 为 r 的某一函数乘以 $\cos 2\theta$，$\tau_{r\theta}$ 为 r 的另一函数乘以 $\sin 2\theta$。由式(1-30)

$$\sigma_r = \frac{1}{r}\frac{\partial\phi}{\partial r} + \frac{1}{r^2}\frac{\partial^2\phi}{\partial\theta^2}, \quad \tau_{r\theta} = -\frac{\partial}{\partial r}\left(\frac{1}{r}\frac{\partial\phi}{\partial\theta}\right)$$

可见，应力函数 ϕ 对 θ 两次微分得 σ_r 表达式中和 θ 有关的一项，ϕ 对 θ 一次微分得 $\tau_{r\theta}$。因此，可以假设应力函数 ϕ 为

$$\phi = f(r)\cos 2\theta \tag{c}$$

将(c)式代入相容方程式(1-31)，得

$$\cos 2\theta\left[\frac{d^4 f(r)}{dr^4} + \frac{2}{r}\frac{d^3 f(r)}{dr^3} - \frac{9}{r^2}\frac{d^2 f(r)}{dr^2} + \frac{9}{r^3}\frac{df(r)}{dr}\right] = 0$$

由此

$$\frac{d^4 f(r)}{dr^4} + \frac{2}{r}\frac{d^3 f(r)}{dr^3} - \frac{9}{r^2}\frac{d^2 f(r)}{dr^2} + \frac{9}{r^3}\frac{df(r)}{dr} = 0$$

这是一个四阶的常微分方程，它的解为

$$f(r) = Ar^4 + Br^2 + C + \frac{D}{r^2} \tag{d}$$

式中，A、B、C、D 为积分常数，由边界条件决定。将(d)式代入(c)式，应力函数为

$$\phi = \cos 2\theta\left(Ar^4 + Br^2 + C + \frac{D}{r^2}\right)$$

代入式(1-30)，得到应力分量

$$\left.\begin{array}{l}\sigma_r = -\cos 2\theta\left(2B + \dfrac{4C}{r^2} + \dfrac{6D}{r^4}\right) \\[3mm] \sigma_\theta = \cos 2\theta\left(12Ar^2 + 2B + \dfrac{6D}{r^4}\right) \\[3mm] \tau_{r\theta} = \sin 2\theta\left(6Ar^2 + 2B - \dfrac{2C}{r^2} - \dfrac{6D}{r^4}\right)\end{array}\right\} \tag{e}$$

将(e)式代入边界条件(a)式和(b)式，得

$$2B + \frac{4C}{b^2} + \frac{6D}{b^4} = -q$$

$$6Ab^2 + 2B - \frac{2C}{b^2} - \frac{6D}{b^4} = -q$$

$$2B + \frac{4C}{a^2} + \frac{6D}{a^4} = 0$$

$$6Aa^2 + 2B - \frac{2C}{a^2} - \frac{6D}{a^4} = 0$$

求解 A、B、C、D，然后令 $\frac{a}{b} \to 0$，得

$$A = 0 , \quad B = -\frac{q}{2} , \quad C = qa^2 , \quad D = -\frac{qa^4}{2}$$

将各已知值代入(e)式，得应力分量的最后表达式

$$\left.\begin{aligned}
\sigma_r &= q\cos 2\theta \left(1 - \frac{a^2}{r^2}\right)\left(1 - \frac{3a^2}{r^2}\right) \\
\sigma_\theta &= -q\cos 2\theta \left(1 + \frac{3a^4}{r^4}\right) \\
\tau_{r\theta} &= -q\sin 2\theta \left(1 - \frac{a^2}{r^2}\right)\left(1 + \frac{3a^2}{r^2}\right)
\end{aligned}\right\} \tag{1-47}$$

(3) 中心有小孔的矩形薄板，只有左右两边受有均布拉力 q，如图 1-14(a)所示。

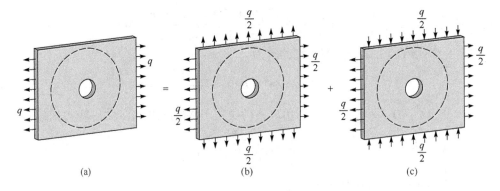

图 1-14　孔边应力集中求解图 3

这种情况可以分解为图 1-14(b)和图 1-14(c)。它们正如图 1-12 和图 1-13 所示的情况。因此，在式(1-46)和式(1-47)中将 q 换为 $\frac{q}{2}$ 并叠加起来，就可得到图 1-14(a)的解答：

$$\left.\begin{aligned}
\sigma_r &= \frac{q}{2}\left(1 - \frac{a^2}{r^2}\right) + \frac{q}{2}\cos 2\theta \left(1 - \frac{4a^2}{r^2} + \frac{3a^4}{r^4}\right) \\
\sigma_\theta &= \frac{q}{2}\left(1 + \frac{a^2}{r^2}\right) - \frac{q}{2}\cos 2\theta \left(1 + \frac{3a^4}{r^4}\right) \\
\tau_{r\theta} &= -\frac{q}{2}\sin 2\theta \left(1 + \frac{2a^2}{r^2} - \frac{3a^4}{r^4}\right)
\end{aligned}\right\} \tag{1-48}$$

沿着孔边，$r = a$，周向应力是

$$\sigma_\theta = q(1 - 2\cos 2\theta) \tag{1-49}$$

按式(1-49)求得的数据如下：

θ	0	30°	45°	60°	90°
σ_θ	$-q$	0	q	$2q$	$3q$

沿 y 轴，$\theta = 90°$，周向应力为

$$\sigma_\theta = q\left(1 + \frac{1}{2}\frac{a^2}{r^2} + \frac{3}{2}\frac{a^4}{r^4}\right) \tag{1-50}$$

按式(1-50)求得的数据如下：

r	a	$2a$	$3a$	$4a$
σ_θ	$3q$	$1.22q$	$1.07q$	$1.04q$

由此可见，在孔边最大拉应力为所施加外载荷的 3 倍，周向应力随着远离孔边而急剧下降并趋近于 q。

沿 x 轴，$\theta = 0°$，周向应力为

$$\sigma_\theta = \frac{q}{2}\frac{a^2}{r^2}\left(1 - \frac{3a^2}{r^2}\right) \tag{1-51}$$

按式(1-51)求得的数据如下：

r	a	$2a$	$3a$	$4a$
σ_θ	$-q$	$0.031q$	$0.037q$	$0.025q$

周向应力沿 y 轴、x 轴的变化情况见图 1-15。

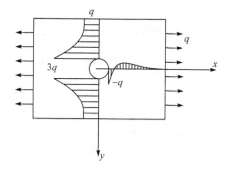

图 1-15   孔边应力分布

(4) 中心有小孔的矩形薄板，两对边受有不同数值的均布拉力，q_1 沿坐标轴 x 方向，q_2 沿 y 轴方向，如图 1-16(a)所示。

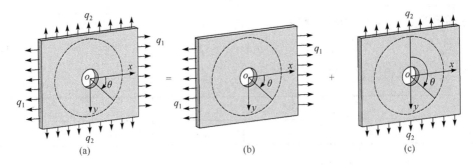

图 1-16　孔边应力集中求解图 4

图 1-16(a)是图 1-16(b)和图 1-16(c)两种情况的叠加。图 1-16(b)和图 1-16(c)与图 1-14 的情况相同，所以它们的应力分量都可以用式(1-48)表示，但应注意式(1-48)中的 θ 角对图 1-16(b)和图 1-16(c)应相差 90°。因此，图 1-16(a)的应力分量为

$$\sigma_r = \left[\frac{q_1}{2}\left(1-\frac{a^2}{r^2}\right)+\frac{q_1}{2}\cos 2\theta\left(1-\frac{4a^2}{r^2}+\frac{3a^4}{r^4}\right)\right]$$
$$+\left[\frac{q_2}{2}\left(1-\frac{a^2}{r^2}\right)+\frac{q_2}{2}\cos 2(\theta+90°)\left(1-\frac{4a^2}{r^2}+\frac{3a^4}{r^4}\right)\right]$$

$$\sigma_\theta = \left[\frac{q_1}{2}\left(1+\frac{a^2}{r^2}\right)-\frac{q_1}{2}\cos 2\theta\left(1+\frac{3a^4}{r^4}\right)\right]+\left[\frac{q_2}{2}\left(1+\frac{a^2}{r^2}\right)-\frac{q_2}{2}\cos 2(\theta+90°)\left(1+\frac{3a^4}{r^4}\right)\right]$$

$$\tau_{r\theta} = \left[-\frac{q_1}{2}\sin 2\theta\left(1+\frac{2a^2}{r^2}-\frac{3a^4}{r^4}\right)\right]+\left[-\frac{q_2}{2}\sin 2(\theta+90°)\left(1+\frac{2a^2}{r^2}-\frac{3a^4}{r^4}\right)\right]$$

沿孔边，$r=a$ 处，周向应力为

$$\sigma_\theta = (q_1-2q_1\cos 2\theta)+\left[q_2-2q_2\cos 2(\theta+90°)\right]$$

最大周向应力发生在 $\theta=0$ 或 $\theta=\dfrac{\pi}{2}$ 处：

$$\left.\begin{array}{l} \text{当}\theta=0\text{时，}\ \sigma_\theta=-q_1+3q_2 \\ \text{当}\theta=\dfrac{\pi}{2}\text{时，}\ \sigma_\theta=3q_1-q_2 \end{array}\right\} \tag{1-52}$$

若 $q_1 > q_2$，最大周向应力发生在 $\theta=\dfrac{\pi}{2}$ 处。

若 $q_2 > q_1$，最大周向应力发生在 $\theta=0$ 处。

工程上常利用上述结果解决一些孔边应力集中问题。设有任意形状的薄板，受有任意面力，而在距边界较远处有一个小圆孔，只要有了无孔时的应力解答，就可以计算孔边的应力。为此，可以先求出相应于圆孔中心处的应力分量，然后求出相应的两个应力主向以及主应力 σ_1 和 σ_2。如果圆孔很小，圆孔的附近部分就可以当作是沿两个主向分别受均布拉应力 σ_1 和 σ_2，也就可以应用上述的叠加法。这样求得的孔边应力当然会有一定

的误差，但在工程实际上很有参考价值。

如在受均匀内压的圆筒上开小孔，因为孔很小，可以忽略壳体曲率的影响，直接应用平板开小孔的结果。

圆筒受均布内压 p，在筒体上任意一点产生的主应力为

$$\sigma_1 = \frac{pD}{2S}$$

$$\sigma_2 = \frac{pD}{4S} = \frac{1}{2}\sigma_1$$

式中，σ_1 为周向应力；σ_2 为轴向应力；D 为筒体中面直径；S 为筒体厚度。

在开孔附近取出一块单元体，此单元体即为两对边受均匀拉伸、中心开有小孔的平板，如图 1-17(b) 所示。这与图 1-16 所示的情况完全相同。若取 x 轴沿圆筒的轴线方向，则 $q_1 = \sigma_2 = \frac{pD}{4S}$，$q_2 = \sigma_1 = \frac{pD}{2S}$。由式(1-52)，因 $q_2 > q_1$，则孔边的最大周向应力发生在 $\theta = 0$ 的截面上，其值为

$$\sigma_\theta = 3q_2 - q_1 = 3\sigma_1 - \sigma_2 = 3\sigma_1 - 0.5\sigma_1 = 2.5\sigma_1$$

此时的应力是壳体无孔时最大应力的 2.5 倍。该倍数称为应力集中系数。工程上常用应力集中系数表示孔边应力集中的程度。

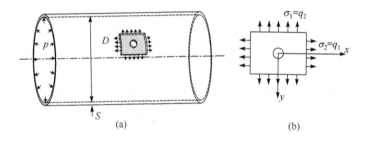

图 1-17　孔边应力集中的近似求法

关于孔边应力的较精确分析，目前大多采用有限单元法，将在第 9 章介绍。

思　考　题

1-1　弹性力学的基本假设是什么？

1-2　什么是剪应力互等定律？

1-3　弹性力学空间问题有哪几个未知量？

1-4　什么是弹性力学平面应力问题？

1-5　什么是弹性力学平面应变问题？

1-6　弹性力学与材料力学方法的本质区别是什么？

1-7　什么是相容方程？

1-8　什么是圣维南原理？

1-9 边界条件有哪几种?

1-10 什么是逆解法和半逆解法?

1-11 什么是位移单值条件? 为什么必须满足位移单值条件?

1-12 如何进行叠加法计算?

1-13 什么是应力集中系数?

1-14 单轴拉伸时, 圆孔边最大应力增加多少?

1-15 受内压圆筒的周向应力和轴向应力的关系是怎样的?

习   题

1-1 设有任意形状的等厚度薄板(图 1-18), 体力可以不计, 在全部边界上受均匀压力 q。试证 $\sigma_x = \sigma_y = -q$ 及 $\tau_{xy} = 0$ 能满足平衡微分方程、相容方程和边界条件。

1-2 矩形剪支梁上作用三角形分布载荷, 如图 1-19 所示。试检查应力函数 $\phi = Ax^3y^3 + Bxy^5 + Cx^3y + Dxy^3 + Ex^3 + Fxy$ 是否成立, 并给出应力分量的表达式。式中, A、B、C、D、E、F 为任意常数。

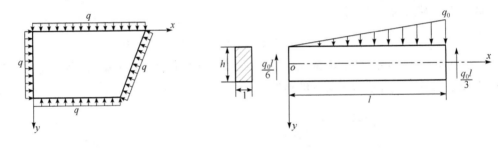

图 1-18 习题 1-1 图   图 1-19 习题 1-2 图

1-3 有一内径为 a、外径为 b 的半圆环, 如图 1-20 所示。试证明下列应力分量 $\sigma_r = -\dfrac{A}{r}\sin\theta$, $\sigma_\theta = \dfrac{B}{r}\sin\theta$, $\tau_{r\theta} = -\dfrac{B}{r}\cos\theta$ 的解成立, 并画出相应的边界条件。式中, A、B 为任意常数。

1-4 正方形薄板受纯剪力, 剪力强度为 q, 如图 1-21 所示, 设离边缘较远处有一小圆孔, 试求孔边的最大正应力和最小正应力。

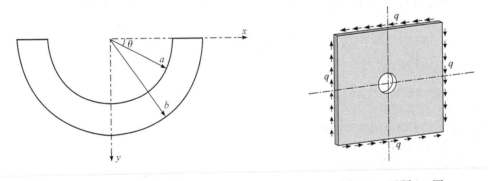

图 1-20 习题 1-3 图   图 1-21 习题 1-4 图

1-5 如图 1-22 所示的薄板, 密度为 ρ, 在一边侧面上受均布剪力, 试求应力分量。

1-6 试检验函数 $\phi = a(xy^2 + x^3)$ 是否可作为应力函数。若能，试求应力分量(不计体力)，并在如图 1-23 所示的薄板上画出面力分布。

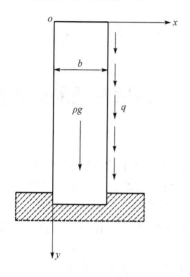

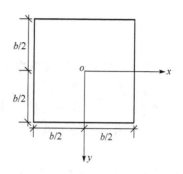

图 1-22 习题 1-5 图

图 1-23 习题 1-6 图

1-7 设单位厚度 $\delta = 1$ 的悬臂梁在左端受到集中力和力矩作用(图 1-24)，体力不计。试用应力函数 $\phi = Axy + By^2 + Cy^3 + Dxy^3$ 求解应力分量。

1-8 取满足相容方程的应力函数为：(1) $\phi = ax^2y$；(2) $\phi = bxy^2$；(3) $\phi = cxy^3$。试求出应力分量(不计体力)，画出如图 1-25 所示弹性体边界上的面力分布，并在次要边界上表示出面力的主矢量和主矩。

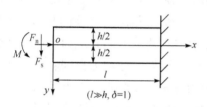

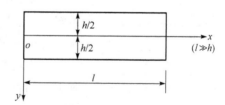

图 1-24 习题 1-7 图

图 1-25 习题 1-8 图

第2章

厚壁圆筒的应力分析

厚壁圆筒一般能够承受很高的压力,被广泛应用于高压容器和超高压容器,如化工设备的合成塔、超高压聚乙烯反应器、大型水压机的蓄能器、原子能反应堆的压力容器、常规器械的炮筒、高压泵泵体及管道等。由于厚壁圆筒承受高的压力,相应器壁应力大大提高,甚至有的接近或超过器壁材料的屈服强度,其应力分析属于弹塑性力学范畴。

本章对于厚壁圆筒的应力分析,首先从弹性分析开始,然后进行弹塑性分析,最后进行塑性极限分析。

2.1 厚壁圆筒的弹性应力分析

如图 2-1 所示的内半径为 R_i、外半径为 R_o 的厚壁圆柱形筒体,承受内压为 p_i,外压为 p_o。筒体的几何形状、载荷、支承情况均对称于中心轴,因而其应力、应变及位移分量也均对称于中心轴,这类问题称为空间轴对称问题。对于空间轴对称问题的分析,采用圆柱坐标系 (r, θ, z) 比较方便,以厚壁圆筒的对称轴为 z 轴,所有的应力分量、应变分量和位移分量都将只是 r 和 z 的函数,不随 θ 的改变而变化。

2.1.1 厚壁圆筒的基本方程

在圆柱坐标系中,厚壁圆筒内任一点 P 的坐标位置,用该点到坐标原点 O 的距离 r、z 及 r 方向与 x 轴之间的夹角 θ 表示。在 P 点处用相距 dr 的两个同心圆柱面,互成 $d\theta$ 角的两个相邻纵截面及相距 dz 的两个水平面截取一个微小的扇形六面体,如图 2-2(a)所示。

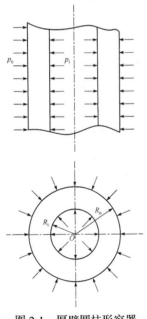

图 2-1   厚壁圆柱形容器

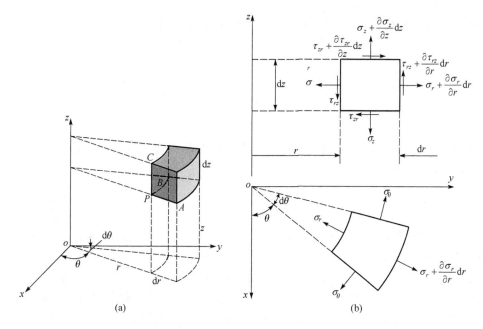

图 2-2 厚壁圆筒中的微元体(a)和微元体受力图(b)

1. 平衡方程

微元体的受力情况如图 2-2(b)所示，微元体上沿 r、θ 和 z 方向作用的体力分量分别称为径向体力分量、环向体力分量和轴向体力分量，以 K_r、K_θ 和 K_z 表示。各个面上的应力沿 r 方向的正应力称为径向应力，以 σ_r 表示；沿 θ 方向的正应力称为环向应力或周向应力，以 σ_θ 表示；沿 z 方向的正应力称为轴向应力，以 σ_z 表示；剪应力以 $\tau_{r\theta}$、$\tau_{z\theta}$、τ_{rz} 表示，根据剪应力互等定律，$\tau_{\theta r} = \tau_{r\theta}$，$\tau_{\theta z} = \tau_{z\theta}$。由于轴对称，$K_\theta = 0$，$\tau_{r\theta} = 0$，$\tau_{z\theta} = 0$，于是 P 点处独立的应力分量只有 4 个，即 σ_r、σ_θ、σ_z、τ_{rz}。由这四个应力分量可完全确定该点处的应力状态。各应力分量的正负号规定和在直角坐标系中一样，即在正面上的应力分量以沿坐标轴正向为正，沿坐标轴负向为负；在负面上的应力分量以沿坐标轴负向为正，沿坐标轴正向为负。作用在微元体上所有的力保证微元体平衡。根据平衡条件，由于轴对称，沿 θ 方向微元体上力的平衡得到自动满足，只需将作用在面上的力沿 r 和 z 方向投影：

$$\sum F_r = 0$$

$$\left(\sigma_r + \frac{\partial \sigma_r}{\partial r}dr\right)(r+dr)d\theta dz - \sigma_r r d\theta dz - 2\sigma_\theta dr dz \sin\frac{d\theta}{2}$$

$$+\left(\tau_{zr} + \frac{\partial \tau_{zr}}{\partial z}dz\right)r dr d\theta - \tau_{zr} r dr d\theta + K_r r dr d\theta dz = 0$$

$$\sum F_z = 0$$

$$\left(\sigma_z + \frac{\partial \sigma_z}{\partial z}dz\right)r d\theta dr - \sigma_z r d\theta dr + \left(\tau_{rz} + \frac{\partial \tau_{rz}}{\partial r}dr\right)(r+dr)d\theta dz$$

$$-\tau_{rz} r d\theta dz + K_z r dr d\theta dz = 0$$

因为 $\mathrm{d}\theta$ 值很小，可取 $\sin\dfrac{\mathrm{d}\theta}{2}\approx\dfrac{\mathrm{d}\theta}{2}$ ，化简并略去高阶微量，得

$$\left.\begin{array}{l} \dfrac{\partial\sigma_r}{\partial r}+\dfrac{\partial\tau_{zr}}{\partial z}+\dfrac{\sigma_r-\sigma_\theta}{r}+K_r=0 \\[4mm] \dfrac{\partial\sigma_z}{\partial z}+\dfrac{\partial\tau_{rz}}{\partial r}+\dfrac{\tau_{rz}}{r}+K_z=0 \end{array}\right\} \tag{2-1}$$

式(2-1)为空间轴对称问题的平衡微分方程，两个方程含有四个未知量 σ_r、σ_θ、σ_z、τ_{rz}，需要寻找补充方程。

2. 几何方程

由于轴对称，在 r-z 平面内既有正应变，又有剪应变，而在其他两个平面 r-θ、θ-z 内没有剪应变，只有正应变。

在 r-z 平面内，沿 r 和 z 方向取微小长度 $PA=\mathrm{d}r$ ，$PC=\mathrm{d}z$ 。假设变形后 P、A、C 分别移动到 P'、A'、C' 。如图 2-3(a)所示，P 点移动到 P' 点的位移分量为 u、w ，其中 u 为沿 r 方向的位移分量，w 为沿 z 方向的位移分量；A 点移动到 A' 点的位移分量为 $u+\dfrac{\partial u}{\partial r}\mathrm{d}r$、$w+\dfrac{\partial w}{\partial r}\mathrm{d}r$ ；C 点移动到 C' 点的位移分量为 $u+\dfrac{\partial u}{\partial z}\mathrm{d}z$、$w+\dfrac{\partial w}{\partial z}\mathrm{d}z$ ；微元线段 PA 移动到 $P'A'$ 的转角为 β_1 ；PC 移动到 $P'C'$ 的转角为 β_2 。

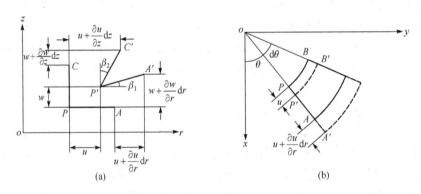

(a)　　　　　　　　　　　　(b)

图 2-3　在圆柱坐标中的位移

由几何变形关系，可求得线段 PA 的正应变 ε_r 为

$$\varepsilon_r=\frac{P'A'-PA}{PA}=\frac{\left(\mathrm{d}r+u+\dfrac{\partial u}{\partial r}\mathrm{d}r-u\right)-\mathrm{d}r}{\mathrm{d}r}=\frac{\partial u}{\partial r}$$

线段 PC 的正应变 ε_z 为

$$\varepsilon_z=\frac{P'C'-PC}{PC}=\frac{\left(\mathrm{d}z+w+\dfrac{\partial w}{\partial z}\mathrm{d}z-w\right)-\mathrm{d}z}{\mathrm{d}z}=\frac{\partial w}{\partial z}$$

PA 和 PC 间的直角变化，即剪应变 γ_{rz} 为

$$\gamma_{rz} = \beta_1 + \beta_2 = \frac{\partial w}{\partial r} + \frac{\partial u}{\partial z}$$

在 r-θ 平面内，沿 r 和 θ 方向取微元线段 $PA = \mathrm{d}r$，$PB = r\mathrm{d}\theta$，变形后，P、A、B 分别移动到 P'、A'、B'。由于对称性，P 点和 B 点移到 P' 点和 B' 的位移分量均为 u，A 点移到 A' 点的位移分量为 $u + \dfrac{\partial u}{\partial r}\mathrm{d}r$，由图 2-3(b)得

$$\varepsilon_\theta = \frac{P'B' - PB}{PB} = \frac{(r+u)\mathrm{d}\theta - r\mathrm{d}\theta}{r\mathrm{d}\theta} = \frac{u}{r}$$

由此，空间轴对称的几何方程为

$$\varepsilon_r = \frac{\partial u}{\partial r}, \quad \varepsilon_\theta = \frac{u}{r}, \quad \varepsilon_z = \frac{\partial w}{\partial r}, \quad \gamma_{rz} = \frac{\partial w}{\partial r} + \frac{\partial u}{\partial z} \tag{2-2}$$

3. 物理方程

根据广义胡克定律式(1-4)，微元体的应力应变必须满足下列关系

$$\left.\begin{aligned}
\varepsilon_r &= \frac{1}{E}\left[\sigma_r - \mu(\sigma_\theta + \sigma_z)\right] \\
\varepsilon_\theta &= \frac{1}{E}\left[\sigma_\theta - \mu(\sigma_r + \sigma_z)\right] \\
\varepsilon_z &= \frac{1}{E}\left[\sigma_z - \mu(\sigma_r + \sigma_\theta)\right] \\
\gamma_{zr} &= \frac{2(1+\mu)}{E}\tau_{zr}
\end{aligned}\right\} \tag{2-3}$$

或写成

$$\left.\begin{aligned}
\sigma_r &= \frac{E}{1+\mu}\left(\varepsilon_r + \frac{\mu}{1-2\mu}e\right) \\
\sigma_\theta &= \frac{E}{1+\mu}\left(\varepsilon_\theta + \frac{\mu}{1-2\mu}e\right) \\
\sigma_z &= \frac{E}{1+\mu}\left(\varepsilon_z + \frac{\mu}{1-2\mu}e\right) \\
\tau_{zr} &= \frac{E}{2(1+\mu)}\gamma_{zr}
\end{aligned}\right\} \tag{2-4}$$

式中，$e = \varepsilon_r + \varepsilon_\theta + \varepsilon_z$。

综上所述，空间轴对称问题共 10 个基本方程，即两个平衡方程、4 个几何方程和 4 个物理方程，求解 10 个未知量，即 4 个应力分量 σ_r、σ_θ、σ_z、τ_{zr}，4 个应变分量 ε_r、ε_θ、ε_z、γ_{zr}，以及两个位移分量 u、w。

对于承受均匀内、外压的厚壁圆筒，若筒体的几何形状、载荷、支承情况沿 z 轴没有

变化，所有垂直于轴线的横截面在变形后仍保持为平面，则 $\tau_{zr} = 0$，$\gamma_{zr} = 0$，即 u 只取决于 r，w 只取决于 z。由此可得：

平衡方程(不计体力)为

$$
\left.
\begin{aligned}
\frac{\mathrm{d}\sigma_r}{\mathrm{d}r} + \frac{\sigma_r - \sigma_\theta}{r} &= 0 \\
\frac{\mathrm{d}\sigma_z}{\mathrm{d}z} &= 0
\end{aligned}
\right\}
\tag{2-5}
$$

由式(2-5)第一式可知，σ_r、σ_θ 均为 r 的函数，与 z、θ 无关；由第二式可知，σ_z 为常量。

几何方程为

$$
\varepsilon_r = \frac{\mathrm{d}u}{\mathrm{d}r}, \quad \varepsilon_\theta = \frac{u}{r}, \quad \varepsilon_z = \frac{\mathrm{d}w}{\mathrm{d}z}
\tag{2-6}
$$

将式(2-6)中的第二式对 r 求一阶导数，得

$$
\frac{\mathrm{d}\varepsilon_\theta}{\mathrm{d}r} = \frac{1}{r}\left(\frac{\mathrm{d}u}{\mathrm{d}r} - \frac{u}{r}\right) = \frac{1}{r}(\varepsilon_r - \varepsilon_\theta)
\tag{2-7}
$$

式(2-7)为应变分量(或位移分量)表示的变形协调方程，表明厚壁圆筒中径向和环向应变不是互相独立的，而是相互关联的。

物理方程为

$$
\left.
\begin{aligned}
\varepsilon_r &= \frac{1}{E}\left[\sigma_r - \mu(\sigma_\theta + \sigma_z)\right] \\
\varepsilon_\theta &= \frac{1}{E}\left[\sigma_\theta - \mu(\sigma_r + \sigma_z)\right] \\
\varepsilon_z &= \frac{1}{E}\left[\sigma_z - \mu(\sigma_r + \sigma_\theta)\right]
\end{aligned}
\right\}
\tag{2-8}
$$

或写成

$$
\left.
\begin{aligned}
\sigma_r &= \frac{E}{1+\mu}\left(\varepsilon_r + \frac{\mu}{1-2\mu}e\right) \\
\sigma_\theta &= \frac{E}{1+\mu}\left(\varepsilon_\theta + \frac{\mu}{1-2\mu}e\right) \\
\sigma_z &= \frac{E}{1+\mu}\left(\varepsilon_z + \frac{\mu}{1-2\mu}e\right)
\end{aligned}
\right\}
\tag{2-9}
$$

由式(2-8)可得到

$$
\varepsilon_r - \varepsilon_\theta = \frac{1+\mu}{E}(\sigma_r - \sigma_\theta)
$$

$$
\frac{\mathrm{d}\varepsilon_\theta}{\mathrm{d}r} = \frac{1}{E}\left(\frac{\mathrm{d}\sigma_\theta}{\mathrm{d}r} - \mu\frac{\mathrm{d}\sigma_r}{\mathrm{d}r}\right)
$$

将以上两式代入式(2-7)，得到以应力分量表示的变形协调方程

$$\frac{\mathrm{d}\sigma_\theta}{\mathrm{d}r} - \mu\frac{\mathrm{d}\sigma_r}{\mathrm{d}r} = \frac{1+\mu}{r}(\sigma_r - \sigma_\theta) \tag{2-10}$$

式(2-10)中包含 σ_r 和 σ_θ 两个未知量，将此式与平衡方程式(2-5)第一式联立求解，便可得到应力分量 σ_r 和 σ_θ。

2.1.2　厚壁圆筒的应力和位移解

求解厚壁圆筒的应力、应变和位移分量一般有两种解法，即位移法和应力法。

位移法是以位移分量作为基本未知量，必须满足以位移分量表示的平衡微分方程及边界条件。由于用位移法求解时自然满足变形协调方程，因此此法不必应用变形协调方程。求出位移分量后，可以根据几何方程求出应变分量，再根据物理方程求得应力分量。

应力法是以应力分量作为基本未知量，必须满足以应力分量表示的平衡微分方程、变形协调方程及边界条件，才能保证物体是连续的，且解是唯一的。由此，变形协调方程是应力法求解的一组补充方程，仅在应力作为基本未知量求解时才需用到它。求出应力分量后，可根据物理方程求出应变分量，再根据几何方程求出位移分量。

本节采用位移法求解在均匀内、外压作用下的厚壁圆筒。将几何方程式(2-6)代入物理方程式(2-9)，得出用位移分量表示的物理方程

$$\left.\begin{array}{l}\sigma_r = \dfrac{E}{1+\mu}\left(\dfrac{\mathrm{d}u}{\mathrm{d}r} + \dfrac{\mu}{1-2\mu}e\right)\\[2mm]\sigma_\theta = \dfrac{E}{1+\mu}\left(\dfrac{u}{r} + \dfrac{\mu}{1-2\mu}e\right)\\[2mm]\sigma_z = \dfrac{E}{1+\mu}\left(\dfrac{\mathrm{d}w}{\mathrm{d}z} + \dfrac{\mu}{1-2\mu}e\right)\end{array}\right\} \tag{2-11}$$

将式(2-11)代入平衡方程式(2-5)，得

$$\left.\begin{array}{l}\dfrac{\mathrm{d}^2u}{\mathrm{d}r^2} + \dfrac{1}{r}\dfrac{\mathrm{d}u}{\mathrm{d}r} - \dfrac{u}{r^2} = 0\\[3mm]\dfrac{\mathrm{d}^2w}{\mathrm{d}z^2} = 0\end{array}\right\} \tag{2-12}$$

式(2-12)为受均匀内、外压的厚壁圆筒的基本微分方程。式中，第一式为欧拉型的二阶线性齐次微分方程，它的通解为

$$u = C_1 r + \frac{C_2}{r} \tag{2-13}$$

式中，C_1、C_2 为积分常数。将式(2-13)代入式(2-11)，得到

$$\left.\begin{array}{l}\sigma_r = C_3 - \dfrac{C_4}{r^2}\\[2mm]\sigma_\theta = C_3 + \dfrac{C_4}{r^2}\\[2mm]\sigma_z = 2\mu C_3 + E\varepsilon_z\end{array}\right\} \tag{2-14}$$

其中

$$C_3 = \frac{E}{1+\mu}\frac{\mu\varepsilon_z + C_1}{1-2\mu} \left.\begin{array}{c}\\\\\\\end{array}\right\}$$
$$C_4 = \frac{E}{1+\mu}C_2 \qquad\qquad\qquad (2\text{-}15)$$

式中，C_3、C_4 为待定常数，由力的边界条件确定；由式(2-12)中第二式可知，$\varepsilon_z = \dfrac{\mathrm{d}w}{\mathrm{d}z} =$ 常量，取决于筒体的端部条件。

当厚壁圆筒同时承受均匀内压 p_i 和均匀外压 p_o 时，其边界条件为

$$\left.\begin{array}{ll} r = R_i, & \sigma_r = -p_i \\ r = R_o, & \sigma_r = -p_o \end{array}\right\} \qquad\qquad (a)$$

将边界条件代入式(2-14)，得

$$C_3 = \frac{R_i^2 p_i - R_o^2 p_o}{R_o^2 - R_i^2} \left.\begin{array}{c}\\\\\\\\\end{array}\right\}$$
$$C_4 = \frac{R_i^2 R_o^2 (p_i - p_o)}{R_o^2 - R_i^2} \qquad\qquad (b)$$

将 C_3、C_4 值代入式(2-14)，得

$$\sigma_r = \frac{R_i^2 p_i - R_o^2 p_o}{R_o^2 - R_i^2} - \frac{R_i^2 R_o^2 (p_i - p_o)}{(R_o^2 - R_i^2)r^2} \left.\begin{array}{c}\\\\\\\\\end{array}\right\}$$
$$\sigma_\theta = \frac{R_i^2 p_i - R_o^2 p_o}{R_o^2 - R_i^2} + \frac{R_i^2 R_o^2 (p_i - p_o)}{(R_o^2 - R_i^2)r^2} \qquad (2\text{-}16)$$

式(2-16)即为著名的拉梅(Lamé)方程式。由此式可以看出，σ_r 和 σ_θ 与材料的物理性质无关。此式与式(1-42)相同。

轴向应力 σ_z、轴向应变 ε_z 和径向位移分量 u，根据端部支承条件不同，分三种情况讨论：

(1) 两端不封闭(开口)的筒体(如炮筒、热套的筒节等)。

轴向变形无约束，轴向应力为零，即

$$\sigma_z = 0 \qquad\qquad\qquad (2\text{-}17)$$

由式(2-14)的第三式及式(2-15)，并代入 C_3、C_4 值，得

$$\varepsilon_z = -\frac{2\mu}{E}C_3 = -\frac{2\mu}{E}\frac{R_i^2 p_i - R_o^2 p_o}{R_o^2 - R_i^2} \left.\begin{array}{c}\\\\\\\\\\\\\end{array}\right\}$$
$$C_1 = \frac{1-\mu}{E}C_3 = \frac{1-\mu}{E}\frac{R_i^2 p_i - R_o^2 p_o}{R_o^2 - R_i^2} \qquad (c)$$
$$C_2 = \frac{1+\mu}{E}C_4 = \frac{1+\mu}{E}\frac{R_i^2 R_o^2 (p_i - p_o)}{R_o^2 - R_i^2}$$

将 C_1、C_2 值代入式(2-13)，得两端开口的厚壁圆筒的位移表达式

$$u = \frac{1-\mu}{E}\frac{(R_i^2 p_i - R_o^2 p_o)r}{R_o^2 - R_i^2} + \frac{1+\mu}{E}\frac{R_i^2 R_o^2(p_i - p_o)}{(R_o^2 - R_i^2)r} \tag{2-18}$$

此种情况类似平面应力问题。式(2-18)仅表示平面应力状态下的位移分量表达式。

(2) 两端封闭的筒体(筒体端部有端盖)。

轴向应力由轴向平衡条件求得

$$\pi(R_o^2 - R_i^2)\sigma_z = \pi R_i^2 p_i - \pi R_o^2 p_o$$

即

$$\sigma_z = \frac{R_i^2 p_i - R_o^2 p_o}{R_o^2 - R_i^2} = C_3 \tag{2-19}$$

由式(2-14)的第三式及式(2-15)，并代入 C_3、C_4 值，得

$$\left.\begin{aligned}
\varepsilon_z &= \frac{1-2\mu}{E}C_3 = \frac{1-2\mu}{E}\frac{R_i^2 p_i - R_o^2 p_o}{R_o^2 - R_i^2} \\
C_1 &= \frac{1-2\mu}{E}C_3 = \frac{1-2\mu}{E}\frac{R_i^2 p_i - R_o^2 p_o}{R_o^2 - R_i^2} \\
C_2 &= \frac{1+\mu}{E}C_4 = \frac{1+\mu}{E}\frac{R_i^2 R_o^2(p_i - p_o)}{R_o^2 - R_i^2}
\end{aligned}\right\} \tag{d}$$

将 C_1、C_2 值代入式(2-13)，得两端封闭的厚壁圆筒的位移表达式

$$u = \frac{1-2\mu}{E}\frac{(R_i^2 p_i - R_o^2 p_o)r}{R_o^2 - R_i^2} + \frac{1+\mu}{E}\frac{R_i^2 R_o^2(p_i - p_o)}{(R_o^2 - R_i^2)r} \tag{2-20}$$

(3) 两端封闭同时受轴向刚性约束的筒体(高压管道或厚壁圆筒无限长)。

轴向变形受到约束，轴向应力不为零，即

$$\varepsilon_z = 0$$

由式(2-14)的第三式及式(2-15)，并代入 C_3、C_4 值，得

$$\sigma_z = 2\mu C_3 = 2\mu\frac{R_i^2 p_i - R_o^2 p_o}{R_o^2 - R_i^2}$$

$$\left.\begin{aligned}
C_1 &= \frac{(1-2\mu)(1+\mu)}{E}, \quad C_3 = \frac{(1-2\mu)(1+\mu)}{E}\frac{R_i^2 p_i - R_o^2 p_o}{R_o^2 - R_i^2} \\
C_2 &= \frac{1+\mu}{E}C_4 = \frac{1+\mu}{E}\frac{R_i^2 R_o^2(p_i - p_o)}{R_o^2 - R_i^2}
\end{aligned}\right\}$$

将 C_1、C_2 值代入式(2-13)，得两端封闭且受轴向刚性约束的厚壁圆筒的位移表达式。

下面列出厚壁圆筒各种受力情况(两端封闭)弹性状态下的应力及位移计算公式。

(1) 厚壁圆筒同时作用内、外压($p_i \neq 0$，$p_o \neq 0$)时

$$\left.\begin{array}{l}\sigma_r = \dfrac{R_i^2 p_i - R_o^2 p_o}{R_o^2 - R_i^2} - \dfrac{R_i^2 R_o^2 (p_i - p_o)}{(R_o^2 - R_i^2) r^2} \\[4mm] \sigma_\theta = \dfrac{R_i^2 p_i - R_o^2 p_o}{R_o^2 - R_i^2} + \dfrac{R_i^2 R_o^2 (p_i - p_o)}{(R_o^2 - R_i^2) r^2} \\[4mm] \sigma_z = \dfrac{R_i^2 p_i - R_o^2 p_o}{R_o^2 - R_i^2}\end{array}\right\} \tag{2-21}$$

$$u = \frac{1 - 2\mu}{E}\frac{(R_i^2 p_i - R_o^2 p_o) r}{R_o^2 - R_i^2} + \frac{1 + \mu}{E}\frac{R_i^2 R_o^2 (p_i - p_o)}{(R_o^2 - R_i^2) r} \tag{2-20}$$

引入径比 K(外径与内径之比，$K = R_o/R_i$)，上两式可写为

$$\left.\begin{array}{l}\sigma_r = \dfrac{1}{K^2 - 1}\left[p_i\left(1 - \dfrac{R_o^2}{r^2}\right) - p_o\left(K^2 - \dfrac{R_o^2}{r^2}\right)\right] \\[4mm] \sigma_\theta = \dfrac{1}{K^2 - 1}\left[p_i\left(1 + \dfrac{R_o^2}{r^2}\right) - p_o\left(K^2 + \dfrac{R_o^2}{r^2}\right)\right] \\[4mm] \sigma_z = \dfrac{1}{K^2 - 1}\left(p_i - K^2 p_o\right)\end{array}\right\} \tag{2-22}$$

$$u = \frac{1}{Er(K^2 - 1)}\left[(1 - 2\mu)(p_i - K^2 p_o) r^2 + (1 + \mu)(p_i - p_o) R_o^2 \right] \tag{2-23}$$

(2) 厚壁圆筒仅作用内压($p_i \neq 0$, $p_o = 0$)时

$$\left.\begin{array}{l}\sigma_r = \dfrac{p_i}{K^2 - 1}\left(1 - \dfrac{R_o^2}{r^2}\right) \\[4mm] \sigma_\theta = \dfrac{p_i}{K^2 - 1}\left(1 + \dfrac{R_o^2}{r^2}\right) \\[4mm] \sigma_z = \dfrac{p_i}{K^2 - 1}\end{array}\right\} \tag{2-24}$$

$$u = \frac{p_i}{Er(K^2 - 1)}\left[(1 - 2\mu) r^2 + (1 + \mu) R_o^2 \right] \tag{2-25}$$

(3) 厚壁圆筒仅作用外压($p_i = 0$, $p_o \neq 0$)时

$$\left.\begin{array}{l}\sigma_r = -\dfrac{p_o}{K^2 - 1}\left(K^2 - \dfrac{R_o^2}{r^2}\right) \\[4mm] \sigma_\theta = -\dfrac{p_o}{K^2 - 1}\left(K^2 + \dfrac{R_o^2}{r^2}\right) \\[4mm] \sigma_z = -\dfrac{p_o}{K^2 - 1} K^2\end{array}\right\} \tag{2-26}$$

$$u = -\frac{p_o}{Er(K^2-1)}\left[(1-2\mu)K^2r^2 + (1+\mu)R_o^2\right] \tag{2-27}$$

当厚壁圆筒仅受内压或外压时,筒体内壁面、外壁面的应力分量列于表 2-1。

表 2-1 厚壁圆筒弹性状态的应力表达式

载荷	应力	任意半径 r 处	筒体内壁面 $r = R_i$ 处	筒体外壁面 $r = R_o$ 处
仅受内压 p_i 作用	σ_r	$\dfrac{p_i}{K^2-1}\left(1-\dfrac{R_o^2}{r^2}\right)$	$-p_i$	0
	σ_θ	$\dfrac{p_i}{K^2-1}\left(1+\dfrac{R_o^2}{r^2}\right)$	$p_i\dfrac{K^2+1}{K^2-1}$	$\dfrac{2p_i}{K^2-1}$
	σ_z	$\dfrac{p_i}{K^2-1}$	$\dfrac{p_i}{K^2-1}$	$\dfrac{p_i}{K^2-1}$
仅受外压 p_o 作用	σ_r	$-\dfrac{p_o}{K^2-1}\left(K^2-\dfrac{R_o^2}{r^2}\right)$	0	$-p_o$
	σ_θ	$-\dfrac{p_o}{K^2-1}\left(K^2+\dfrac{R_o^2}{r^2}\right)$	$-\dfrac{2K^2p_o}{K^2-1}$	$-\dfrac{p_o(K^2+1)}{K^2-1}$
	σ_z	$-\dfrac{p_o}{K^2-1}K^2$	$-\dfrac{p_o}{K^2-1}K^2$	$-\dfrac{p_o}{K^2-1}K^2$

由式(2-24)和式(2-26),应力分量沿筒壁厚度的分布如图 2-4 所示。

厚壁圆筒多数场合只受内压作用,分析表 2-1 仅受内压时筒壁的应力表达式及图 2-4 所示应力分布,可以得出下列结论:

(1) 在厚壁圆筒中,筒体处于三向应力状态,其中环(周)向应力 σ_θ 为拉应力,径向应力 σ_r 为压应力,且沿壁厚非均匀分布;而轴向应力 σ_z 介于 σ_θ 和 σ_r 之间,即 $\sigma_z = \dfrac{\sigma_\theta + \sigma_r}{2}$,且沿壁厚均匀分布。

(2) 在筒体内壁面处,环(周)向应力 σ_θ、径向应力 σ_r 的绝对值比外壁面处的大,其中环(周)向应力 σ_θ 具有最大值,且恒大于内压力 p_i,其危险点将首先在内壁面上产生。

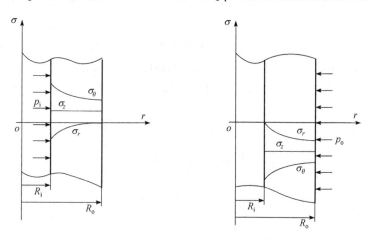

图 2-4 承受均匀压力的厚壁圆筒弹性应力分布

(3) 环(周)向应力 σ_θ 沿壁厚分布随径比 K 值的增加趋向更不均匀, 不均匀度为内、外壁周向应力之比, 即

$$\frac{(\sigma_\theta)_{r=R_i}}{(\sigma_\theta)_{r=R_o}} = \frac{K^2+1}{2} \tag{2-28}$$

显然, 不均匀度随 K^2 成比例变化, 可见 K 值越大, 应力分布越不均匀。当内壁材料开始屈服时, 外壁材料远小于屈服极限, 因此筒体材料的强度不能得到充分利用。由此可知, 用增加筒体壁厚(增加 K 值)的方法来降低厚壁圆筒的内壁应力, 只在一定范围内有效, 而当内压力接近或超过材料的许用应力时, 增加厚度成效不大。

为了提高筒壁材料的利用率, 有效的办法是改变应力沿壁厚分布的不均匀性, 使其趋于均化。在化工、石油、原子能等工业中的高压和超高压设备中, 往往采用组合圆筒或单层厚壁圆筒自增强处理技术, 以提高筒体的弹性承载能力。

2.1.3　温差应力问题

化工、石油、核反应堆等工业用高压容器往往在高压操作的同时还伴随高温。厚壁圆筒的筒壁可能从内表面或外表面被加热, 由于筒壁较厚, 并有一定的热阻, 在筒体的内、外壁之间存在温度差, 温度较高部分因受热而引起膨胀变形, 同时受到温度较低部分的约束, 从而使前者受压缩, 而后者受拉伸, 出现温差应力或称热应力。这种应力有时很大, 甚至可以使构件或整个结构发生破坏。

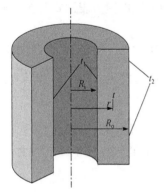

图 2-5　厚壁圆筒温度场

对于厚壁圆筒温差应力的分析(图 2-5), 当筒体处在对称于轴的温度场时, 这种情况和受对称于中心轴的外载荷情况相同, 属于空间轴对称问题, 可以用弹性力学方法求解。

在温度场作用下的空间轴对称问题中, 平衡方程、几何方程和协调方程与外载荷作用下的空间轴对称问题中的形式完全一样, 只是物理方程不同。

取基准温度为 0℃, 若弹性体的微单元体积加热到 t℃, 且允许自由膨胀, 则此单元体在各个方向产生的热应变为

$$\varepsilon_r^{\Delta t} = \varepsilon_\theta^{\Delta t} = \varepsilon_z^{\Delta t} = \alpha t$$

式中, α 为弹性体的线膨胀系数, ℃$^{-1}$; t 为温度差, ℃。若弹性体受到约束, 则在弹性体内引起热应力, 而热膨胀不影响剪应变, 不产生剪应力。因此, 弹性体中每个单元体的应变由热应变与热应力引起的弹性应变所组成, 即

$$\left.\begin{aligned}
\varepsilon_r^t &= \frac{1}{E}\left[\sigma_r^t - \mu\left(\sigma_\theta^t + \sigma_z^t\right)\right] + \alpha t \\
\varepsilon_\theta^t &= \frac{1}{E}\left[\sigma_\theta^t - \mu\left(\sigma_r^t + \sigma_z^t\right)\right] + \alpha t \\
\varepsilon_z^t &= \frac{1}{E}\left[\sigma_z^t - \mu\left(\sigma_r^t + \sigma_\theta^t\right)\right] + \alpha t \\
\gamma_{zr}^t &= \frac{2\left(1+\mu\right)}{E}\tau_{zr}^t
\end{aligned}\right\} \tag{2-29}$$

或

$$
\left.
\begin{array}{l}
\sigma_r^t = 2G\left(\varepsilon_r^t + \dfrac{\mu}{1-2\mu}e - \dfrac{1+\mu}{1-2\mu}\alpha t \right) \\[3mm]
\sigma_\theta^t = 2G\left(\varepsilon_\theta^t + \dfrac{\mu}{1-2\mu}e - \dfrac{1+\mu}{1-2\mu}\alpha t \right) \\[3mm]
\sigma_z^t = 2G\left(\varepsilon_z^t + \dfrac{\mu}{1-2\mu}e - \dfrac{1+\mu}{1-2\mu}\alpha t \right) \\[3mm]
\tau_{zr}^t = G\gamma_{zr}^t
\end{array}
\right\}
\tag{2-30}
$$

式中，$G = \dfrac{E}{2(1+\mu)}$；$e = \varepsilon_r^t + \varepsilon_\theta^t + \varepsilon_z^t = \dfrac{1-2\mu}{E}(\sigma_r^t + \sigma_\theta^t + \sigma_z^t) + 3\alpha t$。

温差应力问题的平衡方程形式与式(2-1)(不计体力分量)相同，为

$$
\left.
\begin{array}{l}
\dfrac{\partial \sigma_r^t}{\partial r} + \dfrac{\partial \tau_{zr}^t}{\partial z} + \dfrac{\sigma_r^t - \sigma_\theta^t}{r} = 0 \\[3mm]
\dfrac{\partial \sigma_z^t}{\partial z} + \dfrac{\partial \tau_{zr}^t}{\partial r} + \dfrac{\tau_{zr}^t}{r} = 0
\end{array}
\right\}
\tag{2-1-a}
$$

几何方程的形式和式(2-2)相同，即

$$
\varepsilon_r^t = \frac{\partial u^t}{\partial r}, \varepsilon_\theta^t = \frac{u^t}{r}, \varepsilon_z^t = \frac{\partial w^t}{\partial z}, \gamma_{zr}^t = \frac{\partial w^t}{\partial r} + \frac{\partial u^t}{\partial z}
\tag{2-2-a}
$$

只要知道温度的分布规律,由上述基本方程可以求解温度场作用下的空间轴对称问题。

若已知厚壁圆筒的内、外壁面温度分别为 t_1、t_2，半径为 r 处筒壁任意一点的温度为 t，且 $t = t(r)$。假设不计边缘影响，在热应力状态下，所有垂直于轴线的断面变形相同，且保持平面，则 $\tau_{r\theta}^t = \tau_{z\theta}^t = \tau_{rz}^t = 0$，$\gamma_{r\theta}^t = \gamma_{z\theta}^t = \gamma_{zr}^t = 0$，且 ε_z^t 为常量，径向位移 u 只取决于 r，轴向位移 w 只取决于 z，没有 θ 方向的位移。

平衡方程仍可使用式(2-5)，即

$$
\left.
\begin{array}{l}
\dfrac{\mathrm{d}\sigma_r^t}{\mathrm{d}r} + \dfrac{\sigma_r^t - \sigma_\theta^t}{r} = 0 \\[3mm]
\dfrac{\mathrm{d}\sigma_z^t}{\mathrm{d}z} = 0
\end{array}
\right\}
\tag{2-5-a}
$$

几何方程仍可使用式(2-6)，即

$$
\varepsilon_r^t = \frac{\mathrm{d}u^t}{\mathrm{d}r}, \quad \varepsilon_\theta^t = \frac{u^t}{r}, \quad \varepsilon_z^t = \frac{\mathrm{d}w^t}{\mathrm{d}z}
\tag{2-6-a}
$$

物理方程可按式(2-9)，参照式(2-30)写成

$$\sigma_r^t = 2G\left(\frac{\mathrm{d}u^t}{\mathrm{d}r} + \frac{\mu}{1-2\mu}e - \frac{1+\mu}{1-2\mu}\alpha t\right)$$

$$\sigma_\theta^t = 2G\left(\frac{u^t}{r} + \frac{\mu}{1-2\mu}e - \frac{1+\mu}{1-2\mu}\alpha t\right) \qquad (2\text{-}31)$$

$$\sigma_z^t = 2G\left(\varepsilon_z^t + \frac{\mu}{1-2\mu}e - \frac{1+\mu}{1-2\mu}\alpha t\right)$$

式中，$e = \dfrac{\mathrm{d}u^t}{\mathrm{d}r} + \dfrac{u}{r} + \varepsilon_z^t$。

将式(2-31)代入式(2-5-a)，化简整理得

$$\frac{\mathrm{d}^2 u^t}{\mathrm{d}r^2} + \frac{1}{r}\frac{\mathrm{d}u^t}{\mathrm{d}r} - \frac{u^t}{r^2} = \left(\frac{1+\mu}{1-\mu}\right)\alpha\frac{\mathrm{d}t}{\mathrm{d}r}$$

$$\frac{\mathrm{d}^2 w^t}{\mathrm{d}z^2} = 0 \qquad (2\text{-}32)$$

式(2-32)中第一式可写成

$$\frac{\mathrm{d}}{\mathrm{d}r}\left[\frac{1}{r}\frac{\mathrm{d}}{\mathrm{d}r}(ru^t)\right] = \left(\frac{1+\mu}{1-\mu}\right)\alpha\frac{\mathrm{d}t}{\mathrm{d}r}$$

对上式积分两次，得

$$u = \left(\frac{1+\mu}{1-\mu}\right)\frac{\alpha}{r}\int_{R_i}^r tr\,\mathrm{d}r + C_1 r + \frac{C_2}{r} \qquad (2\text{-}33)$$

式(2-33)即为温差应力问题位移法求解的基本方程，式中，C_1、C_2为积分常数，由边界条件决定。另由式(2-32)中第二式可知，$\varepsilon_z^t =$常数。

将式(2-33)代入式(2-6)，得

$$\varepsilon_r^t = \frac{\mathrm{d}u^t}{\mathrm{d}r} = \frac{1+\mu}{1-\mu}\left(-\frac{\alpha}{r^2}\int_{R_i}^r tr\mathrm{d}r + \alpha t\right) + C_1 - \frac{C_2}{r^2}$$

$$\varepsilon_\theta^t = \frac{u^t}{r} = \frac{1+\mu}{1-\mu}\frac{\alpha}{r^2}\int_{R_i}^r tr\mathrm{d}r + C_1 + \frac{C_2}{r^2} \qquad (2\text{-}34)$$

$$\varepsilon_z^t = \frac{\mathrm{d}w^t}{\mathrm{d}z} =常数$$

将式(2-33)代入式(2-31)，得温差应力表达式

$$\sigma_r^t = -\frac{E\alpha}{(1-\mu)r^2}\int_{R_i}^r tr\mathrm{d}r + C_3 - \frac{C_4}{r^2}$$

$$\sigma_\theta^t = -\frac{E\alpha}{(1-\mu)r^2}\int_{R_i}^r tr\mathrm{d}r - \frac{E\alpha t}{1-\mu} + C_3 + \frac{C_4}{r^2} \qquad (2\text{-}35)$$

$$\sigma_z^t = -\frac{E\alpha t}{1-\mu} + 2\mu C_3 + E\varepsilon_z^t$$

其中
$$C_3 = \frac{E\left(C_1 + \mu\varepsilon_z^t\right)}{(1+\mu)(1-2\mu)}, \quad C_4 = \frac{EC_2}{1+\mu}$$

式中，C_3、C_4 及 ε_z^t 由应力边界条件决定。

若厚壁圆筒仅沿筒壁存在温度差，不承受其他载荷，则边界条件为

$$\left.\begin{array}{l} r = R_i \text{ 时，} \quad \sigma_r^t = 0 \\[2mm] r = R_o \text{时，} \quad \sigma_r^t = 0 \\[2mm] \displaystyle\int_{R_i}^{R_o} 2\pi r \sigma_z^t \, \mathrm{d}r = 0 \end{array}\right\} \tag{2-36}$$

将边界条件代入式(2-35)，得

$$\left.\begin{array}{l} \displaystyle -\frac{E\alpha}{(1-\mu)\,R_i^2}\int_{R_i}^{R_i} tr\,\mathrm{d}r + C_3 - \frac{C_4}{R_i^2} = 0 \\[4mm] \displaystyle -\frac{E\alpha}{(1-\mu)\,R_o^2}\int_{R_i}^{R_o} tr\,\mathrm{d}r + C_3 - \frac{C_4}{R_o^2} = 0 \\[4mm] \displaystyle -2\pi\int_{R_i}^{R_o}\left(\frac{E\alpha t}{1-\mu} - 2\mu C_3 - E\varepsilon_z^t\right)r\,\mathrm{d}r = 0 \end{array}\right\}$$

联立求解上述方程组，得

$$\left.\begin{array}{l} \displaystyle C_3 = \frac{E\alpha}{(1-\mu)(R_o^2 - R_i^2)}\int_{R_i}^{R_o} tr\,\mathrm{d}r \\[4mm] \displaystyle C_4 = R_i^2 C_3 = \frac{E\alpha}{(1-\mu)(R_o^2 - R_i^2)}\int_{R_i}^{R_o} tr\,\mathrm{d}r \\[4mm] \displaystyle \varepsilon_z^t = \frac{2(1-\mu)}{E}C_3 = \frac{2\alpha}{R_o^2 - R_i^2}\int_{R_i}^{R_o} tr\,\mathrm{d}r \end{array}\right\} \tag{2-37}$$

由传热学可知，圆筒体在稳定传热情况下，沿壁厚任意点 r 处的温度 t 分布为

$$t = \frac{t_1 \ln\dfrac{R_o}{r} + t_2 \ln\dfrac{r}{R_i}}{\ln\dfrac{R_o}{R_i}} \tag{2-38}$$

将式(2-38)代入计算式中的积分式

$$\int_{R_i}^{r} tr\mathrm{d}r = \frac{1}{2\ln\dfrac{R_o}{R_i}}\left[\left(r^2\ln\frac{R_o}{r} - R_i^2\ln\frac{R_o}{R_i} + \frac{r^2 - R_i^2}{2}\right)t_1 + \left(r^2\ln\frac{r}{R_i} - \frac{r^2 - R_i^2}{2}\right)t_2\right] \tag{2-39-a}$$

由此

$$\int_{R_i}^{R_o} tr\mathrm{d}r = \frac{1}{2\ln\dfrac{R_o}{R_i}}\left[\left(R_o^2\ln\frac{R_o}{R_i} - \frac{R_o^2 - R_i^2}{2}\right)t_2 - \left(R_i^2\ln\frac{R_o}{R_i} - \frac{R_o^2 - R_i^2}{2}\right)t_1\right] \tag{2-39-b}$$

将式(2-39-b)代入式(2-37)，得

$$
\left.
\begin{aligned}
C_3 &= \frac{E\alpha}{2(1-\mu)(R_o^2 - R_i^2)\ln\dfrac{R_o}{R_i}}\left[\left(R_o^2\ln\frac{R_o}{R_i} - \frac{R_o^2 - R_i^2}{2}\right)t_2 - \left(R_i^2\ln\frac{R_o}{R_i} - \frac{R_o^2 - R_i^2}{2}\right)t_1\right] \\
C_4 &= R_i^2 C_3 \\
\varepsilon_z^t &= \frac{2(1-\mu)}{E}C_3
\end{aligned}
\right\}
\tag{2-40}
$$

将式(2-39-a)、式(2-40)代入式(2-35)，经化简整理得厚壁圆筒温差应力的表达式为

$$
\left.
\begin{aligned}
\sigma_r^t &= -\frac{E\alpha(t_1 - t_2)}{2(1-\mu)}\left(\frac{\ln\dfrac{R_o}{r}}{\ln\dfrac{R_o}{R_i}} - \frac{\dfrac{R_o^2}{r^2} - 1}{\dfrac{R_o^2}{R_i^2} - 1}\right) \\[2mm]
\sigma_\theta^t &= -\frac{E\alpha(t_1 - t_2)}{2(1-\mu)}\left(\frac{\ln\dfrac{R_o}{r} - 1}{\ln\dfrac{R_o}{R_i}} + \frac{\dfrac{R_o^2}{r^2} + 1}{\dfrac{R_o^2}{R_i^2} - 1}\right) \\[2mm]
\sigma_z^t &= -\frac{E\alpha(t_1 - t_2)}{2(1-\mu)}\left(\frac{2\ln\dfrac{R_o}{r} - 1}{\ln\dfrac{R_o}{R_i}} + \frac{2}{\dfrac{R_o^2}{R_i^2} - 1}\right)
\end{aligned}
\right\}
\tag{2-41-a}
$$

令 $K = \dfrac{R_o}{R_i}$，$K_r = \dfrac{R_o}{r}$，$\Delta t = t_1 - t_2$，$P_t = \dfrac{E\alpha(t_1 - t_2)}{2(1-\mu)}$，则式(2-41-a)变为

$$
\left.
\begin{aligned}
\sigma_r^t &= P_t\left(-\frac{\ln K_r}{\ln K} + \frac{K_r^2 - 1}{K^2 - 1}\right) \\[2mm]
\sigma_\theta^t &= P_t\left(-\frac{\ln K_r - 1}{\ln K} - \frac{K_r^2 + 1}{K^2 - 1}\right) \\[2mm]
\sigma_z^t &= P_t\left(-\frac{2\ln K_r - 1}{\ln K} - \frac{2}{K^2 - 1}\right)
\end{aligned}
\right\}
\tag{2-41-b}
$$

式(2-41)为厚壁圆筒仅存在径向温差时的应力表达式。

根据式(2-41-b)，厚壁圆筒中的温差应力列于表 2-2 中。

表 2-2　厚壁圆筒中的温差应力表达式

应力	任意半径 r 处	筒体内壁面 $r = R_i$ 处	筒体外壁面 $r = R_o$ 处
σ_r^t	$P_t\left(-\dfrac{\ln K_r}{\ln K} + \dfrac{K_r^2 - 1}{K^2 - 1}\right)$	0	0

续表

应力	任意半径 r 处	筒体内壁面 $r=R_\mathrm{i}$ 处	筒体外壁面 $r=R_\mathrm{o}$ 处
σ_θ^t	$P_t\left(-\dfrac{\ln K_r-1}{\ln K}-\dfrac{K_r^2+1}{K^2-1}\right)$	$P_t\left(\dfrac{1}{\ln K}-\dfrac{2K^2}{K^2-1}\right)$	$P_t\left(\dfrac{1}{\ln K}-\dfrac{2}{K^2-1}\right)$
σ_z^t	$P_t\left(-\dfrac{2\ln K_r-1}{\ln K}-\dfrac{2}{K^2-1}\right)$	$P_t\left(\dfrac{1}{\ln K}-\dfrac{2K^2}{K^2-1}\right)$	$P_t\left(\dfrac{1}{\ln K}-\dfrac{2}{K^2-1}\right)$

温差应力沿筒壁厚度的分布如图 2-6 所示。

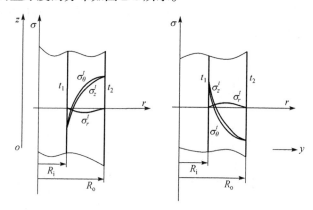

图 2-6　厚壁圆筒温差应力沿壁厚分布

由图 2-6 可见：

(1) 厚壁圆筒中，温差应力与温度差 Δt 成正比，而与温度本身的绝对值无关，因此在圆筒内壁或外壁进行保温以减小内、外壁的温度差，可以降低厚壁圆筒的温差应力。

(2) 温差应力的分布规律：三向应力沿壁厚均为非均匀分布。其中，轴向应力是环(周)向应力与径向应力之和，即 $\sigma_z^t=\sigma_\theta^t+\sigma_r^t$；在内、外壁面处，径向应力为零，轴向应力和环(周)向应力分别相等，且最大应力发生在外壁面处。

(3) 温差应力是由于各部分变形相互约束而产生的，因此应力达到屈服极限而发生屈服时，温差应力不但不会继续增加，反而在很大程度上会得到缓和，这就是温差应力的自限性，它属于二次应力。

2.1.4　组合圆筒的应力分析

由厚壁圆筒在内压作用下的弹性应力分析可知，应力沿壁厚呈非均匀分布，其不均匀度与径比 K 的平方成正比。随着壁厚的增加，应力沿壁厚的非均匀性更为突出。如果按内壁最大应力进行强度计算，那么除内壁外其他点的应力都未达到许用应力值，而且相差较大，材料未能得到充分利用。因此，单纯增加筒体壁厚(增加 K 值)的方法，不是提高筒体强度的有效措施。为了改善厚壁圆筒的应力分布，提高其弹性极限的工作能力，在工业上采用多层组合圆筒结构形式，则是提高筒体承载能力的有效措施之一。

多层组合圆筒结构是将厚壁圆筒分为两个或两个以上的单层圆筒，各层之间有一定的公盈尺寸，加热使它们彼此套合在一起，冷却后各层圆筒将产生预压力，从而在各层套筒上产生预应力。这种利用紧配合的方法套在一起制成的厚壁圆筒称为组合圆筒。组合圆筒承受内压后，筒壁的合成应力由内压引起的应力与套合时的预应力相叠加，使得筒体内壁应力有所降低，且沿壁厚应力分布均化，这相当于在不增加壁厚的情况下，使筒壁材料的利用率和承载能力进一步提高。这里着重讨论预应力的求解方法。

现以双层热套组合圆筒为例，如图 2-7 所示，它是由内、外两层圆筒紧密配合组成。套合前，内筒内半径为 R_{1i}，外半径为 R_{1o}；外筒内半径为 R_{2i}，外半径为 R_{2o}。设半径过盈量为 $\delta_{1,2}$，且 $\delta_{1,2} = R_{1o} - R_{2i}$。在外筒加热与内筒套合冷却后，两筒接触 R_c 处产生挤压力(或套合压力) $p_{1,2}$，相当于内筒受外压作用，外筒受内压作用。在套合压力 $p_{1,2}$ 作用下，内筒外壁产生一向内压缩的径向位移 u_1，外筒内壁产生一向外膨胀的径向位移 u_2，从而使内、外筒紧密配合在一起(图 2-8)。

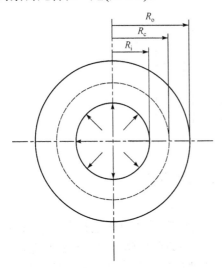

图 2-7   双层热套组合圆筒

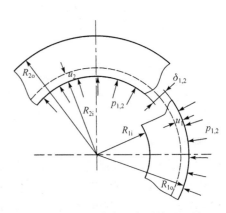

图 2-8   双层热套组合圆筒过盈量

从图 2-8 中可以看出：

$$\delta_{1,2} = |u_1| + |u_2| \tag{2-42}$$

式(2-42)为两圆筒套合时的变形协调条件。

由于在内、外筒套合时，筒体端部自由(开口)，则假定 $\sigma_z = 0$，所以组合圆筒预应力为平面应力问题。可由拉梅方程式(2-16)求出组合圆筒预应力；由变形协调条件，求出内、外筒接触面间的套合压力 $p_{1,2}$ 与过盈量 $\delta_{1,2}$ 之间的关系。

1. 组合圆筒预应力

外筒($R_{2i} \leqslant r \leqslant R_{2o}$)：仅受内压 $p_{1,2}$ 作用，由方程式(2-16)和式(2-18)得

$$\left. \begin{aligned} \sigma_r &= \frac{p_{1,2} R_{2i}^2}{R_{2o}^2 - R_{2i}^2} \left(1 - \frac{R_{2o}^2}{r^2} \right) \\ \sigma_\theta &= \frac{p_{1,2} R_{2i}^2}{R_{2o}^2 - R_{2i}^2} \left(1 + \frac{R_{2o}^2}{r^2} \right) \end{aligned} \right\} \tag{2-43-a}$$

$$u = \frac{p_{1,2} R_{2i}^2}{E(R_{2o}^2 - R_{2i}^2)} \left[(1-\mu)r + (1+\mu)\frac{R_{2o}^2}{r} \right] \tag{2-44-a}$$

在外筒内壁面 $r = R_{2i}$ 处

$$\left. \begin{array}{l} \sigma_r = -p_{1,2} \\[2mm] \sigma_\theta = p_{1,2} \dfrac{R_{2i}^2 + R_{2o}^2}{R_{2o}^2 - R_{2i}^2} \end{array} \right\} \tag{2-43-b}$$

$$u_2 = \frac{p_{1,2} R_{2i}}{E} \left(\frac{R_{2o}^2 + R_{2i}^2}{R_{2o}^2 - R_{2i}^2} + \mu \right) \tag{2-44-b}$$

内筒($R_{1i} \leqslant r \leqslant R_{1o}$)：仅受外压 $p_{1,2}$ 作用，由方程式(2-16)和式(2-18)得

$$\left. \begin{array}{l} \sigma_r = -\dfrac{p_{1,2} R_{1o}^2}{R_{1o}^2 - R_{1i}^2} \left(1 - \dfrac{R_{1i}^2}{r^2} \right) \\[4mm] \sigma_\theta = -\dfrac{p_{1,2} R_{1o}^2}{R_{1o}^2 - R_{1i}^2} \left(1 + \dfrac{R_{1i}^2}{r^2} \right) \end{array} \right\} \tag{2-45-a}$$

$$u = -\frac{p_{1,2} R_{1o}^2}{E(R_{1o}^2 - R_{1i}^2)} \left[(1-\mu)r + (1+\mu)\frac{R_{1i}^2}{r} \right] \tag{2-46-a}$$

在内筒外壁面 $r = R_{1o}$ 处

$$\left. \begin{array}{l} \sigma_r = -p_{1,2} \\[2mm] \sigma_\theta = -\dfrac{p_{1,2}(R_{1o}^2 + R_{1i}^2)}{R_{1o}^2 - R_{1i}^2} \end{array} \right\} \tag{2-45-b}$$

$$u_1 = -\frac{p_{1,2} R_{1o}}{E} \left(\frac{R_{1o}^2 + R_{1i}^2}{R_{1o}^2 - R_{1i}^2} - \mu \right) \tag{2-46-b}$$

将 u_1、u_2 代入式(2-42)，且 $R_c \cong R_{1o} \cong R_{2i}$，求得内、外筒接触面间的套合压力 $p_{1,2}$ 为

$$p_{1,2} = \frac{E\delta_{1,2}}{2R_{2i}^3} \frac{\left(R_{1o}^2 - R_{1i}^2\right)\left(R_{2o}^2 - R_{2i}^2\right)}{\left(R_{2o}^2 - R_{1i}^2\right)} = \frac{E\delta_{1,2}}{2R_c^3} \frac{\left(R_c^2 - R_{1i}^2\right)\left(R_{2o}^2 - R_c^2\right)}{\left(R_{2o}^2 - R_{1i}^2\right)} \tag{2-47}$$

式中，半径过盈量 $\delta_{1,2}$ 可根据承载时内筒内壁与外筒内壁同时进入屈服的等强度设计原则确定。将式(2-47)代入式(2-43-a)、式(2-45-a)中可分别求得两筒壁的套合预应力。用类似方法可求得多层热套组合圆筒的套合预应力。

2. 组合圆筒综合应力

当组合圆筒承受内压 p_i 时，可用叠加的方法，先将组合圆筒作为一整体厚壁圆筒，同样由拉梅方程式(2-16)求得由 p_i 引起的筒壁应力，然后与其上述预应力叠加，得到组合圆筒承载时的综合应力，即

$$\left.\begin{array}{l}\sum\sigma_r = \sigma_r^p + \sigma_r' \\ \sum\sigma_\theta = \sigma_\theta^p + \sigma_\theta' \\ \sum\sigma_z = \sigma_z^p + \sigma_z'\end{array}\right\} \tag{2-48}$$

式中，$\sum\sigma$ 为组合圆筒中的综合应力；σ^p 为由 p_i 引起的筒壁应力；σ' 为套合预应力。仍以双层热套组合圆筒为例。

内筒($R_{1i} \leqslant r \leqslant R_c$)：承载时的综合应力由式(2-26)与式(2-45-a)叠加为

$$\left.\begin{array}{l}\sum\sigma_r = \dfrac{p_i R_{1i}^2}{R_{2i}^2 - R_{1i}^2}\left(1 - \dfrac{R_{2o}^2}{r^2}\right) - \dfrac{p_{1,2} R_c^2}{R_c^2 - R_{1i}^2}\left(1 - \dfrac{R_{1i}^2}{r^2}\right) \\[3mm] \sum\sigma_\theta = \dfrac{p_i R_{1i}^2}{R_{2i}^2 - R_{1i}^2}\left(1 + \dfrac{R_{2o}^2}{r^2}\right) - \dfrac{p_{1,2} R_c^2}{R_c^2 - R_{1i}^2}\left(1 + \dfrac{R_{1i}^2}{r^2}\right) \\[3mm] \sum\sigma_z = \dfrac{p_i R_{1i}^2}{R_{2i}^2 - R_{1i}^2}\end{array}\right\} \tag{2-49-a}$$

在内筒内壁面 $r = R_{1i}$ 处

$$\left.\begin{array}{l}\sum\sigma_r = -p_i \\[3mm] \sum\sigma_\theta = p_i\dfrac{R_{2o}^2 + R_{1i}^2}{R_{2i}^2 - R_{1i}^2} - \dfrac{2p_{1,2} R_c^2}{R_c^2 - R_{1i}^2} \\[3mm] \sum\sigma_z = \dfrac{p_i R_{1i}^2}{R_{2i}^2 - R_{1i}^2}\end{array}\right\} \tag{2-49-b}$$

外筒($R_c \leqslant r \leqslant R_{2o}$)：承载时的综合应力由式(2-24)与式(2-43-a)叠加为

$$\left.\begin{array}{l}\sum\sigma_r = \dfrac{p_i R_{1i}^2}{R_{2i}^2 - R_{1i}^2}\left(1 - \dfrac{R_{2o}^2}{r^2}\right) + \dfrac{p_{1,2} R_c^2}{R_{2o}^2 - R_c^2}\left(1 - \dfrac{R_{2o}^2}{r^2}\right) \\[3mm] \sum\sigma_\theta = \dfrac{p_i R_{1i}^2}{R_{2i}^2 - R_{1i}^2}\left(1 + \dfrac{R_{2o}^2}{r^2}\right) + \dfrac{p_{1,2} R_c^2}{R_{2o}^2 - R_c^2}\left(1 + \dfrac{R_{2o}}{r^2}\right) \\[3mm] \sum\sigma_z = \dfrac{p_i R_{1i}^2}{R_{2i}^2 - R_{1i}^2}\end{array}\right\} \tag{2-50-a}$$

在外筒内壁面 $r = R_c$ 处

$$\left.\begin{array}{l}\sum\sigma_r = \dfrac{p_i R_{1i}^2}{R_{2i}^2 - R_{1i}^2}\left(1 - \dfrac{R_{2o}^2}{R_c^2}\right) - p_{1,2} \\[3mm] \sum\sigma_\theta = \dfrac{p_i R_{1i}^2}{R_{2i}^2 - R_{1i}^2}\left(1 + \dfrac{R_{2o}^2}{R_c^2}\right) + \dfrac{p_{1,2}\left(R_{2o}^2 + R_c^2\right)}{R_{2o}^2 - R_c^2} \\[3mm] \sum\sigma_z = \dfrac{p_i R_{1i}^2}{R_{2i}^2 - R_{1i}^2}\end{array}\right\} \tag{2-50-b}$$

承载时的综合环向应力分布如图 2-9 所示。

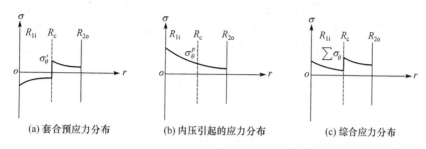

  (a) 套合预应力分布　　　　(b) 内压引起的应力分布　　　　(c) 综合应力分布

图 2-9　双层热套组合环向应力分布

  由图 2-9 可以看出，由于叠加了套合应力，内筒内壁面的环向应力降低，而外筒内壁面的环向应力增加，整个组合圆筒的环向应力沿壁厚方向趋于均匀分布。

  组合圆筒使筒壁产生预应力，改善了承载状态筒壁应力，除多层热套厚壁圆筒外，还有其他多种形式。例如，在内筒的外壁表面以一定的拉紧力缠绕钢丝、钢带或钢板，或用层板包扎，通过纵焊缝收缩，使内筒受外压作用而产生预压缩应力等。其他组合圆筒结构形式和预应力的分析可参阅有关专著。

2.2　厚壁圆筒的弹塑性应力分析

  随着压力的增加，厚壁圆筒的应力不断增加。当应力分量的组合达到某一值时，则由弹性变形状态进入塑性变形状态，即在厚壁圆筒的截面上将出现塑性变形，并从内壁开始形成塑性区。而且随着压力的继续增加，塑性区不断扩大，弹性区相应不断减小，直到整个厚壁筒的截面全部进入塑性状态为止。而研究物体处于全部或局部塑性状态下的应力和应变规律是塑性力学的主要任务。

  塑性力学和弹性力学有着密切的联系，弹性力学的均匀、连续性假设和各向同性假设同样适用于塑性力学。在小塑性变形范围内，弹性力学中建立的平衡方程和几何方程在塑性力学中都将继续适用。弹、塑性力学描述变形体的基本方程的主要差别在于，应力和应变之间的物理关系不同。弹性力学中，材料处于弹性范围，物体受载后的应力-应变服从胡克定律，且加载、卸载时应力和应变之间始终保持一一对应的线性关系。而在塑性力学中，当应力超过屈服点而处于塑性状态时，材料的性质表现极为复杂，应力和应变关系呈非线性且不相对应，即应力不仅取决于最终的应变，还依赖于加载历史。

2.2.1　简单应力状态下的弹塑性力学问题

 1. 工程应力/应变和真实应力/应变

  通常通过对一个光滑试件进行单调拉伸实验来确定一种材料的工程应力-工程应变性能。在这里

$$\sigma = 工程应力 = \frac{P}{A_0}, \quad \varepsilon = 工程应变 = \frac{l - l_0}{l_0} = \frac{\Delta l}{l_0}$$

式中，P 为外加载荷；A_0 为初始面积；l 为当前长度；l_0 为初始长度。

在拉伸状态下，由于试样横截面在变形中变小，其真实应力比工程应力大；直到颈缩发生，一般情况下真实应变比工程应变小。真实应力及真实应变(或自然应变)分别是以当前试样截面积和长度为基础的，定义如下：

$$\sigma_T = 真实应力 = \frac{P}{A}, \quad \varepsilon_T = 真实应变 = \int_{l_0}^{l} \frac{dl}{l} = \ln \frac{l}{l_0}$$

式中，A 为当前面积。

材料在断裂时的真实应力称为真实断裂强度 σ_f

$$\sigma_f = \frac{P_f}{A_f}$$

式中，P_f 为断裂时载荷；A_f 为断裂处横截面面积。

断裂时的真实应变称为真实断裂延性 ε_f，可以用初始的横截面面积与断裂时的横截面面积定义：

$$\varepsilon_f = \ln \frac{A_0}{A_f} = \ln \frac{1}{1 - RA}$$

$$RA = \frac{A_0 - A_f}{A_0} = 截面收缩率$$

真实应变可以和工程应变通过变形关系式 $l = l_0 + \Delta l$ 联系起来，即

$$\varepsilon_T = \ln \left(\frac{l_0 + \Delta l}{l_0} \right) = \ln \left(1 + \frac{\Delta l}{l_0} \right) = \ln(1 + \varepsilon)$$

真实应力和工程应力则可以通过材料在变形过程中的体积不变假定联系起来，$A_0 l_0 = Al = 常数$，即

$$\sigma_T = \frac{P}{A} = \sigma \frac{A_0}{A} = \sigma \frac{l}{l_0} = \sigma(1 + \varepsilon)$$

上述关系式只适用于试样颈缩前。在颈缩后，由于试样局部变细，在试样变形的长度范围内，应变不再是均匀的，因此关系式不再适用。

2. 简单拉伸实验的塑性现象

实验分析是研究塑性变形基本规律和各种塑性理论的依据。在常温静载下，材料(以中低强度钢为代表的金属材料)的拉伸实验曲线(工程应力-工程应变曲线)如图 2-10 所示。

实验表明，从原点 O 到 A' 点，应力、应变呈线性变化，故 A' 点为比例极限 σ_p；到达 A 点以前，变形是线弹性和可逆的，材料处于弹性状态，A 点为弹性极限 σ_e，超过 A 点后，上述比例关系不再保持；加载超过 B' 点后，进入塑性状态，此后应力和应变呈非线性关系，且变形是不可逆的；B 点到 C 点为材料的屈服阶段(流动阶段)，B 点为屈服极限，在这一阶段中，载荷不增加，应变不断增加；由 C 点后材料出现强化，即随着应变

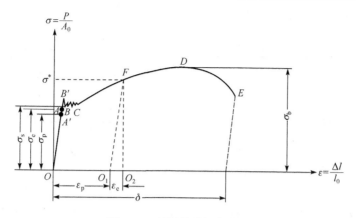

图 2-10　材料简单拉伸曲线

的增加，应力继续上升，当材料屈服后或进入塑性强化阶段后，在 F 点完全卸载至应力等于零，会发生显著的残余变形(不可恢复的永久变形)，相应的塑性应变为 OO_1。若从 O_1 重新加载，应力-应变曲线基本沿 O_1F 上升，并在 F 点屈服，相应的屈服应力为 σ^*；经过 F 点后继续加载，应力-应变曲线又沿着 FD 线进行直到 D 点，应力最大值为强度极限 σ_b。由此可见，由于材料产生塑性变形，屈服极限提高了 $(\sigma^* > \sigma_s)$。一般把 B 点称为初始屈服点，F 点称为后继屈服点。

　　一般材料比例极限、弹性极限、屈服极限相差很小，在工程上不加区分，均以屈服极限 σ_s 表示。

　　由上述实验看出：在初始屈服点之前，材料处于弹性阶段，应力、应变服从胡克定律

$$\sigma < \sigma_s \qquad \sigma = E\varepsilon$$

　　在初始屈服极限之后，材料进入塑性状态，应力、应变呈非线性关系，可用一个函数表示为

$$\sigma \geqslant \sigma_s \qquad \sigma = \phi(\varepsilon)$$

式中，ε 为加载到 E 点的总应变，$\varepsilon = \varepsilon_p + \varepsilon_e$，$\varepsilon_e$ 为卸载时的弹性应变，ε_p 为不可恢复的塑性应变。

　　实验表明，材料进入塑性阶段后，应力-应变在加载和卸载过程中遵循不同的规律。卸载过程服从弹性规律，只有弹性变形恢复，塑性变形保持不变。而加载过程服从弹塑性规律，应力和应变具有多值关系。对于同一 σ 值，由于加载和卸载过程不同，可以对应不同的 ε 值。如图 2-11 中的 σ_0 可对应于 $L_1, L_2, \cdots$ 处的 $\varepsilon_1, \varepsilon_2, \cdots$。同样，对应于同一个 ε 值，也可以有许多不同的 σ 值。这表明材料在经历塑性变形后，应力和应变之间不存在单值一一对应关系，应力不仅取决于最终状态的应变，而且依赖于加载路线。

　　如果从 E 点完全卸载后，施以相反的应力，由拉伸应力转为压缩应力，并且压缩应力的屈服极限比原始的压缩屈服极限有所降低，即 $|-\sigma^*| < |-\sigma_s|$，如图 2-12 所示，这种拉伸时强化影响到压缩时压应力的屈服极限降低的现象，称为包辛格(Bauschinger)效应。

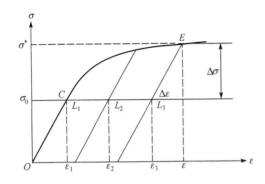

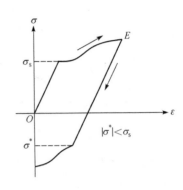

图 2-11　材料拉伸曲线(无明显屈服阶段)　　　　图 2-12　包辛格效应

3. 变形体的简化模型

一般情况下，用 $\sigma = \phi(\varepsilon)$ 具体表达和求解塑性力学问题是比较困难的。为了使求解塑性力学问题成为可能或得到简化，根据不同的具体问题，对不同的材料在不同的条件下对弹塑性材料的应力-应变曲线进行简化，提出以下几种简化模型。

1) 理想弹塑性模型

对于软钢或强化率较低的材料，具有明显的塑性流动，忽略材料的强化性质，可得到如图 2-13(a)所示的理想弹塑性模型。其应力和应变的关系为

$$\left.\begin{array}{ll} \sigma = E\varepsilon & \varepsilon \leqslant \varepsilon_s \\ \sigma = \sigma_s = E\varepsilon_s & \varepsilon \geqslant \varepsilon_s \end{array}\right\} \tag{2-51}$$

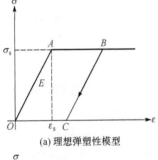

(a) 理想弹塑性模型

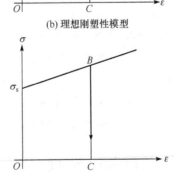

(b) 理想刚塑性模型

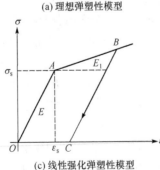

(c) 线性强化弹塑性模型

(d) 线性强化刚塑性模型

图 2-13　变形体的简化模型

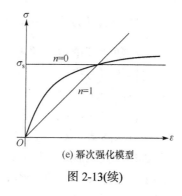

(e) 幂次强化模型

图 2-13(续)

2) 理想刚塑性模型

若材料屈服前的弹性变形极其微小，可视为绝对刚体。模型可进一步简化为如图 2-13(b)所示的理想刚塑性模型。在这种模型中，应力达到屈服极限前变形为零，一旦应力等于屈服极限，则塑性变形可无限制地延长。

3) 线性强化弹塑性模型

对于有显著强化率的材料，应力-应变呈近似直线关系，可简化为如图 2-13(c)所示的线性强化弹塑性模型。其应力和应变的关系为

$$\left.\begin{aligned} \sigma &= E\varepsilon & \varepsilon \leqslant \varepsilon_s \\ \sigma &= \sigma_s + E_1(\varepsilon - \varepsilon_s) & \varepsilon \geqslant \varepsilon_s \end{aligned}\right\} \tag{2-52}$$

4) 线性强化刚塑性模型

对于有显著强化率的材料，若材料屈服前的弹性变形很小，可进一步简化为如图 2-13(d)所示的线性强化刚塑性模型。

5) 幂次强化模型

幂次强化模型的应力和应变关系为

$$\sigma = A|\varepsilon|^n \tag{2-53}$$

式中，A 与 n 分别为材料的强化系数与强化指数，且 $A>0$，$1>n>0$。当 $n=0$ 时，表示理想刚塑性材料；当 $n=1$ 时，表示理想线弹性材料，如图 2-13(e)所示。在幂次强化模型中，ε 表示总应变值，包括弹性应变 ε_e 和塑性应变 ε_p，且为连续函数，不必区分变形体中的弹性区和塑性区，其解析式形式简单，因此被广泛采用。

2.2.2　屈服条件

在塑性理论研究中，材料处于弹塑性状态，必须知道材料受力到什么程度才开始发生塑性变形。在物体内一定点出现塑性变形时应力所满足的条件称为塑性条件，或屈服条件。在简单应力状态下，当单向拉伸时的应力达到材料的拉伸屈服极限时，材料开始进入塑性状态，屈服条件为 $\sigma = \sigma_s$。而在复杂应力状态下，由于一点的应力状态是由六个应力分量所确定的，因而不能选取某一个应力分量的数值作为判断材料是否进入塑性状态的标准，而应以应力的组合作为判断材料是否进入塑性状态的准则。

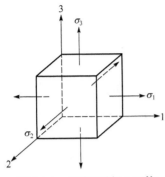

图 2-14   主平面平行六面体

1. 最大剪应力和八面体剪应力

在塑性理论中，常用最大剪应力和八面体剪应力描述物体的应力状态。

1) 最大剪应力

设已知物体内某点的主应力及主方向，过该点截取一个平行六面微元体，假定微元体的各面与主平面一致，见图 2-14。微元体的主剪应力作用在过每一个主方向与另外两个主方向成 45°夹角的斜面上，且与该主方向垂直，分别以 τ_1、τ_2 和 τ_3 表示，如图 2-15 所示。

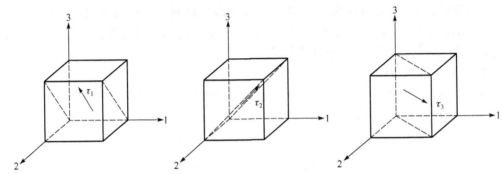

图 2-15   主剪应力

其中，$\tau_1 = \dfrac{1}{2}|\sigma_2 - \sigma_3|$，$\tau_2 = \dfrac{1}{2}|\sigma_1 - \sigma_3|$，$\tau_3 = \dfrac{1}{2}|\sigma_1 - \sigma_2|$。当作用在六面微元体上的主应力 $\sigma_1 > \sigma_2 > \sigma_3$ 时，上述三个剪应力中 τ_2 为该六面微元体的最大剪应力，即

$$\tau_{\max} = \tau_2 = \frac{1}{2}|\sigma_1 - \sigma_3| \tag{2-54}$$

2) 八面体剪应力

物体内任一点的六个应力分量为已知，过该点作一特定平面，使此平面的法线与三个主方向成相等的夹角，这个斜面即为等倾面，见图 2-16(a)。在整个坐标系中可以作出八个这种等倾面，形成一个封闭的八面体(图 2-17)，等倾面上的剪应力称为八面体剪应力。

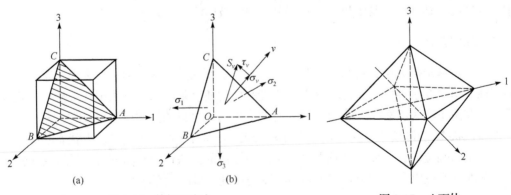

(a)   (b)

图 2-16   等倾面应力   图 2-17   八面体

参阅图 2-16(b)，等倾面 ABC 平面的法线用 v 表示，与坐标轴(主方向)的夹角为 β_1、β_2、β_3，主平面的方向余弦分别为 l、m、n，即 $l = \cos\beta_1$，$m = \cos\beta_2$，$n = \cos\beta_3$。由等倾面的定义，它的外法线与三个坐标轴的方向余弦相等，得 $l = m = n$。即 $l^2 + m^2 + n^2 = 1$，故 $l = m = n = \dfrac{1}{\sqrt{3}}$。

设 ABC 平面上的总应力为 S_v，可分解为正应力 σ_v 和剪应力 τ_v，也可分解为沿主方向的三个应力分量 S_1、S_2、S_3。从力的分解关系可以看出

$$S_v^2 = \sigma_v^2 + \tau_v^2 \tag{a}$$

$$S_v^2 = S_1^2 + S_2^2 + S_3^2 \tag{b}$$

将 S_1、S_2、S_3 投影到法线上有

$$\sigma_v = S_1 l + S_2 m + S_3 n = \frac{1}{\sqrt{3}}\left(S_1 + S_2 + S_3\right) \tag{c}$$

设 ABC 面积为 F，三角形 OCB、OAC、OAB 的面积分别为 F_1、F_2、F_3，它们之间有如下关系：

$$F_1 = Fl，\quad F_2 = Fm，\quad F_3 = Fn$$

由力的平衡关系可得

$$S_1 F = \sigma_1 F_1，\quad S_2 F = \sigma_2 F_2，\quad S_3 F = \sigma_3 F_3$$

由此

$$S_1 = \frac{\sigma_1}{\sqrt{3}}，\quad S_2 = \frac{\sigma_2}{\sqrt{3}}，\quad S_3 = \frac{\sigma_3}{\sqrt{3}}$$

将这些关系代入(b)式、(c)式得

$$\sigma_v = \frac{1}{3}(\sigma_1 + \sigma_2 + \sigma_3)$$

$$S_v^2 = \frac{1}{3}\left(\sigma_1^2 + \sigma_2^2 + \sigma_3^2\right)$$

代入(a)式，得八面体剪应力为

$$\tau_v = \sqrt{S_v^2 - \sigma_v^2} = \frac{1}{3}\sqrt{(\sigma_1 - \sigma_2)^2 + (\sigma_2 - \sigma_3)^2 + (\sigma_3 - \sigma_1)^2} \tag{2-55}$$

2. 特雷斯卡屈服条件和米赛斯屈服条件

1864 年，特雷斯卡(H. Tresca)通过铅的挤压实验发现，在变形的金属表面有很细的痕纹，而这些痕纹的方向很接近最大剪应力的方向，因此他认为金属的塑性变形是由剪应力引起金属中晶体滑移而形成的。由此提出一个塑性条件：材料处在复杂应力状态时，当六面体上的最大剪应力达到某一极限值时，材料开始进入塑性状态。当 $\sigma_1 > \sigma_2 > \sigma_3$ 时，特雷斯卡屈服条件可表示为

$$\tau_{\max} = \tau_s = \frac{\sigma_1 - \sigma_3}{2} = \frac{\sigma_s}{2}$$

即 $$\sigma_1 - \sigma_3 = \sigma_s \qquad (2\text{-}56)$$

式中，τ_{max} 为最大剪应力；τ_s 为材料的剪切屈服极限；σ_s 为单向拉伸时材料的屈服极限。

在单向拉伸时，$\sigma_1 \neq 0$，$\sigma_2 = \sigma_3 = 0$，屈服条件为

$$\sigma_1 = \sigma_s \qquad (2\text{-}57)$$

纯剪切试验时，屈服条件为

$$\tau_{max} = \tau_s = \frac{\sigma_s}{2} \qquad (2\text{-}58)$$

米赛斯(R. Mises)提出另一个塑性条件，可表述为：材料处在复杂应力状态时，当八面体剪应力达到一定数值时，材料开始进入塑性状态。

根据八面体剪应力的计算，当材料处于简单拉伸状态时，材料的正应力与八面体剪应力的关系为 $\tau_v = \frac{\sqrt{2}}{3}\sigma_1$，屈服条件为

$$\sigma_1 = \frac{3}{\sqrt{2}}\tau_v = \sigma_s \qquad (2\text{-}59)$$

在复杂应力状态时，综合各应力分量的当量应力 σ_{eq} 与简单拉伸时的拉伸应力 σ_1 相当，根据式(2-59)，有

$$\sigma_{eq} = \frac{3}{\sqrt{2}}\tau_v = \frac{1}{\sqrt{2}}\sqrt{(\sigma_1 - \sigma_2)^2 + (\sigma_2 - \sigma_3)^2 + (\sigma_3 - \sigma_1)^2}$$

屈服条件可表示为

$$\sigma_{eq} = \sigma_s \qquad (2\text{-}60\text{-}a)$$

即 $$\frac{1}{\sqrt{2}}\sqrt{(\sigma_1 - \sigma_2)^2 + (\sigma_2 - \sigma_3)^2 + (\sigma_3 - \sigma_1)^2} = \sigma_s \qquad (2\text{-}60\text{-}b)$$

当为任意坐标轴 x、y、z 时，物体内一点的应力状态所表示的相当应力为

$$\sigma_{eq} = \frac{1}{\sqrt{2}}\sqrt{(\sigma_x - \sigma_y)^2 + (\sigma_y - \sigma_z)^2 + (\sigma_z - \sigma_x)^2 + 6\tau_{xy}^2 + 6\tau_{yz}^2 + 6\tau_{zx}^2}$$

在材料纯剪切试验中，只有 τ_{xy} 存在，其余应力分量均为零，由上式得

$$\sigma_{eq} = \sqrt{3}\tau_{xy}$$

当 τ_{xy} 达到材料的剪切屈服极限 τ_s 时，材料进入塑性状态，屈服条件为

$$\sigma_{eq} = \sqrt{3}\tau_s$$

与式(2-60-a)比较，可知

$$\tau_s = \frac{1}{\sqrt{3}}\sigma_s$$

由此，米赛斯屈服条件认为，材料承载时的最大剪应力等于 $\dfrac{\sigma_s}{\sqrt{3}}$ 时，材料开始进入塑

性状态，即

$$\tau_{\max} = \tau_s = \frac{\sigma_s}{\sqrt{3}} \tag{2-61}$$

与式(2-58)相比较，两个屈服条件差别不大。在主方向已知的情况下，用特雷斯卡屈服条件求解塑性力学问题是方便的。一般情况，米赛斯屈服条件更接近于试验结果。

2.2.3　厚壁圆筒的弹塑性分析

厚壁圆筒在承受内压载荷作用下，随着压力的增加，筒壁应力不断增加。当应力分量的组合达到某一值时，由弹性变形状态进入塑性变形状态，即在筒体的截面上出现塑性变形。首先由筒体内壁面开始，逐渐向外壁表面扩展，直至筒壁全部屈服。由于材料的硬化现象，在达到筒体整体屈服后，承载能力仍能继续提高，但同时筒体变形程度逐渐加大，筒壁因而减薄，直至最后发生爆破。由此可知，厚壁圆筒在承受逐渐增加压力的过程中，经历了弹性阶段、筒体部分屈服阶段、整体屈服阶段、材料硬化，筒体过度变形，直至爆破失效阶段。

为了简化分析，假设厚壁圆筒为理想弹塑性体，不考虑材料在塑性变形过程中的塑性强化，筒体仅受内压 p_i 作用，筒体的内半径为 R_i、外半径为 R_o。

1. 弹性极限分析

当筒体仅受内压 p_i 作用，且压力 p_i 较小时，筒体处于弹性状态，其弹性应力分量表达式由式(2-24)给出，代入 $K = R_o/R_i$

$$\left. \begin{aligned} \sigma_r &= \frac{p_i R_i^2}{R_o^2 - R_i^2}\left(1 - \frac{R_o^2}{r^2}\right) \\ \sigma_\theta &= \frac{p_i R_i^2}{R_o^2 - R_i^2}\left(1 + \frac{R_o^2}{r^2}\right) \\ \sigma_z &= \frac{p_i R_i^2}{R_o^2 - R_i^2} \end{aligned} \right\}$$

由上式可知，在内压作用下，弹性应力沿壁厚分布，$\sigma_\theta > \sigma_z > \sigma_r$，且 $\sigma_r < 0$，$\sigma_z = \frac{1}{2}(\sigma_\theta + \sigma_r)$。当内压达到筒体的某一极限压力时，即 $p_i = p_e$ 时，筒体的内壁首先开始屈服。假设筒体材料屈服时应力符合特雷斯卡屈服条件

$$\sigma_\theta\big|_{r=R_i} - \sigma_r\big|_{r=R_i} = \sigma_s$$

将应力值代入，得

$$p_e = \frac{\sigma_s}{2}\left(1 - \frac{R_i^2}{R_o^2}\right) \tag{2-62}$$

式中，p_e 为厚壁圆筒内壁刚进入屈服时所对应的压力，称为弹性极限压力。

2. 弹塑性应力分析

当 $p_i > p_e$ 时，圆筒内壁屈服区向外扩展，筒体沿壁厚形成两个不同区域，外侧为弹性区，内侧为塑性区。设筒体弹塑性区交界面为一与圆筒同心的圆柱面，界面圆柱的半径为 R_c。这里讨论两个问题：一是内压力 p_i 与所对应的弹塑性区交界圆柱面半径 R_c 的关系；二是塑性区与弹性区的应力分布。

假想从厚壁圆筒上远离边缘处的区域截取一筒节，沿 R_c 处将弹性区与塑性区分开，并代之以相应的力，如图 2-18 所示。设弹塑性区交界面上的压力为 p_c，塑性区为一圆柱形筒，内、外半径分别为 R_i 和 R_c，承受内、外压力分别为 p_i 和 p_c；弹性区也为一圆柱形筒，内、外半径分别为 R_c 和 R_o，承受内压力为 p_c。

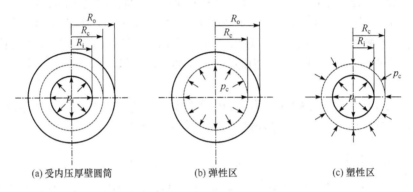

(a) 受内压厚壁圆筒   (b) 弹性区   (c) 塑性区

图 2-18   厚壁圆筒弹-塑性区域

1) 塑性区 ($R_i \leqslant r \leqslant R_c$)

材料处于塑性状态时，筒壁微元体的平衡微分方程仍然成立，由式(2-5)中第一式

$$\frac{\mathrm{d}\sigma_r}{\mathrm{d}r} + \frac{\sigma_r - \sigma_\theta}{r} = 0$$

设材料塑性变形时应力符合特雷斯卡屈服条件 $\sigma_\theta - \sigma_r = \sigma_s$，代入上式，得

$$\frac{\mathrm{d}\sigma_r}{\mathrm{d}r} = \frac{\sigma_s}{r}$$

积分得

$$\sigma_r = \sigma_s \ln r + A \tag{2-63}$$

式中，A 为积分常数，由边界条件确定。

$$\left.\begin{array}{l} r = R_i, \ \sigma_r = -p_i \\ r = R_c, \ \sigma_r = -p_c \end{array}\right\} \tag{a}$$

将第一个边界条件代入式(2-63)，求出 A，再代入特雷斯卡屈服条件和 $\sigma_z = \dfrac{1}{2}(\sigma_r + \sigma_\theta)$，可得到塑性区各应力分量的表达式

$$\left.\begin{array}{l} \sigma_r = \sigma_s \ln \dfrac{r}{R_i} - p_i \\[3mm] \sigma_\theta = \sigma_s \left(1 + \ln \dfrac{r}{R_i}\right) - p_i \\[3mm] \sigma_z = \sigma_s \left(0.5 + \ln \dfrac{r}{R_i}\right) - p_i \end{array}\right\} \tag{2-64-a}$$

将第二个边界条件代入式(2-64-a)第一式，可得弹-塑性区交界面压力为

$$p_c = -\sigma_s \ln \dfrac{R_c}{R_i} + p_i \tag{2-65}$$

筒壁材料塑性变形符合米赛斯屈服条件，则式(2-64-a)可以写成

$$\left.\begin{array}{l} \sigma_r = \dfrac{2\sigma_s}{\sqrt{3}} \ln \dfrac{r}{R_i} - p_i \\[3mm] \sigma_\theta = \dfrac{2\sigma_s}{\sqrt{3}} \left(1 + \ln \dfrac{r}{R_i}\right) - p_i \\[3mm] \sigma_z = \dfrac{2\sigma_s}{\sqrt{3}} \left(0.5 + \ln \dfrac{r}{R_i}\right) - p_i \end{array}\right\} \tag{2-64-b}$$

2) 弹性区($R_c \leqslant r \leqslant R_o$)

弹性区内壁面为弹-塑性区交界面，即弹性区内壁面呈塑性状态。设 $K_c = R_o / R_c$ ，由表 2-1 可得弹性区内壁面处应力表达式

$$\left.\begin{array}{l} (\sigma_r)_{r=R_c} = -p_c \\[3mm] (\sigma_\theta)_{r=R_c} = p_c \left(\dfrac{K_c^2 + 1}{K_c^2 - 1}\right) \\[3mm] (\sigma_z)_{r=R_c} = \dfrac{p_c}{K_c^2 - 1} \end{array}\right\} \tag{2-66}$$

弹性区内壁面开始屈服时，若应力符合特雷斯卡屈服条件

$$(\sigma_\theta)_{r=R_c} - (\sigma_r)_{r=R_c} = \sigma_s$$

将式(2-66)各值代入得

$$p_c = \dfrac{\sigma_s}{2} \dfrac{R_o^2 - R_c^2}{R_o^2} \tag{2-67}$$

在弹-塑性区交界面 R_c 处， σ_r 连续，即由式(2-65)和式(2-67)求得的 p_c 应为同一数值，由此可求出内压力 p_i 与所对应的塑性区圆柱面半径 R_c 间的关系

$$p_i = \sigma_s \left(0.5 - \dfrac{R_c^2}{2R_o^2} + \ln \dfrac{R_c}{R_i}\right) \tag{2-68-a}$$

由式(2-68-a)可知，给定内压力 p_i 后可唯一地确定 R_c，或给定 R_c 后也可唯一地确定 p_i。由于式(2-68-a)为超越方程，在给定 p_i 后，可用数值方法求出 R_c。

将式(2-68-a)代入拉梅方程，可得弹性区各应力分量表达式

$$\left. \begin{aligned} \sigma_r &= \frac{\sigma_s}{2} \frac{R_c^2}{R_o^2} \left(1 - \frac{R_o^2}{r^2} \right) \\ \sigma_\theta &= \frac{\sigma_s}{2} \frac{R_c^2}{R_o^2} \left(1 + \frac{R_o^2}{r^2} \right) \\ \sigma_z &= \frac{\sigma_s}{2} \frac{R_c^2}{R_o^2} \end{aligned} \right\} \tag{2-69-a}$$

若按米赛斯屈服条件，内压力 p_i 与所对应的塑性区圆柱面半径 R_c 之间的关系及弹性区各应力分量表达式为

$$p_i = \frac{\sigma_s}{\sqrt{3}} \left(1 - \frac{R_c^2}{R_o^2} + 2\ln\frac{R_c}{R_i} \right) \tag{2-68-b}$$

$$\left. \begin{aligned} \sigma_r &= \frac{\sigma_s}{\sqrt{3}} \frac{R_c^2}{R_o^2} \left(1 - \frac{R_o^2}{r^2} \right) \\ \sigma_\theta &= \frac{\sigma_s}{\sqrt{3}} \frac{R_c^2}{R_o^2} \left(1 + \frac{R_o^2}{r^2} \right) \\ \sigma_z &= \frac{\sigma_s}{\sqrt{3}} \frac{R_c^2}{R_o^2} \end{aligned} \right\} \tag{2-69-b}$$

厚壁圆筒承受内压力 p_i，筒体处于弹塑性状态时的应力表达式汇总于表 2-3，其应力沿壁厚分布示于图 2-19。

表 2-3   厚壁圆筒弹塑性状态应力表达式

屈服条件	应力	塑性区($R_i \leqslant r \leqslant R_c$)	弹性区($R_c \leqslant r \leqslant R_o$)
特雷斯卡	径向应力 σ_r	$\sigma_s \ln\dfrac{r}{R_i} - p_i$	$\dfrac{\sigma_s}{2}\dfrac{R_c^2}{R_o^2}\left(1-\dfrac{R_o^2}{r^2}\right)$
	周向应力 σ_θ	$\sigma_s\left(1+\ln\dfrac{r}{R_i}\right)-p_i$	$\dfrac{\sigma_s}{2}\dfrac{R_c^2}{R_o^2}\left(1+\dfrac{R_o^2}{r^2}\right)$
	轴向应力 σ_z	$\sigma_s\left(0.5+\ln\dfrac{r}{R_i}\right)-p_i$	$\dfrac{\sigma_s}{2}\dfrac{R_c^2}{R_o^2}$
米赛斯	径向应力 σ_r	$\dfrac{2}{\sqrt{3}}\sigma_s\ln\dfrac{r}{R_i}-p_i$	$\dfrac{\sigma_s}{\sqrt{3}}\dfrac{R_c^2}{R_o^2}\left(1-\dfrac{R_o^2}{r^2}\right)$
	周向应力 σ_θ	$\dfrac{2}{\sqrt{3}}\sigma_s\left(1+\ln\dfrac{r}{R_i}\right)-p_i$	$\dfrac{\sigma_s}{\sqrt{3}}\dfrac{R_c^2}{R_o^2}\left(1+\dfrac{R_o^2}{r^2}\right)$
	轴向应力 σ_z	$\dfrac{2}{\sqrt{3}}\sigma_s\left(0.5+\ln\dfrac{r}{R_i}\right)-p_i$	$\dfrac{\sigma_s}{\sqrt{3}}\dfrac{R_c^2}{R_o^2}$

由图2-19可以看出,在塑性区由于存在塑性变形,应力重新分布,筒体内壁表面应力有所下降。

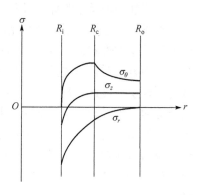

图 2-19 弹塑性区应力分布

3. 塑性极限分析

由弹塑性分析可知,当压力 p 不断增加时,塑性区不断扩大,弹性区不断缩小。当压力增加到某一值时,塑性区扩展到整个筒体,即 $R_c = R_o$ 时,筒体全部进入塑性状态。对于理想塑性材料,若不计材料的强化,筒体将产生无约束的塑性变形,将不能承受内压的作用。这种状态称为塑性极限状态。此时的内压力称为塑性极限压力,以 p_s 表示。

根据式(2-68)、式(2-64),令 $R_c = R_o$, $p_i = p_s$,可求得全屈服状态下的塑性极限压力的表达式及应力分量表达式。

按特雷斯卡屈服条件

$$p_s = \sigma_s \ln \frac{R_o}{R_i} \tag{2-70-a}$$

$$\left.\begin{array}{l} \sigma_r = \sigma_s \ln \dfrac{r}{R_o} \\[2mm] \sigma_\theta = \sigma_s \left(1 + \ln \dfrac{r}{R_o}\right) \\[2mm] \sigma_z = \sigma_s \left(0.5 + \ln \dfrac{r}{R_o}\right) \end{array}\right\} \tag{2-71-a}$$

按米赛斯屈服条件

$$p_s = \frac{2}{\sqrt{3}} \sigma_s \ln \frac{R_o}{R_i} \tag{2-70-b}$$

$$\left.\begin{array}{l} \sigma_r = \dfrac{2}{\sqrt{3}} \sigma_s \ln \dfrac{r}{R_o} \\[2mm] \sigma_\theta = \dfrac{2}{\sqrt{3}} \sigma_s \left(1 + \ln \dfrac{r}{R_o}\right) \\[2mm] \sigma_z = \dfrac{2}{\sqrt{3}} \sigma_s \left(0.5 + \ln \dfrac{r}{R_o}\right) \end{array}\right\} \tag{2-71-b}$$

4. 厚壁圆筒的自增强

由拉梅方程可知,随着压力的提高,无限制地增加壁厚会使筒壁上的应力更趋不均。除了采用组合圆筒能使筒壁应力均化外,自增强处理也是提高厚壁圆筒弹性承载能力的有效方法。

自增强处理是指筒体在使用之前进行加压处理，其压力超过内壁发生屈服的压力(初始屈服压力)，使筒体内壁附近沿一定厚度产生塑性变形，形成内层塑性区，而筒体外壁附近仍处于弹性状态，形成外层弹性区。当压力卸除后，筒体内层塑性区将有残余变形存在，而外层弹性区受到内层塑性区残余变形的阻挡而不能完全恢复，结果使内层塑性区受到外层弹性区的压缩而产生残余压应力，而外层弹性区由于收缩受到阻挡而产生残余拉应力，即经自增强处理后的厚壁圆筒将产生内层受压、外层受拉的预应力。当筒体承受工作压力后，由工作压力产生的拉应力与筒体的预应力叠加，结果使内层应力降低，外层应力有所提高，沿壁厚方向的应力分布均匀化，弹性操作范围扩大。这种利用筒体自身外层材料的弹性收缩力来产生预应力，以提高筒体的弹性承载能力的方法称为自增强。

1) 自增强压力计算

如上所述，厚壁圆筒进行自增强处理时，自增强压力必须大于筒体内壁的初始屈服压力，使筒体内层成为塑性区，外层仍为弹性区。设筒体塑性区与弹性区交界面半径为 R_c，自增强压力为 p_a，通常按米赛斯屈服条件确定，由式(2-68-b)得自增强压力计算公式

$$p_a = \frac{\sigma_s}{\sqrt{3}}\left(1 - \frac{R_c^2}{R_o^2} + 2\ln\frac{R_c}{R_i}\right) \tag{2-72-a}$$

或改写为

$$p_a = \frac{\sigma_s}{\sqrt{3}}\left(1 - \frac{R_c^2}{R_o^2}\right) + \frac{2\sigma_s}{\sqrt{3}}\ln\frac{R_c}{R_i} \tag{2-72-b}$$

从式(2-72-b)可以看出，所施加的压力实际上是筒壁塑性区全屈服的压力[式(2-72-b)等号右边第二项]与弹性区内壁初始屈服压力[式(2-72-b)等号右边第一项]二者之和。式(2-72-b)可通过确定最佳弹-塑性交界面半径 R_c，或超应变度 $\varnothing = (R_c - R_i)/(R_o - R_i)\times100\%$，计算出所需要施加的自增强压力 p_a。

计算值 R_c 最常用的方法是，假设若干个 R_c 值，计算自增强处理时所施加的压力、残余应力(预应力)及工作压力下弹-塑性区交界面处的合成应力。求最小合成应力时的 R_c 值，从这个 R_c 值所计算的超应变度即为最适宜超应变度的计算值。

R_c 值也可按下列关系近似估算

$$R_c = \sqrt{R_i R_o}$$

式中，R_i、R_o 分别为厚壁圆筒的内半径和外半径。

2) 自增强筒壁的应力分析

经过自增强处理的厚壁圆筒，其工作时的应力表达式可从三个方面求取：经自增强处理时由自增强压力 p_a 作用下的筒壁应力；卸载后筒壁的残余应力；工作压力作用下筒壁的合成应力。

(1) 在自增强压力 p_a 作用下的筒壁应力。

经自增强处理时，在自增强压力 p_a 作用下，筒壁内层呈塑性状态，外层为弹性状态。塑性区($R_i \leqslant r \leqslant R_c$)，按米赛斯屈服条件，将式(2-72)代入式(2-64)，得各应力分量表

达式

$$\sigma_r = \frac{\sigma_s}{\sqrt{3}}\left(\frac{R_c^2}{R_o^2} - 1 + 2\ln\frac{r}{R_i}\right) \left.\begin{array}{l}\\[3em]\\[3em]\\\end{array}\right\}$$

$$\sigma_\theta = \frac{\sigma_s}{\sqrt{3}}\left(\frac{R_c^2}{R_o^2} + 1 + 2\ln\frac{r}{R_i}\right) \qquad (2\text{-}73)$$

$$\sigma_z = \frac{\sigma_s}{\sqrt{3}}\left(\frac{R_c^2}{R_o^2} + 2\ln\frac{r}{R_i}\right)$$

弹性区($R_c \leqslant r \leqslant R_o$)，按米赛斯屈服条件，由式(2-69)得各应力分量表达式

$$\sigma_r = \frac{\sigma_s}{\sqrt{3}}\frac{R_c^2}{R_o^2}\left(1 - \frac{R_o^2}{r^2}\right) \left.\begin{array}{l}\\[3em]\\[3em]\\\end{array}\right\}$$

$$\sigma_\theta = \frac{\sigma_s}{\sqrt{3}}\frac{R_c^2}{R_o^2}\left(1 + \frac{R_o^2}{r^2}\right) \qquad (2\text{-}74)$$

$$\sigma_z = \frac{\sigma_s}{\sqrt{3}}\frac{R_c^2}{R_o^2}$$

(2) 卸除自增强压力后的筒壁残余应力。

当自增强压力卸除后，内层将产生残余压应力，外层产生残余拉应力。残余应力 σ' 的计算，可按自增强处理时产生的应力 σ 与卸除压力时压力变化产生的应力 $\Delta\sigma$ 之差求得，即 $\sigma' = \sigma - \Delta\sigma$。根据卸载定理，卸载过程中应力的改变量 $\Delta\sigma$ 按弹性规律确定。

以卸载时压力的变化 $\Delta p = p_1 - p_2 = p_a - 0 = p_a$ 为假想载荷，按式(2-24)有

$$\Delta\sigma_r = \frac{p_a}{K^2 - 1}\left(1 - \frac{R_o^2}{r^2}\right) \left.\begin{array}{l}\\[3em]\\[3em]\\\end{array}\right\}$$

$$\Delta\sigma_\theta = \frac{p_a}{K^2 - 1}\left(1 + \frac{R_o^2}{r^2}\right) \qquad (2\text{-}75\text{-a})$$

$$\Delta\sigma_z = \frac{p_a}{K^2 - 1}$$

将式(2-72)代入，得

$$\Delta\sigma_r = \frac{\sigma_s}{\sqrt{3}}\left(1 - \frac{R_c^2}{R_o^2} + 2\ln\frac{R_c}{R_i}\right)\frac{1}{K^2 - 1}\left(1 - \frac{R_o^2}{r^2}\right) \left.\begin{array}{l}\\[3em]\\[3em]\\\end{array}\right\}$$

$$\Delta\sigma_\theta = \frac{\sigma_s}{\sqrt{3}}\left(1 - \frac{R_c^2}{R_o^2} + 2\ln\frac{R_c}{R_i}\right)\frac{1}{K^2 - 1}\left(1 + \frac{R_o^2}{r^2}\right) \qquad (2\text{-}75\text{-b})$$

$$\Delta\sigma_z = \frac{\sigma_s}{\sqrt{3}}\left(1 - \frac{R_c^2}{R_o^2} + 2\ln\frac{R_c}{R_i}\right)\frac{1}{K^2 - 1}$$

塑性区的残余应力由式(2-73)减去式(2-75-b)得

$$\left.\begin{aligned}
\sigma_r' &= \sigma_r - \Delta\sigma_r = \frac{\sigma_s}{\sqrt{3}}\left[\frac{R_c^2}{R_o^2} - 1 + 2\ln\frac{r}{R_c} - \left(1 - \frac{R_c^2}{R_o^2} + 2\ln\frac{R_c}{R_i}\right)\frac{1}{K^2-1}\left(1 - \frac{R_o^2}{r^2}\right)\right] \\
\sigma_\theta' &= \sigma_\theta - \Delta\sigma_\theta = \frac{\sigma_s}{\sqrt{3}}\left[\frac{R_c^2}{R_o^2} + 1 + 2\ln\frac{r}{R_c} - \left(1 - \frac{R_c^2}{R_o^2} + 2\ln\frac{R_c}{R_i}\right)\frac{1}{K^2-1}\left(1 + \frac{R_o^2}{r^2}\right)\right] \\
\sigma_z' &= \sigma_z - \Delta\sigma_z = \frac{\sigma_s}{\sqrt{3}}\left[\frac{R_c^2}{R_o^2} + 2\ln\frac{r}{R_c} - \left(1 - \frac{R_c^2}{R_o^2} + 2\ln\frac{R_c}{R_i}\right)\frac{1}{K^2-1}\right]
\end{aligned}\right\} \quad (2\text{-}76)$$

弹性区的残余应力由式(2-74)减去式(2-75-b)得

$$\left.\begin{aligned}
\sigma_r' &= \sigma_r - \Delta\sigma_r = \frac{\sigma_s}{\sqrt{3}}\left(1 - \frac{R_o^2}{r^2}\right)\left[\frac{R_c^2}{R_o^2} - \left(1 - \frac{R_c^2}{R_o^2} + 2\ln\frac{R_c}{R_i}\right)\frac{1}{K^2-1}\left(1 - \frac{R_o^2}{r^2}\right)\right] \\
\sigma_\theta' &= \sigma_\theta - \Delta\sigma_\theta = \frac{\sigma_s}{\sqrt{3}}\left(1 + \frac{R_o^2}{r^2}\right)\left[\frac{R_c^2}{R_o^2} - \left(1 - \frac{R_c^2}{R_o^2} + 2\ln\frac{R_c}{R_i}\right)\frac{1}{K^2-1}\left(1 + \frac{R_o^2}{r^2}\right)\right] \\
\sigma_z' &= \sigma_z - \Delta\sigma_z = \frac{\sigma_s}{\sqrt{3}}\left[\frac{R_c^2}{R_o^2} - \left(1 - \frac{R_c^2}{R_o^2} + 2\ln\frac{R_c}{R_i}\right)\frac{1}{K^2-1}\right]
\end{aligned}\right\} \quad (2\text{-}77)$$

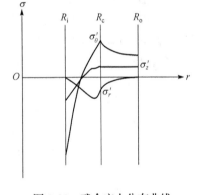

图 2-20 残余应力分布曲线

筒壁中的残余应力的分布曲线如图 2-20 所示。

若将筒体加载到塑性极限压力 p_s 时再卸载，则筒体的残余应力由式(2-71-b)减去式(2-75-b)，并代入式(2-70)，得

$$\left.\begin{aligned}
\sigma_r' &= \frac{2\sigma_s}{\sqrt{3}}\left[\ln\frac{r}{R_o} - \frac{1}{K^2-1}\left(1 - \frac{R_o^2}{r^2}\right)\ln K\right] \\
\sigma_\theta' &= \frac{2\sigma_s}{\sqrt{3}}\left[\left(1 + \ln\frac{r}{R_o}\right) - \frac{1}{K^2-1}\left(1 + \frac{R_o^2}{r^2}\right)\ln K\right] \\
\sigma_z' &= \frac{\sigma_s}{\sqrt{3}}\left[\left(1 + 2\ln\frac{r}{R_o}\right) - \frac{2}{K^2-1}\ln K\right]
\end{aligned}\right\} \quad (2\text{-}78)$$

由以上分析可知，自增强处理后筒体中的残余应力与厚壁圆筒的几何尺寸 K 及自增强压力有关，且在筒体内壁附近残余应力为压应力。

应该注意的是，筒体进行自增强处理时，应保证卸载后不发生反向屈服，即在残余应力状态下，筒体内壁残余应力的组合不超过材料的压缩屈服极限，若材料符合特雷斯卡屈服条件，应满足

$$\left|\sigma_\theta' - \sigma_r'\right| \leqslant \sigma_s \quad (2\text{-}79)$$

则不会发生反向屈服。

由图 2-20 及式(2-76)可以看出，在内壁面 $r = R_i$ 处

$$\sigma_r' = 0$$

$$\sigma_\theta' = \sigma_s - p_a \frac{2R_o^2}{R_o^2 - R_i^2}$$

代入式(2-79)，并根据式(2-62)，得到不发生反向屈服的最大自增强压力：

$$(p_a)_{max} = \sigma_s \left(1 - \frac{R_i^2}{R_o^2} \right) = 2 p_e \tag{2-80}$$

由式(2-80)可知，当第一次加载压力 $p_a \le 2 p_e$（且应满足 $2 p_e \le p_s$）时，则卸载后在筒体内壁不会发生反向屈服。因此，在厚壁圆筒中除了初始加载产生一次塑性变形外，在以后的加载、卸载过程中均为弹性状态，称该结构所处的状态为安定状态。反之，在第一次循环后的各次加载、卸载循环中出现塑性变形的积累，则认为该结构是不安定的。这种不安定性会导致结构的塑性变形逐渐增大，直至破坏。

(3) 工作压力作用下的筒壁合成应力。

经自增强处理后的厚壁圆筒，在工作压力作用下的合成应力可由自增强处理后筒壁中的残余应力与工作压力下引起的应力叠加求得，即

$$\sum \sigma_r = \sigma_r^p + \sigma_r'$$
$$\left.\sum \sigma_\theta = \sigma_\theta^p + \sigma_\theta'\right\} \tag{2-81}$$
$$\sum \sigma_z = \sigma_z^p + \sigma_z'$$

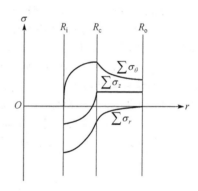

式中，$\sum \sigma$ 为工作时筒壁的合成应力；σ^p 为工作压力引起的筒壁应力；σ' 为自增强处理后筒壁的残余应力。

合成应力沿筒体壁厚的分布曲线如图 2-21 所示。由图可见，自增强处理大大提高了筒壁的弹性承载能力，改善了筒壁的应力状态。

图 2-21　自增强筒体应力的合成

思　考　题

2-1　什么情况下厚壁圆筒的弹性力学解与平面问题的弹性解相同？

2-2　单层厚壁圆筒承受内压作用时，其应力分布有哪些特征？当承受内压很高时，能否仅用增加壁厚来提高承载能力？为什么？

2-3　单层厚壁圆筒同时承受内压 p_i 和外压 p_o 作用时，能否用压差 $\Delta p = p_i - p_o$ 代入仅受内压或仅受外压的厚壁圆筒应力分布表达式来计算筒壁应力？为什么？

2-4　单层厚壁圆筒受温差作用时，其热应力分布有哪些规律？不同的加热方式对其有何影响？

2-5　单层厚壁圆筒同时承受内压和温差作用时，其综合应力沿壁厚如何分布？筒壁屈服首先发生在何处？为什么？

2-6　为什么厚壁圆筒弹性应力分析中导出的微元体平衡方程 $\dfrac{d\sigma_r}{dr} + \dfrac{\sigma_r - \sigma_\theta}{r} = 0$ 在弹塑性应力分析中同样适用？

2-7　对于承受内压载荷的厚壁圆筒，当加压超过其工作压力并不断上升时，能否最后导致壳体强度破坏？为什么？

2-8　什么是材料的屈服条件？其物理机制是什么？

2-9　提高厚壁圆筒筒体承载能力的有效措施有哪些？

2-10　什么是自增强处理技术？确定自增强压力的原则是什么？对于理想塑性材料，当塑性区扩展到圆筒的整个壁厚时，能否通过增加自增强压力继续提高承载能力？为什么？

<h1 style="text-align:center">习　题</h1>

2-1　用热套合方法在半径为 R 的实心轴外侧套一个轴套(或称套筒)，套合前两者的半径过盈量 δ 为已知。若轴套外半径为 R_0，轴与轴套材料具有相同的泊松比 μ 和弹性模量 E，求套合后两者接触处的套合应力表达式。提示：实心轴可按厚壁圆筒计算，令内径为零。

2-2　有一双层热套厚壁圆筒，套合后，内筒内半径为 R_{1i}，外筒外半径为 R_{2o}，内筒外壁与外筒内壁套合接触面半径为 R_c，承受最大内压力为 p_i。试确定最佳半径过盈量 $\delta_{1,2}$ 和 R_c 的关系式(分别满足特雷斯卡屈服条件和米赛斯屈服条件)。

2-3　半径为 R 的实心圆柱体，沿径向有温度差 t，如果轴向伸长受阻，求任意半径 r 处的应力表达式。

2-4　有一球形厚壁容器，内半径为 R_i，外半径为 R_o，同时承受内压 p_i 和外压 p_o 作用。(1)试用位移法确定球形厚壁容器的应力表达式。(2)若球形容器仅受内压 $p_i = 30\text{MPa}$，内直径 $D_i = 3000\text{mm}$，厚度 $s = 250\text{mm}$，试求最大应力值，并和相同条件下的圆柱形筒体的最大应力做比较。

2-5　有一钢制厚壁圆筒，承受均匀内压 $p_i = 62.5\text{MPa}$，筒体内径 $D_i = 800\text{mm}$，外径 $D_o = 1000\text{mm}$，筒壁温度 $t = 300\text{℃}$。材料选用 15MnVR，在相应温度下筒壁材料的屈服极限 $\sigma_s = 300\text{MPa}$。试对此圆筒进行弹塑性应力分析，并画出应力沿壁厚的分布图。

2-6　已知某高压反应器筒体内直径 $D_i = 305\text{mm}$，外直径 $D_o = 508\text{mm}$，设计压力 $p_i = 230\text{MPa}$，设计温度 $t = 300\text{℃}$，筒体材料采用 34CrNi3MoA，其机械性能 $\sigma_b = 900\text{MPa}$，$\sigma_s = 750\text{MPa}$。若筒体经自增强处理，试确定自增强的压力和筒体应力。

第3章

薄板弯曲理论

3.1 薄板的基本概念及基本假定

平板是工程结构中常见的部件。例如,各种形式的顶盖、底板、管板及法兰等均为平板结构。平板是以两个平面为界且两平面之间的距离远较其他尺寸小的物体,此两平面之间的距离为平板的厚度 S,与两平面等距离的中间面称为平板的中面,参考坐标系位于中面内,如图 3-1 所示。

研究平板时,常把平板分为薄板与厚板。薄板是指板的厚度 S 与板面最小尺寸 b 之比相当小的平板,其定义范围一般为

$$0.01 < S/b < 0.2$$

以区别于薄膜与厚板。

平板的形式很多,有方形、矩形、圆形、椭圆形等多种。对于圆形薄板,其定义范围是指板的厚度与其直径 D 之比在上述范围之内,即

$$0.01 < S/D < 0.2$$

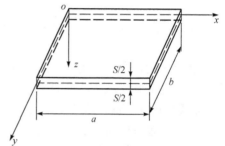

图 3-1 薄板坐标系

作用在板上的载荷总可以分解为两种作用形式,一种是平行于中面的载荷,另一种是垂直于中面的载荷。对于平行于中面的载荷,可以认为沿壁厚均匀分布,因而引起的应力、应变和位移可按平面应力问题处理;对于垂直中面的载荷(又称横向载荷),将使薄板发生弯曲,它所引起的应力、应变和位移可按薄板弯曲问题进行计算。

薄板理论主要研究薄板在横向载荷作用下的应力、应变和位移问题。在横向载荷作用下,平板内产生的内力分为薄膜力和弯曲力,薄膜力使平板中面尺寸改变,弯曲力使平面产生双向弯曲变形。薄板弯曲变形后,中面由平板变为曲面,称为薄板的弹性曲面,而中面内各点在垂直于中面方向的位移 w 称为挠度。如果挠度 w 远小于板厚 S,可以认为弹性曲面内任意线段长度无变化,弹性曲面内薄膜力远小于弯曲力,故略去不计,这类弯曲问题可用薄板小挠度弯曲理论求解。如果挠度 w 与板厚 S 属于同一量级,此时平板内薄膜力与弯曲力属于同一量级,则弹性曲面中线段的长度将发生变化,且由于挠度较大,变成几何非线性问题,这类问题应采用薄板大挠度弯曲理论求解。

工程结构中薄板的弯曲变形大多属于小挠度范围,所以本章只讨论薄板小挠度弯曲

理论。

为了使问题简化，同时有足够的精度，通常对薄板小挠度弯曲理论，除假定薄板是完全弹性的，即符合弹性理论的连续、均匀和各向同性的基本假设外，还采用下列假设：

(1) 中性面假设：板弯曲时，中面保持中性，即板中面内各点只有垂直位移 w，无平行于中面的位移，即 $(u)_{z=0} = (v)_{z=0} = 0$，$(w)_{z=0} = w(x, y)$。

(2) 直法线假设：弯曲变形前垂直于薄板中面的直线变形后仍为直线，且长度不变，仍垂直于弹性曲面。由此可知，板中面内任何点处的剪应变 γ_{xz}、γ_{yz} 应等于零。

(3) 不挤压假设：薄板各层纤维在变形前后均互不挤压，即垂直于板面的应力分量 σ_z 和应变分量 ε_z 略去不计。

以上假设是针对薄板承受垂直于板面的载荷而言的，若板面还作用有与板平行的载荷，则假设(1)不成立，必须考虑水平载荷对弯曲的影响。对于薄膜与厚板，上述假设均不适用，薄膜弯曲刚度很小，挠度比其厚度大，中面受拉而伸长产生薄膜应力，此类板属于大挠度的薄板。对于厚板，不能略去 σ_z 和 ε_z，此类板应采用厚板理论，厚板理论把板的问题作为三维问题考虑，因而应力分析变得更为复杂。

3.2　圆板的轴对称问题

在化工设备中，应用最多的是受轴对称载荷的圆形薄板，简称圆板。由于圆板的几何形状、载荷和支承条件均对称于圆板中心轴，所以圆板的内力和变形也是轴对称的，这类问题为圆板的轴对称问题。

圆板的轴对称问题采用圆柱坐标系 (r, θ, z)，如图 3-2(a)所示。

分析受轴对称载荷的圆板，除了满足上述假设外，由于轴对称性，圆板中的内力、变形、位移分量均为 r 的函数，与 θ 无关。

3.2.1　圆板轴对称弯曲的基本方程

如图 3-2(a)所示，厚度为 S、半径为 R 的圆平板，承受对称于圆心的横向分布载荷 $q(r)$。为了求得圆板在 $q(r)$ 作用下的各内力素，用相距 dr 的两个圆柱面，夹角为 $d\theta$ 的两个径向平面，沿板厚截取一微小六面体 $abcd$。由于轴对称，在微元体各截面上只有弯矩 M_r、M_θ 和剪力 Q_r 作用，且与 θ 无关，仅是坐标 r 的函数。其受力情况如图 3-2(b)所示。图中 M_r 为作用在圆柱面沿中面单位长度上的径向弯矩，M_θ 为作用在径向平面沿中面单位长度上的周向弯矩，Q_r 为作用在圆柱面沿中面单位长度上的横向剪力。

为了简便，选取直角坐标 x、y、z，令 x 沿圆板的切线方向，y 沿圆板的半径方向，z 沿圆板的对称轴方向。

1. 平衡方程

由图 3-2(b)中微元六面体的空间力系，根据平衡条件，可列出六个平衡方程，其中 $\sum F_x = 0$，$\sum F_y = 0$，$\sum M_y = 0$，$\sum M_z = 0$ 自然满足，只能得到下列两个平衡方程。

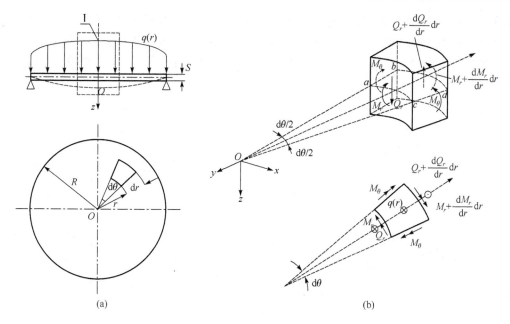

图 3-2　受轴对称载荷的圆板和微元体受力

沿 z 轴方向力的平衡方程 $\sum F_z = 0$ ，即

$$-\left(Q_r + \frac{\mathrm{d}Q_r}{\mathrm{d}r}\mathrm{d}r\right)(r + \mathrm{d}r)\mathrm{d}\theta + Q_r r \mathrm{d}\theta + q(r)r\mathrm{d}r\mathrm{d}\theta = 0$$

展开合并，略去高阶微量，得

$$Q_r + r\frac{\mathrm{d}Q_r}{\mathrm{d}r} = rq(r)$$

$$\frac{\mathrm{d}(rQ_r)}{\mathrm{d}r} = rq(r) \tag{3-1}$$

沿 x 轴方向力矩的平衡方程 $\sum M_x = 0$ ，即

$$\left(M_r + \frac{\mathrm{d}M_r}{\mathrm{d}r}\mathrm{d}r\right)(r + \mathrm{d}r)\mathrm{d}\theta - M_r r\mathrm{d}\theta - 2M_\theta\mathrm{d}r\sin\left(\frac{\mathrm{d}\theta}{2}\right) + Q_r r\mathrm{d}r\mathrm{d}\theta + q(r)r\mathrm{d}r\mathrm{d}\theta\frac{\mathrm{d}r}{2} = 0$$

因为 $\mathrm{d}\theta$ 是个小角度， $\sin\dfrac{\mathrm{d}\theta}{2} \approx \dfrac{\mathrm{d}\theta}{2}$ ，略去高阶微量，得

$$M_r + r\frac{\mathrm{d}M_r}{\mathrm{d}r} - M_\theta + Q_r r = 0$$

$$\frac{\mathrm{d}(rM_r)}{\mathrm{d}r} - M_\theta + Q_r r = 0 \tag{3-2}$$

式(3-1)、式(3-2)为圆板轴对称问题的平衡方程，两个方程包含 M_r 、 M_θ 、 Q_r 三个未知量，显然是静不定问题，需进一步寻找补充方程。

2. 几何方程

圆板受轴对称横向载荷后，其基本变形特点呈双向弯曲，即径向弯曲和周向弯曲，如

图 3-3(a)所示，中面弯曲成以对称轴为旋转轴的回转曲面，仍保持中性。距中面为 z 处将产生两个方向的变形，即径向变形和周向(环向)变形。将图 3-2(a)中 I 部放大，如图 3-3(b)所示。分析其中面上任意两点 a、b 处及距中面为 z 处的任意两点 m、n 在受载变形后的变形和位移。

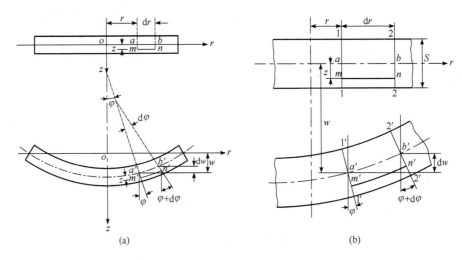

图 3-3   受轴对称载荷圆板的几何变形

1) 中面变形

根据基本假设(1)，变形后，中面成回转曲面且仍保持中性，中面的径向应变和周向应变为零，即

$$\varepsilon_r = \varepsilon_\theta = 0$$

中面上任意一点 b 变形后为 b'，其位移或挠度为 w，转角为 φ，由图 3-3(b)可知

$$\varphi = -\frac{\mathrm{d}w}{\mathrm{d}r} \tag{a}$$

式中，负号表示随着半径 r 的增大，w 却减少。

2) 离中面距离为 z 处的变形

根据基本假设(2)，变形前过 m、n 两点的 1-1 和 2-2 平面均垂直于中性面，变形后为 1′-1′ 和 2′-2′，仍保持平面且垂直于中面，只是分别转过了角度 φ 和 $\varphi+\mathrm{d}\varphi$。这里有两个方向的变形：

(1) 径向变形。变形前 m、n 两点间距离即微线段长度 mn 为 $\mathrm{d}r$，变形后微线段 mn 变为 $m'n' = \mathrm{d}r + z(\varphi+\mathrm{d}\varphi) - z\varphi$，则离中面距离为 z 处的径向应变为

$$\varepsilon_r = \frac{\mathrm{d}r + z(\varphi+\mathrm{d}\varphi) - z\varphi - \mathrm{d}r}{\mathrm{d}r} = z\frac{\mathrm{d}\varphi}{\mathrm{d}r} \tag{b}$$

(2) 周向变形。变形前过 m 点的圆周，其周长为 $2\pi r$，变形后此圆周为过 m' 点的圆周，其周长为 $2\pi(r+z\varphi)$，则离中面距离为 z 处的周向应变为

$$\varepsilon_\theta = \frac{2\pi(r+z\varphi)-2\pi r}{2\pi r} = z\frac{\varphi}{r} \tag{c}$$

将(a)式代入(b)式、(c)式，得

$$\left.\begin{aligned}
\varepsilon_r &= -z\frac{d^2 w}{d r^2} \\
\varepsilon_\theta &= -\frac{z}{r}\frac{d w}{d r}
\end{aligned}\right\} \tag{3-3}$$

式(3-3)为圆板轴对称问题的几何方程，两个方程包含 ε_r、ε_θ、w 三个未知量。

3. 物理方程

根据基本假设(3)，$\sigma_z = 0$，圆板上任意一点均处于二向应力状态。在平面应力状态下，由广义胡克定律，圆板轴对称问题的物理方程为

$$\left.\begin{aligned}
\varepsilon_r &= \frac{1}{E}\left(\sigma_r - \mu\sigma_\theta\right) \\
\varepsilon_\theta &= \frac{1}{E}\left(\sigma_\theta - \mu\sigma_r\right)
\end{aligned}\right\} \tag{d}$$

或

$$\left.\begin{aligned}
\sigma_r &= \frac{E}{1-\mu^2}\left(\varepsilon_r + \mu\varepsilon_\theta\right) \\
\sigma_\theta &= \frac{E}{1-\mu^2}\left(\varepsilon_\theta + \mu\varepsilon_r\right)
\end{aligned}\right\} \tag{e}$$

式中，E、μ 分别为圆板材料的弹性模量和泊松比。将式(3-3)代入得

$$\left.\begin{aligned}
\sigma_r &= -\frac{Ez}{1-\mu^2}\left(\frac{d^2 w}{d r^2} + \frac{\mu}{r}\frac{d w}{d r}\right) \\
\sigma_\theta &= -\frac{Ez}{1-\mu^2}\left(\frac{1}{r}\frac{d w}{d r} + \mu\frac{d^2 w}{d r^2}\right)
\end{aligned}\right\} \tag{3-4}$$

式(3-4)为圆板轴对称问题用位移分量表示的物理方程。由式(3-4)可以看出，板内二向应力 σ_r、σ_θ 均为 r 的函数，且沿板厚线性分布。在中性面 $z=0$ 处，$\sigma_r = \sigma_\theta = 0$；在板的上、下表面 $z = \mp\frac{S}{2}$ 处，两向应力分别达到最大值，其应力为

$$\left.\begin{aligned}
(\sigma_r)_{\max} &= \mp\frac{ES}{2(1-\mu^2)}\left(\frac{d^2 w}{d r^2} + \frac{\mu}{r}\frac{d w}{d r}\right) \\
(\sigma_\theta)_{\max} &= \mp\frac{ES}{2(1-\mu^2)}\left(\frac{1}{r}\frac{d w}{d r} + \mu\frac{d^2 w}{d r^2}\right)
\end{aligned}\right\} \tag{3-5}$$

4. 圆板轴对称弯曲的挠度微分方程

为了便于求解圆板轴对称问题，采用位移解法，将弯矩 M_r 和 M_θ 表示成 ω 的形式。

微元体由图 3-2(b)取径向平面上中面线段 ab、cd 及同心圆柱面上中面线段 ac、bd 均为单位长度，如图 3-4 所示。

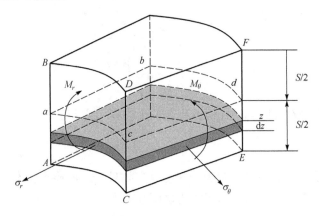

图 3-4　微体平衡图

在 $ABCD$ 面上作用径向应力 σ_r，离中性面为 z 处取微小条 $\mathrm{d}z$，其上作用的力为 $\sigma_r \mathrm{d}z$，所引起的力矩为

$$\mathrm{d}M_r = \sigma_r \mathrm{d}z \cdot z$$

在 $ABCD$ 面上作用的总力矩为

$$M_r = \int_{-S/2}^{+S/2} \mathrm{d}M_r = \int_{-S/2}^{+S/2} \sigma_r z \mathrm{d}z \tag{f}$$

在 $CDEF$ 面上作用环向应力 σ_θ，离中性面为 z 处的微小条 $\mathrm{d}z$ 上作用的力为 $\sigma_\theta \mathrm{d}z$，所引起的力矩为

$$\mathrm{d}M_\theta = \sigma_\theta \mathrm{d}z \cdot z$$

在 $CDEF$ 面上作用的总力矩为

$$M_\theta = \int_{-S/2}^{+S/2} \mathrm{d}M_\theta = \int_{-S/2}^{+S/2} \sigma_\theta z \mathrm{d}z \tag{g}$$

将式(3-4)代入(f)式、(g)式，并积分得

$$\left. \begin{aligned} M_r &= -D\left(\frac{\mathrm{d}^2 w}{\mathrm{d}r^2} + \frac{\mu}{r}\frac{\mathrm{d}w}{\mathrm{d}r}\right) \\ M_\theta &= -D\left(\frac{1}{r}\frac{\mathrm{d}w}{\mathrm{d}r} + \mu\frac{\mathrm{d}^2 w}{\mathrm{d}r^2}\right) \end{aligned} \right\} \tag{3-6}$$

式中，$D = \dfrac{ES^3}{12(1-\mu^2)}$ 为板的抗弯刚度。

比较式(3-4)与式(3-6)，可得

$$\left.\begin{aligned}\sigma_r &= \frac{12M_r}{S^3}z \\ \sigma_\theta &= \frac{12M_\theta}{S^3}z\end{aligned}\right\} \tag{3-7-a}$$

板内应力分布如图 3-5 所示，沿板厚应力分量的最大值发生在上、下板面($z=\mp S/2$)处，其值为

$$\left.\begin{aligned}(\sigma_r)_{\max} &= \mp\frac{6M_r}{h^2} \\ (\sigma_\theta)_{\max} &= \mp\frac{6M_\theta}{h^2}\end{aligned}\right\} \tag{3-7-b}$$

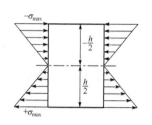

图 3-5　板内应力分布

通过以上分析，建立了弯矩与挠度之间的关系，现将式(3-6)代入平衡方程式(3-2)，得

$$\frac{\mathrm{d}^3 w}{\mathrm{d}r^3}+\frac{1}{r}\frac{\mathrm{d}^2 w}{\mathrm{d}r^2}-\frac{1}{r^2}\frac{\mathrm{d}w}{\mathrm{d}r}=\frac{Q_r}{D}$$

可改写为直接积分形式

$$\frac{\mathrm{d}}{\mathrm{d}r}\left[\frac{1}{r}\frac{\mathrm{d}}{\mathrm{d}r}\left(r\frac{\mathrm{d}w}{\mathrm{d}r}\right)\right]=\frac{Q_r}{D} \tag{3-8}$$

将平衡方程式(3-1)代入式(3-8)，得

$$\frac{1}{r}\frac{\mathrm{d}}{\mathrm{d}r}\left\{r\frac{\mathrm{d}}{\mathrm{d}r}\left[\frac{1}{r}\frac{\mathrm{d}}{\mathrm{d}r}(r\varphi)\right]\right\}=-\frac{q(r)}{D} \tag{3-9}$$

或

$$\frac{1}{r}\frac{\mathrm{d}}{\mathrm{d}r}\left\{r\frac{\mathrm{d}}{\mathrm{d}r}\left[\frac{1}{r}\frac{\mathrm{d}}{\mathrm{d}r}\left(r\frac{\mathrm{d}w}{\mathrm{d}r}\right)\right]\right\}=\frac{q(r)}{D} \tag{3-10}$$

式(3-10)为圆板轴对称弯曲的挠度微分方程，它是一个四阶常微分方程。通过解此方程并满足边界条件，可求出确定的位移解 w 或转角 φ，从而求出板内应力。当剪力可直接由静力平衡条件求得时，也可用式(3-8)求解位移 w。

3.2.2　承受均布载荷圆平板的应力分析

对于承受均布载荷的圆平板，$q(r)=q=$常数。如图 3-6 所示分离体，由静力平衡条件可确定离板中心距离为 r 处圆柱形截面上的剪力 Q_r 为

图 3-6　承受均布载荷圆平板

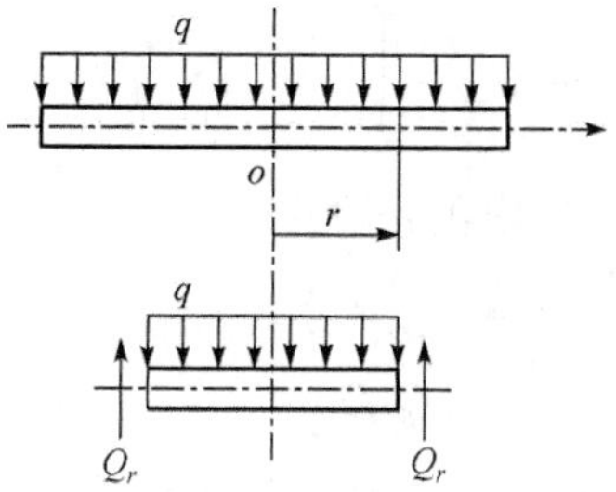

$$2\pi r Q_r=\pi r^2 q$$

$$Q_r=\frac{qr}{2} \tag{3-11}$$

代入式(3-8)，得

$$\frac{\mathrm{d}}{\mathrm{d}r}\left[\frac{1}{r}\frac{\mathrm{d}}{\mathrm{d}r}\left(r\frac{\mathrm{d}w}{\mathrm{d}r}\right)\right]=\frac{qr}{2D}$$

经连续积分，得中面弯曲后转角和挠度的一般解为

$$\varphi = -\frac{\mathrm{d}w}{\mathrm{d}r} = -\left(\frac{qr^3}{16D} + 2C_1 r + \frac{C_2}{r}\right) \tag{3-12-a}$$

$$w = \frac{qr^4}{64D} + C_1 r^2 + C_2 \ln r + C_3 \tag{3-12-b}$$

式中，C_1、C_2、C_3 均为积分常数，可由板的边界条件确定。

对于实心圆平板，在板中心 $r=0$ 处的挠度 w 为有限值，因此必须 $C_2=0$，则上述解为

$$\varphi = -\frac{\mathrm{d}w}{\mathrm{d}r} = -\left(\frac{qr^3}{16D} + 2C_1 r\right) \tag{3-13-a}$$

$$w = \frac{qr^4}{64D} + C_1 r^2 + C_3 \tag{3-13-b}$$

并有

$$\left.\begin{array}{l} M_r = -D\left[2(1+\mu)C_1 + \dfrac{(3+\mu)qr^2}{16D}\right] \\[4mm] M_\theta = -D\left[2(1+\mu)C_1 + \dfrac{(1+3\mu)qr^2}{16D}\right] \end{array}\right\} \tag{3-14}$$

式中，C_1、C_3 由圆板周边条件确定。下面讨论两种典型支承情况。

1. 周边固支实心圆平板

如图 3-7(a)所示的周边固支实心圆平板，其边界条件为

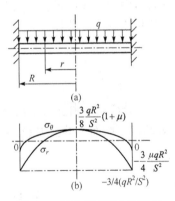

图 3-7　周边固支实心圆平板

$$r = R，\varphi = 0$$

$$r = R，w = 0$$

将 $r = R$ 代入式(3-13)：

$$\left.\begin{array}{l} \dfrac{qR^4}{64D} + C_1 R^2 + C_3 = 0 \\[4mm] \dfrac{qR^3}{16D} + 2C_1 R = 0 \end{array}\right\}$$

联立求解上述两个方程，解出积分常数 C_1、C_3：

$$C_1 = -\frac{qR^2}{32D}，\quad C_3 = \frac{qR^4}{64D}$$

将 C_1、C_3 代入式(3-13)，得周边固支实心圆平板在任意半径 r 处的挠度和转角表达式

$$\varphi = -\frac{\mathrm{d}w}{\mathrm{d}r} = \frac{qr}{16D}\left(R^2 - r^2\right) \tag{3-15-a}$$

$$w = \frac{q}{64D}\left(R^2 - r^2\right)^2 \tag{3-15-b}$$

由此可知，最大挠度发生在板中心 $r = 0$ 处

$$w_{\max} = (w)_{r=0} = \frac{qR^4}{64D} \tag{3-16}$$

将 C_1 代入式(3-14)，得周边固支实心圆平板在任意半径 r 处的弯矩表达式：

$$\left.\begin{aligned}M_r &= \frac{q}{16}\left[(1+\mu)R^2 - (3+\mu)r^2\right] \\ M_\theta &= \frac{q}{16}\left[(1+\mu)R^2 - (1+3\mu)r^2\right]\end{aligned}\right\} \tag{3-17}$$

将式(3-15)代入式(3-4)，得周边固支实心圆平板在任意半径 r 处的应力表达式：

$$\left.\begin{aligned}\sigma_r &= \frac{3}{4}\frac{qz}{S^3}\left[(1+\mu)R^2 - (3+\mu)r^2\right] \\ \sigma_\theta &= \frac{3}{4}\frac{qz}{S^3}\left[(1+\mu)R^2 - (1+3\mu)r^2\right]\end{aligned}\right\} \tag{3-18}$$

由此，在板中心 $r = 0$ 处

$$(M_r)_{r=0} = (M_\theta)_{r=0} = \frac{qR^2}{16}(1+\mu)$$

$$(\sigma_r)_{r=0} = (\sigma_\theta)_{r=0} = \frac{3}{4}\frac{qz}{S^2}(1+\mu)R^2$$

在板边缘 $r = R$ 处

$$(M_r)_{r=R} = -\frac{qR^2}{8}, \qquad (M_\theta)_{r=R} = -\frac{\mu qR^2}{8}$$

$$(\sigma_r)_{r=R} = -\frac{3}{2}\frac{qzR^2}{S^3}, \qquad (\sigma_\theta)_{r=R} = -\frac{3}{2}\frac{\mu qzR^2}{S^3}$$

可见，最大弯矩为板边缘处的径向弯矩，相应的最大应力为板边缘上、下表面处的径向应力，即

$$M_{\max} = (M_r)_{r=R} = -\frac{qR^2}{8} \tag{3-19}$$

$$\sigma_{\max} = (\sigma_r)_{\substack{r=R \\ z=\mp S/2}} = \pm\frac{3}{4}\frac{qR^2}{S^2} \tag{3-20}$$

板的下表面沿半径的应力分布曲线如图 3-7(b)所示。

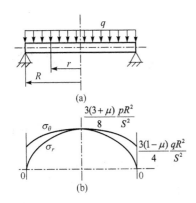

图 3-8　周边简支实心圆平板

2. 周边简支实心圆平板

如图 3-8(a)所示的周边简支实心圆板，其边界条件为

$$r = R , \quad w = 0$$

$$r = R , \quad M_r = 0$$

代入式(3-13)、式(3-14)：

$$\left. \begin{array}{l} \dfrac{qR^4}{64D} + C_1 R^2 + C_3 = 0 \\[4mm] \dfrac{qR^2}{16D}(3+\mu) + 2C_1(1+\mu) = 0 \end{array} \right\}$$

联立求解上述两个方程，得

$$C_1 = -\frac{3+\mu}{1+\mu}\frac{qR^2}{32D}, \quad C_3 = \frac{5+\mu}{1+\mu}\frac{qR^4}{64D}$$

将 C_1、C_3 代入式(3-13)，得周边简支实心圆平板在任意半径 r 处的转角和挠度表达式：

$$\varphi = -\frac{\mathrm{d}w}{\mathrm{d}r} = \frac{qr}{16D}\left(\frac{3+\mu}{1+\mu}R^2 - r^2\right) \tag{3-21-a}$$

$$w = \frac{qr^4}{64} - \frac{3+\mu}{1+\mu}\cdot\frac{qR^2}{32D}r^2 + \frac{5+\mu}{1+\mu}\cdot\frac{qR^4}{64D} \tag{3-21-b}$$

显然，最大挠度仍发生在板中心 $r = 0$ 处

$$w_{\max} = (w)_{r=0} = \frac{5+\mu}{1+\mu}\frac{qR^4}{64D} \tag{3-22}$$

将 C_1 代入式(3-14)，得周边简支实心圆平板在任意半径 r 处的弯矩表达式：

$$\left. \begin{array}{l} M_r = \dfrac{q}{16}(3+\mu)(R^2 - r^2) \\[3mm] M_\theta = \dfrac{q}{16}\left[(3+\mu)R^2 - (1+3\mu)r^2\right] \end{array} \right\} \tag{3-23}$$

将式(3-21)代入式(3-4)，得周边简支实心圆平板在任意半径 r 处的应力表达式：

$$\left. \begin{array}{l} \sigma_r = \dfrac{3}{4}\dfrac{qz}{S^3}(3+\mu)(R^2 - r^2) \\[3mm] \sigma_\theta = \dfrac{3}{4}\dfrac{qz}{S^3}\left[(3+\mu)R^2 - (1+3\mu)r^2\right] \end{array} \right\} \tag{3-24}$$

同理，在板中心 $r = 0$ 处

$$(M_r)_{r=0} = (M_\theta)_{r=0} = \frac{qR^2}{16}(3+\mu)$$

$$(\sigma_r)_{r=0} = (\sigma_\theta)_{r=0} = \frac{3}{4}\frac{qz}{S^3}(3+\mu)R^2$$

在板边缘 $r = R$ 处

$$(M_r)_{r=R} = 0, \quad (M_\theta)_{r=R} = \frac{qR^2}{8}(1-\mu)$$

$$(\sigma_r)_{r=R} = 0, \quad (\sigma_\theta)_{r=R} = \frac{3}{2}\frac{(1-\mu)qzR^2}{S^3}$$

可见，最大弯矩及相应的最大应力发生在板中心处，即

$$M_{\max} = (M_r)_{r=0} = (M_\theta)_{r=0} = \frac{qR^2}{16}(3+\mu) \tag{3-25}$$

$$\sigma_{\max} = (\sigma_r)_{\substack{r=0 \\ z=\mp S/2}} = (\sigma_\theta)_{\substack{r=0 \\ z=\mp S/2}} = \mp\frac{3}{8}\frac{qR^2}{S^2}(3+\mu) \tag{3-26}$$

板的下表面沿半径的应力分布曲线如图 3-8(b) 所示。

由以上分析可见，受轴对称均布载荷圆平板的应力和变形的特点如下：

(1) 板内为二向应力状态，且沿板厚呈线性分布，均为弯曲应力；应力沿半径方向的分布与周边支承方式有关；板内最大弯曲应力 $\sigma_{\max}$ 与 $(R/S)^2$ 成正比。

(2) 两种支承板的最大挠度均在板中心处，若取 $\mu = 0.3$，周边简支板的最大挠度约为固支板的 4 倍。

(3) 周边固支圆平板的最大应力为板边缘表面处的径向弯曲应力；周边简支圆平板的最大应力为板中心表面处的两向弯曲应力。若取 $\mu = 0.3$，周边简支板的最大弯曲应力约为固支板的 1.65 倍。

由此可见，无论是强度还是刚度，周边固支板均比周边简支板好。

3.2.3　承受轴对称载荷的环板

环板是指中心有圆孔的环形薄板，它是圆板的特例。因此，承受轴对称载荷圆板的弯曲微分方程同样适用，即同样可以应用方程式(3-8)~式(3-10)求得环板在各种对称载荷下的弯曲解。

1. 内外边缘受均布弯矩的环板

如图 3-9 所示，环形板内外边缘承受均匀弯矩 M_1 和 M_2。由于环板面上无分布载荷 $q(r) = 0$，则剪力 $Q_r = 0$，因此挠度方程式(3-8)为

$$\frac{\mathrm{d}}{\mathrm{d}r}\left[\frac{1}{r}\frac{\mathrm{d}}{\mathrm{d}r}\left(r\frac{\mathrm{d}w}{\mathrm{d}r}\right)\right] = 0$$

对此方程积分两次，得

$$\frac{\mathrm{d}w}{\mathrm{d}r} = 2C_1 r + \frac{C_2}{r} \tag{3-27-a}$$

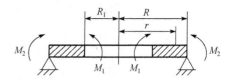

图 3-9　内外受弯矩的环板

再积分一次，得

$$w = C_1 r^2 + C_2 \ln r + C_3 \qquad (3\text{-}27\text{-b})$$

将 w 的表达式代入式(3-6)，得

$$\left.\begin{array}{l} M_r = -D\left[2(1+\mu)C_1 - \dfrac{C_2}{r^2}(1-\mu)\right] \\[4mm] M_\theta = -D\left[2(1+\mu)C_1 + \dfrac{C_2}{r^2}(1-\mu)\right] \end{array}\right\} \qquad (3\text{-}28)$$

式中，C_1、C_2、C_3 均为积分常数，可由板的边界条件确定。

由图 3-9 所示外周边简支的圆环板，边界条件为

$$r = R_1 , \quad M_r = M_1$$
$$r = R , \quad w = 0 , \quad M_r = M_2$$

代入式(3-27)、式(3-28)得

$$\left.\begin{array}{l} C_1 R^2 + C_2 \ln R + C_3 = 0 \\[3mm] 2(1+\mu)C_1 - \dfrac{C_2}{R_1^2}(1-\mu) = -\dfrac{M_1}{D} \\[3mm] 2(1+\mu)C_1 - \dfrac{C_2}{R^2}(1-\mu) = -\dfrac{M_2}{D} \end{array}\right\}$$

联立求解上述方程组，解出积分常数 C_1、C_2、C_3 为

$$C_1 = \frac{M_1 R_1^2 - M_2 R^2}{2D(1+\mu)(R^2 - R_1^2)}$$

$$C_2 = \frac{(M_1 - M_2)R^2 R_1^2}{D(1-\mu)(R^2 - R_1^2)}$$

$$C_3 = -\frac{R^2}{D(R^2 - R_1^2)}\left[\frac{M_1 R_1^2 - M_2 R^2}{2(1+\mu)} + \frac{(M_1 - M_2)R_1^2}{1-\mu}\ln R\right]$$

将积分常数 C_1、C_2、C_3 代入式(3-27)、式(3-28)，可得环板转角、挠度和内力矩关系式

$$\varphi = -\frac{\mathrm{d}w}{\mathrm{d}r} = \frac{1}{D(R^2 - R_1^2)}\left[\frac{M_2 R^2 - M_1 R_1^2}{1+\mu}r - \frac{(M_1 - M_2)R^2 R_1^2}{(1-\mu)r}\right] \qquad (3\text{-}29\text{-a})$$

$$w = \frac{1}{D(R^2 - R_1^2)}\left[\frac{(M_1 - M_2)R^2 R_1^2}{1-\mu}\ln\frac{r}{R} + \frac{M_2 R^2 - M_1 R_1^2}{2(1+\mu)}(R^2 - r^2)\right] \qquad (3\text{-}29\text{-b})$$

$$\left.\begin{array}{l} M_r = \dfrac{1}{(R^2 - R_1^2)r^2}\left[\left(M_2 R^2 - M_1 R_1^2\right)r^2 + R^2 R_1^2(M_1 - M_2)\right] \\[4mm] M_\theta = \dfrac{1}{(R^2 - R_1^2)r^2}\left[\left(M_2 R^2 - M_1 R_1^2\right)r^2 - R^2 R_1^2(M_1 - M_2)\right] \end{array}\right\} \qquad (3\text{-}30)$$

将式(3-30)代入式(3-7)，可得环板应力分量表达式

$$\left.\begin{aligned}
\sigma_r &= \frac{12z}{(R^2 - R_1^2)r^2 S^3}\left[\left(M_2 R^2 - M_1 R_1^2\right)r^2 + R^2 R_1^2(M_1 - M_2)\right] \\
\sigma_\theta &= \frac{12z}{(R^2 - R_1^2)r^2 S^3}\left[\left(M_2 R^2 - M_1 R_1^2\right)r^2 - R^2 R_1^2(M_1 - M_2)\right]
\end{aligned}\right\}
\tag{3-31}$$

应用式(3-29)～式(3-31)，可以得到仅在内边缘或仅在外边缘承受均布力矩作用的环板解。

(1) 仅作用内边缘力矩 $M_1 \neq 0$，$M_2 = 0$ 时

$$\varphi = -\frac{\mathrm{d}w}{\mathrm{d}r} = -\frac{M_1 R_1^2}{D(R^2 - R_1^2)}\left[\frac{r}{1+\mu} + \frac{R^2}{(1-\mu)r}\right]
\tag{3-32-a}$$

$$w = \frac{M_1 R_1^2}{D(R^2 - R_1^2)}\left[\frac{R^2}{1-\mu}\ln\frac{r}{R} - \frac{R^2 - r^2}{2(1+\mu)}\right]
\tag{3-32-b}$$

$$\left.\begin{aligned}
M_r &= -\frac{M_1 R_1^2}{(R^2 - R_1^2)}\left(1 - \frac{R^2}{r^2}\right) \\
M_\theta &= -\frac{M_1 R_1^2}{(R^2 - R_1^2)}\left(1 + \frac{R^2}{r^2}\right)
\end{aligned}\right\}
\tag{3-33}$$

$$\left.\begin{aligned}
\sigma_r &= -\frac{12 M_1 R_1^2 z}{(R^2 - R_1^2)S^3}\left(1 - \frac{R^2}{r^2}\right) \\
\sigma_\theta &= -\frac{12 M_1 R_1^2 z}{(R^2 - R_1^2)S^3}\left(1 + \frac{R^2}{r^2}\right)
\end{aligned}\right\}
\tag{3-34}$$

(2) 仅作用外边缘力矩 $M_2 \neq 0$，$M_1 = 0$ 时

$$\varphi = -\frac{\mathrm{d}w}{\mathrm{d}r} = \frac{M_2 R^2}{D(R^2 - R_1^2)}\left[\frac{r}{1+\mu} + \frac{R_1^2}{(1-\mu)r}\right]
\tag{3-35-a}$$

$$w = \frac{M_2 R^2}{D(R^2 - R_1^2)}\left[\frac{R^2 - r^2}{2(1+\mu)} - \frac{R_1^2}{1-\mu}\ln\frac{r}{R}\right]
\tag{3-35-b}$$

$$\left.\begin{aligned}
M_r &= \frac{M_2 R^2}{R^2 - R_1^2}\left(1 - \frac{R_1^2}{r^2}\right) \\
M_\theta &= \frac{M_2 R^2}{R^2 - R_1^2}\left(1 + \frac{R_1^2}{r^2}\right)
\end{aligned}\right\}
\tag{3-36}$$

$$\left.\begin{aligned}
\sigma_r &= \frac{12 M_2 R^2 z}{(R^2 - R_1^2)S^3}\left(1 - \frac{R_1^2}{r^2}\right) \\
\sigma_\theta &= \frac{12 M_2 R^2 z}{(R^2 - R_1^2)S^3}\left(1 + \frac{R_1^2}{r^2}\right)
\end{aligned}\right\}
\tag{3-37}$$

(3) 若仅作用外边缘力矩 $M_2 = M$、$M_1 = 0$ 时，且 $R_1 = 0$，相当于周边简支受均布弯矩作用，如图 3-10 所示。

$$\varphi = -\frac{\mathrm{d}w}{\mathrm{d}r} = \frac{Mr}{D(1+\mu)} \tag{3-38-a}$$

$$w = \frac{M(R^2 - r^2)}{2D(1+\mu)} \tag{3-38-b}$$

$$M_r = M_\theta = M \tag{3-39}$$

$$\sigma_r = \sigma_\theta = \frac{12Mz}{S^3} \tag{3-40}$$

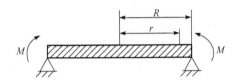

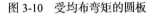

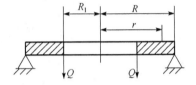

图 3-10   受均布弯矩的圆板   图 3-11   沿内边缘受均布横剪力的环板

2. 内边缘受均布横剪力的环板

如图 3-11 所示的环板，内边缘受均布横剪力 Q 作用，设均布横剪力之总和为 P，板内任意半径 r 处的剪力 Q_r 为

$$2\pi r Q_r = 2\pi R_1 Q = P$$

$$Q_r = \frac{P}{2\pi r}$$

代入式(3-8)，得

$$\frac{\mathrm{d}}{\mathrm{d}r}\left[\frac{1}{r}\frac{\mathrm{d}}{\mathrm{d}r}\left(r\frac{\mathrm{d}w}{\mathrm{d}r}\right)\right] = \frac{P}{2\pi r D}$$

经连续积分，得中面弯曲后转角和挠度的一般解为

$$\varphi = -\frac{\mathrm{d}w}{\mathrm{d}r} = -\left[\frac{Pr}{8\pi D}(2\ln r - 1) + 2C_1 r + \frac{C_2}{r}\right] \tag{3-41-a}$$

$$w = \frac{Pr^2}{8\pi D}(\ln r - 1) + C_1 r^2 + C_2 \ln r + C_3 \tag{3-41-b}$$

代入式(3-6)，有

$$M_r = -D\left\{\frac{P}{8\pi D}\left[2(1+\mu)\ln r + (1-\mu)\right] + 2C_1(1+\mu) - \frac{C_2}{r^2}(1-\mu)\right\} \tag{3-42-a}$$

$$M_\theta = -D\left\{\frac{P}{8\pi D}\left[2(1+\mu)\ln r - (1-\mu)\right] + 2C_1(1+\mu) + \frac{C_2}{r^2}(1-\mu)\right\} \tag{3-42-b}$$

式中，C_1、C_2、C_3 均为积分常数，可由下列边界条件确定

$$r=R，w=0，M_r=0$$
$$r=R_1，M_r=0$$

代入式(3-41-b)、式(3-42-a)得

$$
\left.
\begin{array}{l}
\dfrac{PR^2}{8\pi D}(\ln R-1)+C_1 R^2+C_2\ln R+C_3=0 \\[2mm]
\dfrac{P}{8\pi D}\left[2(1+\mu)\ln R+(1-\mu)\right]+2C_1(1+\mu)-\dfrac{C_2}{R^2}(1-\mu)=0 \\[2mm]
\dfrac{P}{8\pi D}\left[2(1+\mu)\ln R_1+(1-\mu)\right]+2C_1(1+\mu)-\dfrac{C_2}{R_1^2}(1-\mu)=0
\end{array}
\right\}
$$

联立求解上述方程，可得

$$C_1=-\frac{P}{8\pi D}\left[\frac{1-\mu}{2(1+\mu)}+\frac{R^2\ln R-R_1^2\ln R_1}{R^2-R_1^2}\right]$$

$$C_2=-\frac{P}{4\pi D}\frac{1+\mu}{1-\mu}\frac{R^2 R_1^2}{R^2-R_1^2}\ln\frac{R}{R_1}$$

$$C_3=\frac{PR^2}{8\pi D}\left[1+\frac{1-\mu}{2(1+\mu)}+\frac{R^2\ln R-R_1^2\ln R_1}{R^2-R_1^2}-\ln R\left(1-\frac{2(1+\mu)}{1-\mu}\frac{R_1^2}{R^2-R_1^2}\ln\frac{R}{R_1}\right)\right]$$

将 C_1、C_2、C_3 代入式(3-41)、式(3-42)，得

$$\varphi=-\frac{Pr}{8\pi D}\left[2\ln r-1-\frac{1-\mu}{1+\mu}-\frac{2(R^2\ln R-R_1^2\ln R_1)}{R^2-R_1^2}-\frac{2(1+\mu)}{r^2(1-\mu)}\frac{R^2 R_1^2}{R^2-R_1^2}\ln\frac{R}{R_1}\right]\quad(3\text{-}43\text{-}a)$$

$$
\begin{aligned}
w=&\frac{Pr^2}{8\pi D}\left[\ln r-1-\frac{1-\mu}{2(1+\mu)}-\frac{R^2\ln R-R_1^2\ln R_1}{R^2-R_1^2}\right] \\
&-\frac{PR^2 R_1^2}{8\pi D(R^2-R_1^2)}\ln\frac{R}{R_1}\left[\frac{2(1+\mu)}{1-\mu}\ln\frac{r}{R}-1\right]+\frac{PR^2}{8\pi D}\left[1+\frac{1-\mu}{2(1+\mu)}\right]
\end{aligned}
\quad(3\text{-}43\text{-}b)
$$

$$M_r=-\frac{P(1+\mu)}{4\pi}\left\{\ln r-\frac{R^2\ln R-R_1^2\ln R_1}{R^2-R_1^2}+\frac{1}{r^2}\frac{R^2 R_1^2}{R^2-R_1^2}\ln\frac{R}{R_1}\right\}\quad(3\text{-}44\text{-}a)$$

$$M_\theta=-\frac{P(1+\mu)}{4\pi D}\left\{\ln r-\frac{1-\mu}{1+\mu}-\frac{R^2\ln R-R_1^2\ln R_1}{R^2-R_1^2}-\frac{1}{r^2}\frac{R^2 R_1^2}{R^2-R_1^2}\ln\frac{R}{R_1}\right\}\quad(3\text{-}44\text{-}b)$$

当孔半径 R_1 趋于零时，$R_1^2\ln\dfrac{R_1}{R}$ 也趋于零，则相当于实心圆板中心受集中载荷作用，如图 3-12 所示，此时积分常数为

$$C_1=-\frac{P}{8\pi D}\left(\frac{1-\mu}{2(1+\mu)}+\ln R\right)$$

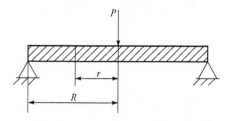

图 3-12　实心圆板中心受集中载荷

$$C_2 = 0$$

$$C_3 = \frac{PR^2}{8\pi D}\left(1 + \frac{1-\mu}{2(1+\mu)}\right)$$

将 C_1、C_2、C_3 代入式(3-41-b)，得周边简支实心圆板中心受集中载荷作用挠度关系式

$$w = \frac{P}{8\pi D}\left[r^2\ln\frac{r}{R} + \frac{3+\mu}{2(1+\mu)}(R^2 - r^2)\right] \tag{3-45}$$

3. 用叠加法求环板的应力和变形

在弹性范围内应用叠加法，由上述实心圆板和环形板的解，可以得到其他载荷作用和支承情况下的解。

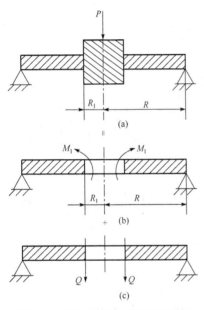

图 3-13 叠加法解内周边固支环板

1) 沿外边缘简支，内边缘固支，受集中载荷作用的环板

如图 3-13(a)所示，其受力可以看作图 3-9 和图 3-11 两种环板的叠加。其中作用在环板内边缘上的均布剪力 Q_1，其合力等于集中力 P，即 $Q_1 = \dfrac{P}{2\pi R_1}$；作用在环板内边缘上的弯矩 M_1，可由环板内边缘转角为零的条件决定。

当 $r = R_1$ 时

$$\varphi = \varphi_1 + \varphi_2 = 0 \tag{3-46}$$

式中，φ_1 表示为 $r = R_1$ 处由 M_1 引起的转角；φ_2 表示为 $r = R_1$ 处由 Q_1 引起的转角。

由式(3-32-a)

$$\varphi_1 = -\frac{M_1 R_1^2}{D(R^2 - R_1^2)}\left[\frac{R_1}{1+\mu} + \frac{R^2}{(1-\mu)R_1}\right]$$

由式(3-43-a)

$$\varphi_2 = -\frac{PR_1}{4\pi D}\left[\frac{2}{1-\mu}\frac{R^2}{R^2 - R_1^2}\ln\frac{R_1}{R} - \frac{1}{1+\mu}\right]$$

将 φ_1、φ_2 代入式(3-46)，得

$$M_1 = \frac{P}{4\pi\left[(1-\mu)+(1+\mu)\dfrac{R^2}{R_1^2}\right]}\left[(1-\mu)\left(\frac{R^2}{R_1^2}-1\right)-2(1+\mu)\frac{R^2}{R_1^2}\ln\frac{R_1}{R}\right] \tag{3-47}$$

将 M_1 和 Q_1 分别作用环板内周边所得到的转角、挠度和弯矩叠加，可得到如图 3-13(a)所示环板的转角、挠度和弯矩：

$$\left.\begin{array}{l}\dfrac{\mathrm{d}w}{\mathrm{d}r}=\left(\dfrac{\mathrm{d}w}{\mathrm{d}r}\right)^{M_1}+\left(\dfrac{\mathrm{d}w}{\mathrm{d}r}\right)^{Q_1}\\[2mm] w=\left(w\right)^{M_1}+\left(w\right)^{Q_1}\\[2mm] M_r=\left(M_r\right)^{M_1}+\left(M_r\right)^{Q_1}\\[2mm] M_\theta=\left(M_\theta\right)^{M_1}+\left(M_\theta\right)^{Q_1}\end{array}\right\} \tag{3-48}$$

式中，带上标"M_1"的量为环板内周边仅作用均布弯矩，分别由式(3-32)～式(3-33)求得；带上标"Q_1"的量为环板内周边仅作用均布力，分别由式(3-43)～式(3-44)求得，由此可求出环板的应力。

2) 沿外边缘简支，板面承受横向均布载荷 q 的环板

如图 3-14(a)所示问题的解，同样可以用叠加法。可以看成受均布载荷 q 的实心圆板[图 3-14(b)]与内周边受均布弯矩 M_1 和剪力 Q_1 的环板[图 3-14(c)]的解相叠加。其中 M_1 和 Q_1 由图 3-14(b)在 $r=R_1$ 处的弯矩和剪力可得，即

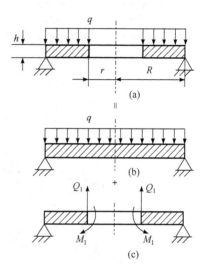

图 3-14　承受均布载荷的环板

$$Q_1=\frac{\pi R_1^2 q}{2\pi R_1}=\frac{qR_1}{2}$$

$$M_1=\frac{q}{16}(3+\mu)(R^2-R_1^2)$$

由此，利用已求得的解式(3-21)～式(3-23)、式(3-32)～式(3-33)和式(3-43)～式(3-44)叠加，可得到如图 3-14(a)所示环板的转角、挠度和弯矩，进而求得板内应力。求解时注意剪力和弯矩的符号。

除上述两例外，还有不少诸如此类的问题，如图 3-15 所示，可用下列公式归类，其最大应力和最大挠度分别表示为

$$\sigma_{\max}=k\frac{qR^2}{S^2}\ 或\ \sigma_{\max}=k\frac{P}{S^2} \tag{3-49}$$

$$w_{\max}=k_1\frac{qR^4}{ES^3}\ 或\ w_{\max}=k_1\frac{pR^2}{ES^3} \tag{3-50}$$

式中，q 为均布载荷；P 为集中载荷；k、k_1 为计算系数。

对于图 3-15 所示的十类问题，取泊松比 $\mu=0.3$ 和不同的比值 R/R_1，计算所得的系数列于表 3-1。

表 3-1　图 3-15 所示十类问题中式(3-49)和式(3-50)中的系数 k 和 k_1

R/R_1											
1.25		1.5		2		3		4		5	
k	k_1	k	k_1	k	k_1	k	k_1	k	k_1	k	k_1
1.100	0.3410	1.260	0.5190	1.480	0.6720	1.880	0.734	2.170	0.724	2.340	0.704
0.660	0.2020	1.190	0.4910	2.040	0.9020	3.340	1.220	4.300	1.300	5.100	1.310
0.135	0.00231	0.410	0.0183	1.040	0.0938	2.150	0.293	2.990	0.448	3.690	0.564
0.122	0.00343	0.336	0.0313	0.740	0.1250	1.210	0.291	1.450	0.417	1.590	0.492
0.090	0.00077	0.273	0.0062	0.710	0.0329	1.540	0.110	2.230	0.179	2.800	0.234
0.115	0.00129	0.220	0.0064	0.405	0.0237	0.703	0.062	0.933	0.092	1.130	0.114
0.592	0.18400	0.976	0.4140	1.440	0.6640	1.880	0.824	2.080	0.830	2.190	0.813
0.227	0.00510	0.428	0.0249	0.753	0.0877	1.205	0.209	1.514	0.293	1.745	0.350
0.194	0.00504	0.320	0.0242	0.454	0.0810	0.673	0.172	1.021	0.217	1.305	0.238
0.105	0.00199	0.259	0.0139	0.430	0.0575	0.657	0.130	0.710	0.162	0.730	0.175

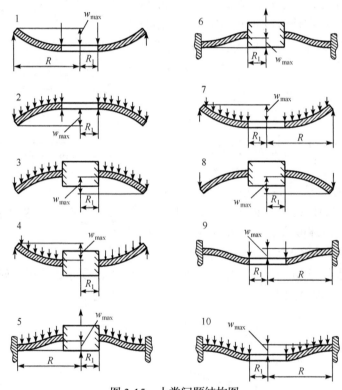

图 3-15　十类问题结构图

3.3　矩 形 薄 板

在横向载荷作用下的矩形薄板的弯曲问题，其分析方法和圆形薄板相同。仍取微元体为研究对象，分析微元体各个面上的受力情况，以及所必须满足的基本方程，建立求解弯曲问题的微分方程，进而确定矩形薄板的弯曲挠度和板内应力。

3.3.1　矩形薄板弯曲微分方程的建立

分析矩形薄板问题通常选用直角坐标系 (x, y, z)，用位移法建立板的弯曲微分方程。即以板中面挠度 $w(x, y)$ 作为基本未知量，首先由变形的几何关系，将沿板面位移分量 u、v 及各应变分量均表示成 $w(x, y)$ 的函数，然后由应力、应变物理关系，将板内各内力分量和应力分量也表示成 $w(x, y)$ 的函数，最后由内力和外力的平衡条件，建立以 $w(x, y)$ 所表示的力的平衡方程，从而导出矩形薄板弯曲微分方程。

1. 几何方程

设板内任一点 $P(x, y, z)$ 的位移分量为 u、v、w。在与坐标面 xz 平行的横截面内(图 3-16)，点 P 到中面的距离为 $PA = z$，变形后，中面上的点 A 移到了点 A'，点 P 移到了 P'，线段 PA 变为 $P'A'$，且 $PA = P'A'$。由薄板的基本假设可知，$\varepsilon_z = \dfrac{\partial w}{\partial z} = 0$，则挠度 w 仅是 x、y 的函数，与 z 无关，可取为中面的挠度函数。

由图 3-16 可知，点 P 沿 x 方向的位移 u 为

$$u = -z \sin\varphi$$

由于挠度 w 很小，则转角 φ 也很小，可近似取

$$\sin\varphi = \tan\varphi = \frac{\partial w}{\partial x}$$

代入上式，得

$$u = -z\frac{\partial w}{\partial x} \tag{3-51-a}$$

图 3-16　板内 P 点在 x-y 平面内的变形

同理，点 P 沿 y 方向的位移 v 为

$$v = -z\frac{\partial w}{\partial y} \tag{3-51-b}$$

由此可得到薄板弯曲时的几何方程为

$$\left. \begin{aligned} \varepsilon_x &= \frac{\partial u}{\partial x} = -z\frac{\partial^2 w}{\partial x^2}, \quad \varepsilon_y = \frac{\partial v}{\partial y} = -z\frac{\partial^2 w}{\partial y^2}, \quad \varepsilon_z = 0 \\ \gamma_{xy} &= \frac{\partial u}{\partial y} + \frac{\partial v}{\partial x} = -2z\frac{\partial^2 w}{\partial x \partial y}, \quad \gamma_{xz} = \gamma_{yz} = 0 \end{aligned} \right\} \tag{3-52}$$

2. 物理方程

由基本假设(3)可知，$\sigma_z = 0$，同时有 $\gamma_{xz} = \gamma_{yz} = 0$，根据胡克定律有

$$\sigma_x = \frac{E}{1-\mu^2}\left(\varepsilon_x + \mu\varepsilon_y\right)$$

$$\sigma_y = \frac{E}{1-\mu^2}\left(\varepsilon_y + \mu\varepsilon_x\right)$$

$$\tau_{xy} = G\gamma_{xy}$$

代入几何方程式(3-52)，得

$$
\left.
\begin{aligned}
\sigma_x &= -\frac{Ez}{1-\mu^2}\left(\frac{\partial^2 w}{\partial x^2} + \mu\frac{\partial^2 w}{\partial y^2}\right) \\
\sigma_y &= -\frac{Ez}{1-\mu^2}\left(\frac{\partial^2 w}{\partial y^2} + \mu\frac{\partial^2 w}{\partial x^2}\right) \\
\tau_{xy} &= -\frac{Ez}{1-\mu^2}\left(\frac{\partial^2 w}{\partial x\partial y}\right)
\end{aligned}
\right\}
\tag{3-53}
$$

由式(3-53)可以看出，正应力σ_x、σ_y和剪应力τ_{xy}均沿板厚呈线性分布。沿x、$x+\mathrm{d}x$、y、$y+\mathrm{d}y$横截面及板厚截取板微元体，应力沿板厚分布如图 3-17 所示。由此可得到作用于微元体侧面上的弯矩和扭矩(简化到中面上)。

$$
\left.
\begin{aligned}
M_x &= -\int_{-S/2}^{S/2}\sigma_x z\,\mathrm{d}z = -D\left(\frac{\partial^2 w}{\partial x^2} + \mu\frac{\partial^2 w}{\partial y^2}\right) \\
M_y &= -\int_{-S/2}^{S/2}\sigma_y z\,\mathrm{d}z = -D\left(\frac{\partial^2 w}{\partial y^2} + \mu\frac{\partial^2 w}{\partial x^2}\right) \\
M_{xy} &= -\int_{-S/2}^{S/2}\tau_{xy} z\,\mathrm{d}z = -D(1-\mu)\frac{\partial^2 w}{\partial x\partial y} = M_{yx}
\end{aligned}
\right\}
\tag{3-54}
$$

式中，$D=\dfrac{ES^3}{12(1-\mu^2)}$ 为板的抗弯刚度；M_x、M_y、M_{xy}为作用在单位长度中面上的弯矩和扭矩。此外，还有作用在x、$x+\mathrm{d}x$侧面上的剪应力τ_{xz}，以及作用在y、$y+\mathrm{d}y$侧面上的剪应力τ_{yz}，分别构成了剪力Q_x、Q_y：

$$
Q_x = -\int_{-S/2}^{S/2}\tau_{xz}\,\mathrm{d}z, \quad Q_y = -\int_{-S/2}^{S/2}\tau_{yz}\,\mathrm{d}z
\tag{3-55}
$$

式中，Q_x、Q_y为作用在单位长度截面上的横向剪力。

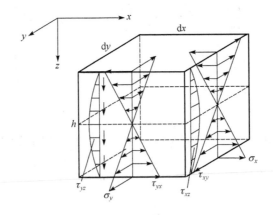

图 3-17   板微元体

3. 平衡方程

微元体受力如图 3-18 所示，图中弯矩、扭矩按右手定则用双箭头矢量表示，图示所受外载荷及各内力素均指向正向。

微元体的三个平衡方程 $\sum F_x = 0$、$\sum F_y = 0$、$\sum M_z = 0$ 恒被满足，其余三个平衡方程为

$$\sum F_z = 0, \quad \frac{\partial Q_x}{\partial x} + \frac{\partial Q_y}{\partial y} + q(x,y) = 0 \tag{3-56-a}$$

$$\sum M_y = 0, \quad Q_x = \frac{\partial M_x}{\partial x} + \frac{\partial M_{yx}}{\partial y} \tag{3-56-b}$$

$$\sum M_x = 0, \quad Q_y = \frac{\partial M_{yx}}{\partial x} + \frac{\partial M_y}{\partial y} \tag{3-56-c}$$

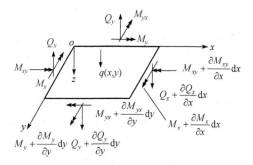

图 3-18　微元体受力

4. 弯曲微分方程的建立

将式(3-56-b)、式(3-56-c)代入式(3-56-a)，得

$$\frac{\partial^2 M_x}{\partial x^2} + 2\frac{\partial^2 M_{xy}}{\partial y^2} + \frac{\partial^2 M_y}{\partial y^2} = -q(x,y)$$

将式(3-54)代入上式，得到以中面挠度表示的矩形薄板弯曲微分方程

$$\frac{\partial^4 w}{\partial x^4} + 2\frac{\partial^4 w}{\partial x^2 \partial y^2} + \frac{\partial^4 w}{\partial y^4} = \frac{q(x,y)}{D} \tag{3-57-a}$$

也可以表示为非齐次的双调和方程

$$\nabla^2 \nabla^2 w(x,y) = \frac{q(x,y)}{D} \tag{3-57-b}$$

式中，∇^2 为拉普拉斯算子，$\nabla^2 = \dfrac{\partial^2}{\partial x^2} + \dfrac{\partial^2}{\partial y^2}$。由此可见，矩形薄板弯曲微分方程是一个四阶偏微分方程，求解此方程可得到基本未知量 $w(x,y)$，再代入式(3-54)可求得板的弯曲内力分量 M_x、M_y、M_{xy}。

将式(3-54)代入式(3-56)，可得

$$Q_x = -D\frac{\partial}{\partial x}\left(\frac{\partial^2 w}{\partial x^2}+\frac{\partial^2 w}{\partial y^2}\right) = -D\frac{\partial}{\partial x}\left(\nabla^2 w\right) \tag{3-56-d}$$

$$Q_y = -D\frac{\partial}{\partial y}\left(\frac{\partial^2 w}{\partial x^2}+\frac{\partial^2 w}{\partial y^2}\right) = -D\frac{\partial}{\partial y}\left(\nabla^2 w\right) \tag{3-56-e}$$

比较式(3-53)与式(3-54)，板中三个应力分量 σ_x、σ_y、τ_{xy} 为

$$\sigma_x = \frac{12M_x z}{S^3}, \quad \sigma_y = \frac{12M_y z}{S^3}, \quad \tau_{xy} = \frac{12M_{xy} z}{S^3} \tag{3-58-a}$$

当 $z = \mp\dfrac{S}{2}$ 时

$$\sigma_x = \mp\frac{6M_x}{S^2}, \quad \sigma_y = \mp\frac{6M_y}{S^2}, \quad \tau_{xy} = \mp\frac{6M_{xy}}{S^2} \tag{3-58-b}$$

显然，最大应力发生在板的上、下表面。

3.3.2　矩形薄板的边界条件

对于板的弯曲问题，要求位移函数 $w(x, y)$ 在板内必须满足非齐次的双调和方程，而在板的边界上应满足边界条件。矩形薄板的边界一般有简支边、固支边和自由边三种情况。如图 3-19 所示，其中，OA 为固支边，OC 为简支边，AB、BC 为自由边。

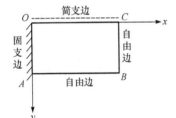

图 3-19　矩形板的边界条件

1. 简支边 $OC(y=0)$

简支边界上挠度和弯矩均为零，则

$$(w)_{y=0} = 0$$

$$(M_y)_{y=0} = -D\left(\frac{\partial^2 w}{\partial y^2}+\mu\frac{\partial^2 w}{\partial x^2}\right) = 0$$

由于 $(w)_{y=0}=0$，必然有 $\left(\dfrac{\partial w}{\partial x}\right)_{y=0}=0$，$\left(\dfrac{\partial^2 w}{\partial x^2}\right)_{y=0}=0$，所以简支边的边界条件可写为

$$(w)_{y=0} = 0, \quad \left(\frac{\partial^2 w}{\partial y^2}\right)_{y=0} = 0 \tag{3-59}$$

2. 固支边 $OA(x=0)$

固支边界上挠度和转角为零，则边界条件为

$$(w)_{x=0} = 0, \quad \left(\frac{\partial w}{\partial x}\right)_{x=0} = 0 \tag{3-60}$$

3. 自由边 $AB(y=b)$

自由边界上弯矩、扭矩和剪力为零，则边界条件为

$$(M_y)_{y=b}=0 ，\quad (M_{yx})_{y=b}=0 ，\quad (Q_y)_{y=b}=0 \tag{3-61}$$

由于薄板弯曲微分方程是四阶偏微分方程，在任一边界上只可能满足两个边界条件。实际上，薄板任一边界上的扭矩都可以变换为等效剪力，和原来的剪力合并成为一个条件。这样，在自由边界上可将后两个条件归并为一个独立的边界条件，作分析如下。

设在自由边 AB 的微小长度 dx 上有扭矩 $M_{yx}dx$ 作用，如图 3-20(a)所示。它可用大小相等、方向相反、相距 dx 的两个垂直剪力 M_{yx} 代替，如图 3-20(b)所示。同样，在相邻的微小长度 dx 上，有扭矩 $\left(M_{yx}+\dfrac{\partial M_{yx}}{\partial x}dx\right)\cdot dx$ 作用，同样可以用大小相等、方向相反、相距 dx 的两个垂直剪力 $M_{yx}+\dfrac{\partial M_{yx}}{\partial x}dx$ 代替。以此类推，经过这样的代换后，两个相邻的微小长度上只需增加一个集度 $\dfrac{\partial M_{yx}}{\partial x}$ 的垂直剪力，和原有的剪力 Q_y 相加成为

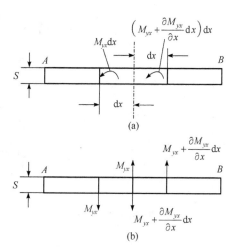

图 3-20　扭矩的等效变换

等效剪力 $V_y=Q_y+\dfrac{\partial M_{yx}}{\partial x}$。

如上所述，在自由边界 $AB(y=b)$ 上，边界条件为

$$(M_y)_{y=b}=\left(\frac{\partial^2 w}{\partial y^2}+\mu\frac{\partial^2 w}{\partial x^2}\right)_{y=b}=0 \tag{3-61-a}$$

$$\left(V_y\right)_{y=b}=\left(Q_y+\frac{\partial M_{yx}}{\partial x}\right)_{y=b}=\left[\frac{\partial^3 w}{\partial y^3}+(2-\mu)\frac{\partial^3 w}{\partial x^2\partial y}\right]_{y=b}=0 \tag{3-61-b}$$

同理，在自由边界 $BC(x=a)$ 上，边界条件为

$$(M_x)_{x=a}=\left(\frac{\partial^2 w}{\partial x^2}+\mu\frac{\partial^2 w}{\partial y^2}\right)_{x=a}=0 \tag{3-62-a}$$

$$\left(V_x\right)_{x=a}=\left(Q_x+\frac{\partial M_{xy}}{\partial y}\right)_{x=a}=\left[\frac{\partial^3 w}{\partial x^3}+(2-\mu)\frac{\partial^3 w}{\partial x\partial y^2}\right]_{x=a}=0 \tag{3-62-b}$$

3.3.3　矩形薄板弯曲微分方程的经典解法

计算满足薄板弯曲微分方程的精确解是最困难的数学问题之一。用经典理论来获得足够接近于精确解的板的计算问题，归结为寻求这样一个函数：既要满足基本微分方程，又要满足边界条件。

1. 纳维(Navier)解(双三角级数解)

纳维把挠度表达式取为双三角级数，解的形式为

$$w = \sum_{m=1}^{\infty}\sum_{n=1}^{\infty} A_{mn} \sin\frac{m\pi x}{a} \sin\frac{n\pi y}{b} \tag{3-63}$$

式中，A_{mn} 为待定常数；m、n 为任意正整数。

由挠度必须满足微分方程式(3-57)与边界条件可知

$$x=0 \text{ 和 } x=a \text{ 时, } \quad w=0, \quad \frac{\partial^2 w}{\partial x^2}=0$$

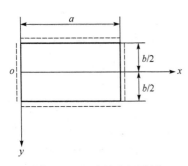

$$y=0 \text{ 和 } y=b \text{ 时, } \quad w=0, \quad \frac{\partial^2 w}{\partial y^2}=0$$

容易看出，挠度表达式只满足四边简支边界条件，如图 3-21 所示。将式(3-63)代入微分方程式(3-57)得

$$\pi^4 \sum_{m=1}^{\infty}\sum_{n=1}^{\infty} A_{mn}\left(m^2/a^2 + n^2/b^2\right)^2 \sin\frac{m\pi x}{a}\sin\frac{n\pi y}{b} = \frac{q}{D} \tag{3-64}$$

图 3-21　四边简支矩形板

为了求待定常数 A_{mn}，将式(3-64)右边的 q 展开成与左边同样的双三角级数，即

$$q(x,y) = \sum_{m=1}^{\infty}\sum_{n=1}^{\infty} a_{mn} \sin\frac{m\pi x}{a} \sin\frac{n\pi y}{b} \tag{3-65}$$

式中，a_{mn} 为待定常数，将式(3-65)代入式(3-64)，得

$$\sum_{m=1}^{\infty}\sum_{n=1}^{\infty}\left[A_{mn}\pi^4\left(m^2/a^2 + n^2/b^2\right)^2 - \frac{a_{mn}}{D}\right]\sin\frac{m\pi x}{a}\sin\frac{n\pi y}{b} = 0$$

显然，此式成立的条件是各项系数均为零，即

$$A_{mn}\pi^4\left(m^2/a^2 + n^2/b^2\right)^2 - \frac{a_{mn}}{D} = 0$$

由此得到两个双三角级数的系数之间的关系

$$A_{mn} = \frac{a_{mn}}{\pi^4 D^2\left(m^2/a^2 + n^2/b^2\right)^2} \tag{3-66}$$

再代入式(3-63)，即求得挠度表达式为

$$w = \frac{1}{\pi^4 D} \sum_{m=1}^{\infty}\sum_{n=1}^{\infty} \frac{a_{mn}}{\left(m^2/a^2 + n^2/b^2\right)^2} \sin\frac{m\pi x}{a} \sin\frac{n\pi y}{b} \tag{3-67}$$

式中，系数 a_{mn} 按傅里叶级数的系数确定法，在式(3-65)两边同乘以 $\sin\dfrac{m'\pi x}{a}\mathrm{d}x$，并从 0 到 a 积分，有

$$\int_0^a \sin\frac{m'\pi x}{a}\sin\frac{n\pi x}{a}\,dx = \begin{cases} 0 & m' \neq m \\ a/2 & m' = m \end{cases} \tag{3-68-a}$$

$$\int_0^a \sin\frac{n'\pi y}{b}\sin\frac{n\pi y}{b}\,dy = \begin{cases} 0 & m' \neq m \\ b/2 & m' = m \end{cases} \tag{3-68-b}$$

代入式(3-68-a)，得

$$\int_0^a q(x,y)\sin\frac{m'\pi x}{a}\,dx = \frac{a}{2}\sum_{n=1}^{\infty} a_{m'n}\sin\frac{n\pi y}{b} \tag{3-69}$$

再将式(3-69)两边同乘以 $\sin\dfrac{n'\pi y}{a}dy$，并从 0 到 b 积分，且代入式(3-68-b)，得

$$\int_0^b\int_0^a q(x,y)\sin\frac{m'\pi x}{a}\,dx\sin\frac{n'\pi y}{b}\,dy = \frac{a}{2}\sum_{n=1}^{\infty} a_{m'n}\int_0^b \sin\frac{n'\pi y}{b}\sin\frac{n\pi y}{b}\,dy = \frac{ab}{4}a_{m'n'}$$

上式将 m' 和 n' 换成 m 和 n，即得

$$a_{mn} = \frac{4}{ab}\int_0^a\int_0^b q(x,y)\sin\frac{m\pi x}{a}\sin\frac{n\pi y}{b}\,dx\,dy \tag{3-70}$$

将其代入式(3-67)，即可求得挠度函数 w。

上述解法称为纳维法，这种方法简单易行，但仅适用于四边简支的矩形薄板，且用这种解法得到应力的级数表达式的微分次数越高，则收敛速度越慢，这就使纳维法受到限制。

2. 莱维(Levy)解(单三角级数解)

莱维解法将挠度自变量函数采用单三角级数表示，其优点是收敛速度比双三角级数快，易进行数值计算，对于矩形板对边简支，另一对边为任何支承均适用。

对于挠度方程式(3-57)，一般其通解可以表示为

$$w = w^* + w^\circ \tag{3-71}$$

式中，w^* 为方程式(3-57)的一个特解；w° 为方程式(3-57)所对应的齐次方程的通解。

莱维建议取 w° 为三角级数形式

$$w^\circ = \sum_{m=1}^{\infty} f_m(y)\sin\frac{m\pi x}{a} \tag{3-72}$$

显然，它满足一对简支边的边界条件，如图 3-22 所示。$x=0$ 和 $x=a$ 时，$w=0$，$\dfrac{\partial^2 w}{\partial x^2}=0$，而函数 $f_m(y)$ 需满足另一对任何支承边的边界条件。

将式(3-72)代入式(3-57)对应的齐次方程，得

$$\sum_{m=1}^{\infty}\left[\frac{d^4 f_m}{dy^4} - 2\left(\frac{m\pi}{a}\right)^2\frac{d^2 f_m}{dy^2} + \left(\frac{m\pi}{a}\right)^4 f_m\right]\sin\frac{m\pi x}{a} = 0$$

要使此式对任何 x 值都成立，则必须

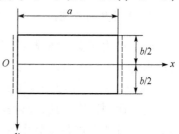

图 3-22 对边简支矩形板

$$\frac{\mathrm{d}^4 f_m}{\mathrm{d}y^4} - 2\left(\frac{m\pi}{a}\right)^2 \frac{\mathrm{d}^2 f_m}{\mathrm{d}y^2} + \left(\frac{m\pi}{a}\right)^4 f_m = 0 \tag{3-73}$$

此四阶常系数齐次微分方程的解为

$$f_m = A_m \operatorname{sh}\frac{m\pi y}{a} + B_m \operatorname{ch}\frac{m\pi y}{a} + C_m y \operatorname{sh}\frac{m\pi y}{a} + D_m y\operatorname{ch}\frac{m\pi y}{a} \tag{3-74}$$

代入式(3-72)，得

$$w^\circ = \sum_{m=1}^{\infty}\left(A_m \operatorname{sh}\frac{m\pi y}{a} + B_m \operatorname{ch}\frac{m\pi y}{a} + C_m y \operatorname{sh}\frac{m\pi y}{a} + D_m y\operatorname{ch}\frac{m\pi y}{a} \right)\sin\frac{m\pi x}{a} \tag{3-75}$$

式中，A_m、B_m、C_m、D_m 为待定系数，可由 $y = \pm b/2$ 处的边界条件确定；$\operatorname{sh}\dfrac{m\pi y}{a}$、$\operatorname{ch}\dfrac{m\pi y}{a}$ 为双曲函数，具有如下性质：

$\operatorname{sh}\dfrac{m\pi y}{a}$ 为奇函数，$\operatorname{sh}(0) = 0$；

$\operatorname{ch}\dfrac{m\pi y}{a}$ 为偶函数，$\operatorname{ch}(0) = 1$。

设挠度方程的特解 w^* 具有与 w° 相同解的形式，即

$$w^* = \sum_{m=1}^{\infty} k_m(y)\sin\frac{m\pi x}{a} \tag{3-76}$$

显然，它也满足简支边的边界条件。对于载荷 $q(x, y)$ 也可展成傅里叶级数

$$q(x, y) = \sum_{m=1}^{\infty} q_m \sin\frac{m\pi x}{a} \tag{3-77}$$

式中，q_m 为待定系数，可根据三角函数的正交性条件求得

$$q_m = \frac{2}{a}\int_0^a q(x, y)\sin\frac{m\pi x}{a}\,\mathrm{d}x \tag{3-78}$$

将式(3-76)、式(3-77)代入式(3-57)，得

$$\frac{\mathrm{d}^4 k_m}{\mathrm{d}y^4} - 2\left(\frac{m\pi}{a}\right)^2 \frac{\mathrm{d}^2 k_m}{\mathrm{d}y^2} + \left(\frac{m\pi}{a}\right)^4 k_m = \frac{q_m}{D} \tag{3-79}$$

从式(3-79)解出 k_m，再代入式(3-76)，可求得特解 w^*，从而可确定挠度方程的解 w。

3. 运用叠加原理解各种边缘支承情况的矩形板

除上述边缘支承情况外，许多其他边缘支承情况下矩形板的弯曲问题均可以采用叠加法求解。

例如，对于周边固支受均布载荷的矩形板，如图 3-23 所示。

首先运用莱维解法，求得沿边缘承受分布力矩的矩形板的解；然后运用叠加原理，将这个解叠加上均布载荷作用下四边简支板的解。边缘力矩大小的选择应使叠加结果的解满足所给边界条件。这里不作具体的推导，仅列出其结果，详细内容可参阅有关专著。

最大挠度发生在板中心($x=0$，$y=0$)处，即

$$w_{\max} = (w)_{\substack{x=0 \\ y=0}} = \alpha \frac{q_0 a^4}{D}$$

最大弯矩发生在板的长边中央($x=a/2$，$y=0$)处，即

$$M_{\max} = (M)_{\substack{x=a/2 \\ y=0}} = \beta q_0 a^4$$

式中，α 和 β 的数值列于表 3-2。

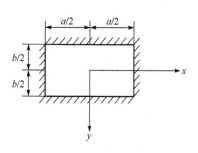

图 3-23　周边固支板

表 3-2　周边固支均布载荷矩形板的数值因子 α 和 β

b/a	1.0	1.1	1.2	1.3	1.4	1.5	1.6	1.7	1.8	1.9	2.0	∞
α	0.00126	0.00150	0.00172	0.00191	0.00207	0.00220	0.00230	0.00238	0.00245	0.00249	0.00254	0.00260
β	0.0513	0.0581	0.0639	0.0687	0.0726	0.0757	0.0780	0.0799	0.0812	0.0822	0.0829	0.0833

思　考　题

3-1　什么是板的厚度和中面？如何区分薄膜、薄板和厚板？

3-2　什么是薄板的挠度和弹性曲面？薄板在横向载荷作用下其力学特征和变形特点是什么？试比较在相同载荷作用下板与壳有何不同。

3-3　研究大挠度薄板和小挠度薄板在横向载荷作用下的内力问题应采用什么理论？二者有何不同？

3-4　在薄板小挠度弯曲理论中采用了哪些基本假设？这些假设各说明了什么问题？

3-5　受横向均布载荷圆板的小挠度弯曲问题中，为什么既无薄膜力和弯矩，又无横向剪力？

3-6　如何建立圆板轴对称弯曲问题的基本方程？求解圆板轴对称弯曲问题的基本方程常采用什么方法？

3-7　试比较受横向均布载荷作用的圆板，在周边固支和周边简支情况下，最大弯曲应力和最大挠度的大小与位置。

3-8　提高受横向载荷作用的圆板承载能力的有效措施有哪些？

3-9　应用叠加法求受轴对称载荷作用环板的挠度和应力有哪些限制？

3-10　简支和固支边界条件的含义是什么？试写出图 3-24 所示各题的边界条件。

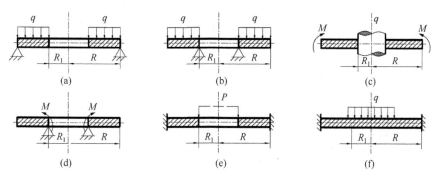

图 3-24　思考题 3-10 图

习　　题

3-1　试求沿同心圆均布、单位长度上强度为 q 的集中力作用下的圆板(图 3-25)的应力表达式。

3-2　试求中心部分($0 \leqslant r \leqslant R_c$)受均布横向载荷 q 作用的圆板(图 3-26)的应力表达式。

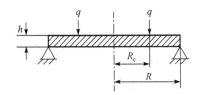

图 3-25　习题 3-1 图　　　　　　　　　　　　　图 3-26　习题 3-2 图

3-3　有一周边刚性固定的圆平板,半径 $R = 500\text{mm}$,板厚 $S = 38\text{mm}$,板表面作用均布横向载荷 $q = 3\text{MPa}$。试求板的最大挠度和最大应力。

3-4　习题 3-3 改为周边简支的圆平板,试求板的最大挠度和最大应力,并将计算结果与习题 3-3 作比较。

3-5　试导出外周边简支、内边缘受均布剪力及弯矩作用的环板的挠度和应力表达式。

3-6　有一外周边简支环板(图 3-27),内半径 $R_1 = 100\text{mm}$,外半径 $R = 500\text{mm}$,板厚 $S = 8\text{mm}$,环板上受横向均布载荷 $q = 0.4\text{MPa}$。试求环板内边缘处的挠度和半径 $r = 200\text{mm}$ 处的应力值。弹性模量 $E = 200\text{GPa}$,泊松系数 $u = 0.3$。

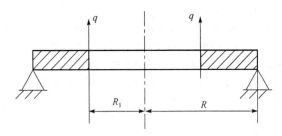

图 3-27　习题 3-6 图

第4章

旋转薄壳理论

工程结构中经常遇到一种薄壁曲面空间结构,即所谓的壳体结构,如压力容器筒体、储罐、换热器等。这种壳体结构所用的材料不多,却有较大的承载能力,因此应用比较广泛。

壳体承载能力强的原因可作如下分析:壳体和平板相比,在同样的横向载荷作用下弯曲时,平板中以弯矩为主,而壳体中以面力为主,因此壳体结构的承载能力远远大于平板结构。作为三维空间的立体结构,板与壳的结构特点是有一个方向的尺寸较其他两个方向的尺寸小得多,两个大尺寸方向形成平面的是平板,形成曲面的是壳。

4.1 基 本 概 念

在工程中,壳体是以两个曲面为界且曲面之间的距离比其他尺寸小的物体。简单地说,被两个曲面所限的物体称为壳体。两曲面之间的距离称为壳体的厚度。等分壳体各点厚度的几何曲面称为壳体的中面。因此,当已知壳体的中面几何性质及厚度的变化规律,壳体的几何形状和尺寸就可以确定了。

研究壳体时,常把壳体的厚度与中面的曲率半径相比,从而将壳体分为薄壳与厚壳。薄壳是指厚度远小于中面最小曲率半径的壳体。工程上用壳体外半径与内半径的比值 K 来限定,$K \leqslant 1.2$ 称为薄壳,$K > 1.2$ 称为厚壳。化工压力容器通常是轴对称的,所谓轴对称即壳体的几何形状、约束条件和所受外力都是对称于某一轴。

4.1.1 旋转壳体及其几何概念

1. 旋转壳体

旋转壳体指以任意直线或平面曲线作母线,绕其同平面内的轴线旋转一周而成的旋转曲面。平面曲线不同,得到的旋转壳体的形状也不同。例如,与轴线平行的直线绕轴旋转形成圆柱壳,与轴线相交的直线绕轴旋转形成圆锥壳,半圆形曲线绕轴旋转形成球壳,如图 4-1 所示。

2. 旋转壳体的几何概念

图 4-2 表示一般旋转壳体的中面,它是由平面曲线 OAA' 绕同平面内的 OO' 轴旋转而

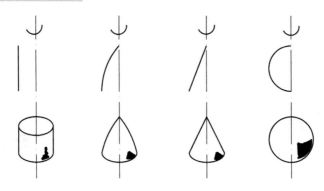

图 4-1   一般旋转壳体

成的。曲线 OAA' 称为母线。母线绕轴旋转时的任意位置如 OBB' 称为经线，显然，经线与母线的形状是完全相同的。经线的位置可以由以母线平面 $OAA'O'$ 为基准，绕轴旋转 θ 角度来确定。

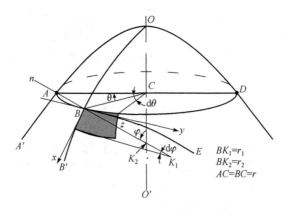

图 4-2   旋转壳体的几何特性

通过经线上任意一点 B 且垂直于中面的直线称为中面在该点的法线(n)。过 B 点作垂直于旋转轴的平面与中面相割形成的圆称为平行圆，如圆 ABD。平行圆的位置可由中面的法线与旋转轴的夹角 φ 确定(当经线为一直线时，平行圆的位置可由离直线上某一给定点的距离确定)。

中面上任一点 B 处经线的曲率半径为该点的第一曲率半径 r_1，即 $r_1 = BK_1$。通过经线上任一点 B 的法线作垂直于经线的平面，与中面相割形成曲线 BE，此曲线在 B 点处的曲率半径称为该点的第二曲率半径 r_2。第二曲率半径的中心 K_2 落在回转轴上，其长度等于法线段 BK_2，即 $r_2 = BK_2$。

通过 B 点的平行圆与曲线 BE 相切，在 B 点处有公切线，定公切线的方向为坐标 y 轴的方向，x 轴为经向方向。根据微分几何学，两个曲率半径有以下关系(图 4-3)：

(1) r_1、r_2 都在中面的法线上，r_2 的中心必在对称轴上。

(2) r_1 可由经线的方程式导出。r_2 与平行圆半径 r 有如下关系：

$$r = r_2 \sin\varphi \tag{4-1}$$

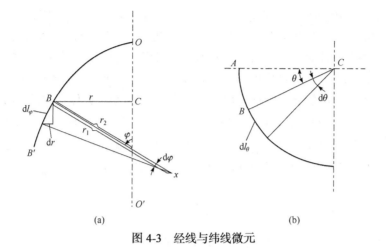

图 4-3　经线与纬线微元

(3) 经线与纬线的长度 $\mathrm{d}l_\varphi$、$\mathrm{d}l_\theta$ 可表示为

$$\mathrm{d}l_\varphi = r_1\mathrm{d}\varphi , \quad \mathrm{d}l_\theta = r\mathrm{d}\theta \tag{4-2}$$

所以

$$\mathrm{d}r = \mathrm{d}l_\varphi \cos\varphi , \quad \frac{\mathrm{d}r}{\mathrm{d}\varphi} = r_1\cos\varphi \tag{4-3}$$

3. 基本假设

研究壳体的目的在于了解壳体在外载荷作用下的应力、变形和稳定性等问题。为此，对壳体作如下假设：

(1) 壳体的材料是各向同性的，即材料在各个方向有相同的物理性质。

(2) 壳体的材料是弹性的，即材料满足应力与应变间的线性关系(胡克定律)。

(3) 小位移或小挠度假设——壳体受力后，各点的线位移与其厚度相比要小得多。

(4) 直线法假设——壳体在变形前垂直于中面的直线段在变形后仍然保持为直线，并且垂直于变形后的中面，且假设壳体的厚度不变。

(5) 不挤压假设——壳体各层纤维在变形前后均互不挤压。

后三点假设为壳体的变形假设。

4.1.2　外力与内力

1. 外力

化工容器薄壳主要承受外力为分布面力，如气体压力、液体压力等；体积力，如重力、惯性力等，可以转化作为分布面力。由于研究的是轴对称问题，外力不随坐标 θ 变化，仅是 φ 的函数。

2. 内力

薄壳在外力作用下所产生的内力与平板的内力相同，可分为两类：弯曲力和薄膜力。

弯曲力使壳体产生弯曲变形，薄膜力使壳体中面产生变形。与薄板不同的是，即使是小挠度问题，一般也需考虑这两种力。只有在特定条件下，如壳体极薄以及没有使壳体产生弯曲变形的外在条件时，才能略去弯曲力，只考虑一种内力。

在轴对称情况下分析壳体中的内力。在壳体中任意一点沿两个经线截面和沿两个以第二曲率半径为母线的旋转法线面取出一个微小六面体(小单元体)，由于内力的对称性，在小单元体上的正应力有 σ_φ 和 σ_θ，剪应力有 $\tau_{\varphi z}$，如图 4-4 所示。由直线法假设可知，σ_φ 和 σ_θ 沿壁厚是线性分布的。$\tau_{\varphi z}$ 与梁的弯曲相似，沿壁厚方向的分布为二次抛物线(推导略)。由于各应力沿壳体厚度的分布已知，可以合并成内力素 N_φ、N_θ、M_φ、M_θ 和 Q_φ。

$$\sigma_\varphi = \frac{N_\varphi}{S} \pm \frac{12M_\varphi}{S^3}z$$

$$\sigma_\theta = \frac{N_\theta}{S} \pm \frac{12M_\theta}{S^3}z$$

$$\tau_{\varphi z} = \frac{3Q_\varphi}{2S}\left(1 - \frac{4z^2}{S^2}\right)$$

式中，N_φ 为垂直于旋转法截面沿 θ 方向单位长度上的经向力，拉为正，压为负；N_θ 为垂直于经线平面沿 φ 方向单位长度上的周向力，拉为正，压为负；M_φ 为在旋转法截面上沿 θ 方向单位长度上的经向弯矩，使截面向壳体外侧旋转为正，反之为负；M_θ 为在经线平面上沿 φ 方向单位长度上的周向弯矩，正、负号规定同 M_φ；Q_φ 为在旋转法截面上沿 θ 方向单位长度上的横剪力，当旋转法截面的法线指向坐标 φ 的正向时，Q_φ 指向坐标 z 的正向时为正，当同时指向反向时，Q_φ 亦为正，若其中之一指向反向时，Q_φ 为负。

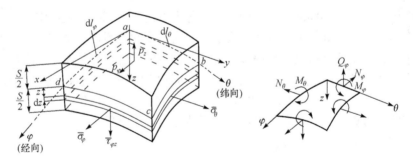

图 4-4　壳体的微小六面体

由弯矩引起的应力在内、外壁为最大(一侧受拉，一侧受压)，将 $z = \pm\dfrac{S}{2}$ 代入上述应力表达式，得

$$\left.\begin{aligned}\sigma_\varphi &= \frac{N_\varphi}{S} \pm \frac{6M_\varphi}{S^2} \\ \sigma_\theta &= \frac{N_\theta}{S} \pm \frac{6M_\theta}{S^2}\end{aligned}\right\} \tag{4-4}$$

由于横剪力引起的剪应力 $\tau_{\varphi z}$ 比正应力小得多，在强度计算中一般不予考虑。

4.2　旋转薄壳的无力矩理论

对求解承受轴对称载荷的旋转薄壳一般有两种理论。

(1) 无力矩理论，也称薄膜理论：它假设壁厚与直径相比很小，薄壳像薄膜一样只能承受拉应力和压应力，完全不能承受弯矩和弯曲应力。即在薄壳的内力素中忽略弯矩，这种按无力矩理论所得到的应力称为薄膜应力。它是设计压力容器的基础。

(2) 有力矩理论，也称弯曲理论：认为壳体虽然很薄，但仍有一定的厚度，有一定的刚度，因而壳体中除拉应力和压应力外，还存在弯矩和弯曲应力。

在工程实际中，理想的薄壁壳体是不存在的。因为即使壳壁很薄，壳体中还会或多或少地存在一些弯曲应力，所以无力矩理论有其近似性和局限性。如图 4-5 所示的容器，在容器的基本部分 1、2、3 部分可用薄膜解，4、5 部分必须考虑弯矩的作用。但由于弯曲应力一般很小，若略去不计，其误差在工程计算的允许范围内而计算方法能大大简化，因此工程计算中经常采用。

4.2.1　无力矩理论的基本方程

忽略内力矩后的微小单元体受力如图 4-6 所示。图中 p_φ、p_z 分别是沿经线、法线方向单位面积上的轴对称分布外力。

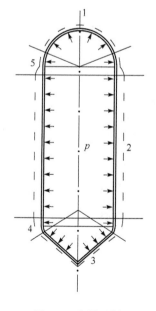

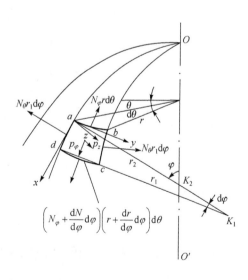

图 4-5　容器示例　　　　　　　　　图 4-6　微小单元体受力

1. 沿微小单元体法线方向力的平衡 $\sum F_z = 0$

(1) 周向力 N_θ 在平行圆方向的投影。

由图 4-7(a)可见，在 ad、bc 面上作用有 $N_\theta r_1 \mathrm{d}\varphi$，它在平行圆方向的投影为

$$N_\theta r_1 \mathrm{d}\varphi \sin\frac{\mathrm{d}\theta}{2} + N_\theta r_1 \mathrm{d}\varphi \sin\frac{\mathrm{d}\theta}{2} = 2N_\theta r_1 \mathrm{d}\varphi \sin\frac{\mathrm{d}\theta}{2}$$

因为 $\mathrm{d}\theta$ 是小角度，所以 $\sin\dfrac{\mathrm{d}\theta}{2} \approx \dfrac{\mathrm{d}\theta}{2}$。代入上式，得到 N_θ 在平行圆方向的投影为

$$2N_\theta r_1 \mathrm{d}\varphi \frac{\mathrm{d}\theta}{2} = N_\theta r_1 \mathrm{d}\varphi \mathrm{d}\theta$$

$N_\theta r_1 \mathrm{d}\varphi \mathrm{d}\theta$ 在法线方向的投影[图 4-7(b)]为 $N_\theta r_1 \mathrm{d}\varphi \mathrm{d}\theta \sin\varphi$。

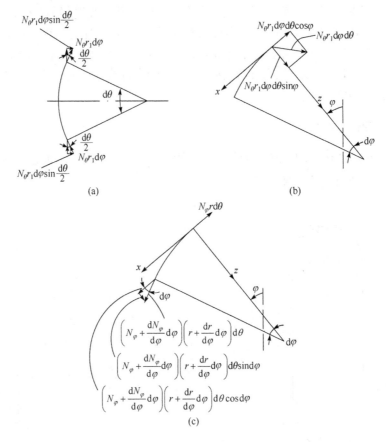

(a)　　　　　　　　　　(b)

(c)

图 4-7　力的平衡

(2) 经向力 N_φ 在法线方向的投影[图 4-7(c)]为

$$\left(N_\varphi + \frac{\mathrm{d}N_\varphi}{\mathrm{d}\varphi}\mathrm{d}\varphi\right)\left(r + \frac{\mathrm{d}r}{\mathrm{d}\varphi}\mathrm{d}\varphi\right)\mathrm{d}\theta \sin\mathrm{d}\varphi$$

因为 $\mathrm{d}\varphi$ 是小角度，$\sin\mathrm{d}\varphi \approx \mathrm{d}\varphi$ 并略去高阶微量，且应用关系 $r = r_2\sin\varphi$ 得

$$N_\theta r_2 \sin\varphi \mathrm{d}\varphi \mathrm{d}\theta$$

(3) 外载在法线方向的投影为

$$p_z r_1 \mathrm{d}\varphi \, r\mathrm{d}\theta$$

由 $r = r_2 \sin\varphi$ 得

$$p_z r_1 r_2 \sin\varphi \mathrm{d}\varphi \mathrm{d}\theta$$

以上各项代入 $\sum F_z = 0$，并注意所有分力的方向，得

$$N_\theta r_1 \sin\varphi \mathrm{d}\varphi \mathrm{d}\theta + N_\varphi r_2 \sin\varphi \mathrm{d}\varphi \mathrm{d}\theta - p_z r_1 r_2 \sin\varphi \mathrm{d}\varphi \mathrm{d}\theta = 0$$

各项同除以 $r_1 r_2 \sin\varphi \mathrm{d}\varphi \mathrm{d}\theta$，得

$$\frac{N_\varphi}{r_1} + \frac{N_\theta}{r_2} = p_z \tag{4-5}$$

2. 沿微小单元体经线方向力的平衡 $\sum F_x = 0$

(1) 周向力 N_θ 在经线方向的投影。

由图 4-7(b)可见，作用在 ad、bc 面上的力 $N_\theta r_1 \mathrm{d}\varphi$ 沿平行圆半径方向的合力为 $N_\theta r_1 \mathrm{d}\varphi \mathrm{d}\theta$。这个力在经线方向即 x 轴方向的投影为 $N_\theta r_1 \mathrm{d}\varphi \mathrm{d}\theta \cos\varphi$。

(2) 经向力 N_φ 在经线方向的投影。

由图 4-7(c)

$$\left(N_\varphi + \frac{\mathrm{d}N_\varphi}{\mathrm{d}\varphi}\mathrm{d}\varphi \right)\left(r + \frac{\mathrm{d}r}{\mathrm{d}\varphi}\mathrm{d}\varphi \right)\mathrm{d}\theta \cos\mathrm{d}\varphi - N_\varphi r\mathrm{d}\theta$$

略去高阶微量，且取 $\cos\mathrm{d}\varphi \approx 1$，上式变为

$$N_\varphi \frac{\mathrm{d}r}{\mathrm{d}\varphi}\mathrm{d}\varphi \mathrm{d}\theta + r\frac{\mathrm{d}N_\varphi}{\mathrm{d}\varphi}\mathrm{d}\varphi \mathrm{d}\theta = \frac{\mathrm{d}}{\mathrm{d}\varphi}\left(N_\varphi r \right)\mathrm{d}\varphi \mathrm{d}\theta$$

(3) 外载在经线方向的投影:

$$p_\varphi r_1 \mathrm{d}\varphi \, r\mathrm{d}\theta$$

以上各项代入 $\sum F_x = 0$，并注意所有分力的方向，得

$$\frac{\mathrm{d}}{\mathrm{d}\varphi}\left(N_\varphi r \right)\mathrm{d}\varphi \mathrm{d}\theta - N_\theta r_1 \cos\varphi \mathrm{d}\varphi \mathrm{d}\theta + p_\varphi r_1 r\mathrm{d}\varphi \mathrm{d}\theta = 0$$

$$\frac{\mathrm{d}}{\mathrm{d}\varphi}\left(N_\varphi r \right) - N_\theta r_1 \cos\varphi + p_\varphi r_1 r = 0 \tag{4-6}$$

在平衡方程式(4-5)、式(4-6)中，包含两个未知量 N_φ 和 N_θ，两个方程解两个未知量，所以这是静定问题。

为了计算方便，将式(4-6)进行变换:

由式(4-5)

$$N_\theta = r_2 p_z - \frac{r_2}{r_1} N_\varphi$$

代入式(4-6)

$$\frac{\mathrm{d}}{\mathrm{d}\varphi}\left(N_\varphi r\right) - \left(r_2 p_z - \frac{r_2}{r_1} N_\varphi\right) r_1 \cos\varphi + p_\varphi r_1 r = 0$$

方程两边各乘以 $\sin\varphi$ ，并将式(4-1)代入，得

$$\sin\varphi\frac{\mathrm{d}}{\mathrm{d}\varphi}\left(N_\varphi r\right) + r N_\varphi \cos\varphi + r r_1\left(p_\varphi \sin\varphi - p_z \cos\varphi\right) = 0$$

根据微分法，有

$$\frac{\mathrm{d}}{\mathrm{d}\varphi}\left(N_\varphi r \sin\varphi\right) = \frac{\mathrm{d}}{\mathrm{d}\varphi}\left(N_\varphi r\right)\sin\varphi + N_\varphi r \cos\varphi$$

代入上式，于是得

$$\frac{\mathrm{d}}{\mathrm{d}\varphi}\left(N_\varphi r \sin\varphi\right) + r r_1\left(p_\varphi \sin\varphi - p_z \cos\varphi\right) = 0$$

将此式积分得

$$N_\varphi r \sin\varphi = -\int r r_1\left(p_\varphi \sin\varphi - p_z \cos\varphi\right)\mathrm{d}\varphi + C \tag{4-7}$$

式中，C 为积分常数，由边界条件决定。

由式(4-7)求出 N_φ ，代入式(4-5)即可求出 N_θ 。无力矩理论的两个内力素全部解出，所以式(4-5)和式(4-7)是薄壳轴对称问题无力矩理论的基本方程。

若将式(4-7)各项乘以 2π ，则

$$2\pi N_\varphi \sin\varphi = -2\pi\int r r_1\left(p_\varphi \sin\varphi - p_z \cos\varphi\right)\mathrm{d}\varphi + 2\pi C \tag{4-8}$$

式(4-8)具有简单的物理含义，等式左边为作用在相当于 φ 角的纬线圈上的全部沿旋转轴方向的内力合力；等式右边第一项为作用在壳体 φ 角以上的全部外载荷沿旋转轴方向的分量，第二项是集中载荷沿旋转轴方向的分量。因此，方程式(4-8)表示部分壳体沿旋转轴方向的平衡方程，也称区域平衡方程。

显然，若壳体上无集中载荷作用，如图 4-8(a)、(b)所示，则 $C=0$ 。若有集中载荷作

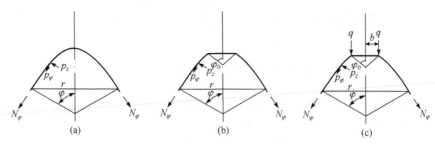

图 4-8   区域平衡方程示意图

用，如壳顶开孔，且沿孔边作用有载荷 $q(q$ 为沿孔边单位长度上的载荷)，如图 4-8(c)所示，则 $2\pi C = -2\pi bq$。

4.2.2 无力矩理论的应用

1. 受气体压力作用

气体压力垂直于壳壁表面，且处处相等。当所受的气体压力为内压时，则

$$p_z = p = 常数 ， \quad p_\varphi = 0$$

由式(4-8)

$$2\pi r N_\varphi \sin\varphi = 2\pi \int r r_1 p \cos\varphi \mathrm{d}\varphi + 2\pi C$$

若壳体无集中载荷作用，则 $C = 0$，而 $\dfrac{\mathrm{d}r}{\mathrm{d}\varphi} = r_1 \cos\varphi$，则上式可写为

$$2\pi r N_\varphi \sin\varphi = 2\pi \int pr\mathrm{d}r = \pi pr^2 \tag{4-9}$$

式(4-9)表明：无论壳体形状如何，只要承受均匀内压，对于截出的部分壳体，其外载沿旋转轴分量的总和等于压力 p 和壳体投影面积 πr^2 的乘积。

将 $r = r_2 \sin\varphi$ 代入式(4-9)，可得

$$N_\varphi = \frac{pr_2}{2} \tag{4-10}$$

将式(4-10)代入式(4-5)得

$$N_\theta = r_2\left(p - \frac{N_\varphi}{r_1}\right) = N_\varphi\left(2 - \frac{r_2}{r_1}\right) \tag{4-11}$$

由式(4-10)、式(4-11)可见，只要知道壳体的几何尺寸 r_1、r_2，就能算出薄膜力 N_φ、N_θ，进而可以得到薄膜应力：

$$\left.\begin{aligned} \sigma_\varphi &= \frac{N_\varphi}{S} = \frac{pr_2}{2S} \\ \sigma_\theta &= \frac{N_\theta}{S} = \frac{pr_2}{2S}\left(2 - \frac{r_2}{r_1}\right) \end{aligned}\right\} \tag{4-12}$$

1) 球形壳体

球形壳体(图 4-9)的 $r_1 = r_2 = R$，代入式(4-12)得

$$\sigma_\varphi = \sigma_\theta = \frac{pR}{2S} \tag{4-13}$$

2) 圆筒形壳体

圆筒形壳体(图 4-10)的第一曲率半径 $r_1 = \infty$，第二曲率半径 $r_2 = R$，代入式(4-12)得

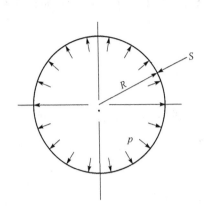

图 4-9 球形壳体

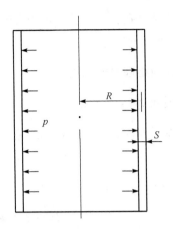

图 4-10 圆筒形壳体

$$\left.\begin{array}{l} \sigma_{\varphi} = \dfrac{pR}{2S} \\[3mm] \sigma_{\theta} = \dfrac{pR}{S} \end{array}\right\} \qquad (4\text{-}14)$$

由式(4-14)可见，圆筒形壳体的周向应力是经向应力的 2 倍。比较式(4-13)和式(4-14)可知，在直径与内压相同的情况下，球形壳体内的应力仅是圆筒形壳体环向应力的一半，按强度理论，球形壳体的壁厚可以比圆筒容器壁厚薄。当容器容积相同时，球表面积最小，故大型储罐制成球形较为经济。

3) 圆锥形壳体

图 4-11 所示为圆锥形壳体，半锥角为 α ，A 点处半径为 r，壁厚为 S，则在 A 点处

$$r_1 = \infty , \quad r_2 = \frac{r}{\cos \alpha}$$

代入式(4-3)、式(4-4)可得 A 点处的应力

$$\sigma_{\varphi} = \frac{pr}{2S \cos \alpha}$$

$$\sigma_{\theta} = \frac{pr}{S \cos \alpha} \qquad (4\text{-}15)$$

由式(4-15)可知，圆锥形壳体的周向应力是经向应力的 2 倍，与圆筒形壳体相同。圆锥形壳体的应力随半锥角 α 的增大而增大，当 α 角很小时，其应力值接近圆筒形壳体的应力值。因此，在设计制造圆锥形容器时，α 角要选择合适，不宜太大。同时可以看出，σ_{φ}、σ_{θ} 随 r 改变，在圆锥形壳体大端处应力最大，在锥顶处应力为零，因此一般在锥顶开孔。

4) 椭圆形壳体

椭圆形壳体(图 4-12)的经线为椭圆，设其经线方程为

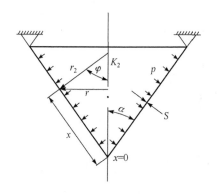

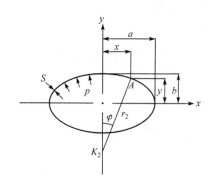

图 4-11　圆锥形壳体　　　　　　　　　　图 4-12　椭圆形壳体

$$\frac{x^2}{a^2}+\frac{y^2}{b^2}=1$$

式中，a、b 分别为椭圆的长轴、短轴半径。由此方程可得第一曲率半径为

$$r_1=\frac{\left[1+\left(\dfrac{\mathrm{d}y}{\mathrm{d}x}\right)^2\right]^{3/2}}{\dfrac{\mathrm{d}^2y}{\mathrm{d}x^2}}=\frac{[a^4-x^2(a^2-b^2)]^{3/2}}{a^4b}$$

如图 4-12 所示，第二曲率半径为

$$r_2=\frac{x}{\sin\varphi}=\frac{x}{\tan\varphi/\sqrt{1+\tan^2\varphi}}=\frac{x}{\dfrac{\mathrm{d}y}{\mathrm{d}x}\left[1+\left(\dfrac{\mathrm{d}y}{\mathrm{d}x}\right)^2\right]^{-1/2}}=\frac{[a^4-x^2(a^2-b^2)]^{1/2}}{b}$$

为了讨论方便，以 φ 为变量表示第一曲率半径和第二曲率半径。在 r_2 的表达式中，将 $x=r_2\sin\varphi$ 代入，经简化得

$$r_2=\frac{a^2}{\sqrt{(a^2-b^2)\sin^2\varphi+b^2}}$$

若令 $m=\dfrac{a}{b}$

$$\psi=\frac{1}{\sqrt{(m^2-1)\sin^2\varphi+1}} \tag{4-16}$$

则

$$r_2=am\psi$$

因而

$$[a^4-x^2(a^2-b^2)]^{1/2}=br_2=abm\psi$$

将此式代入 r_1 中，则

$$r_1 = am\psi^3$$

所以以 φ 为变量表示的椭圆形壳体的曲率半径为

$$\left.\begin{array}{l} r_1 = am\psi^3 \\ r_2 = am\psi \end{array}\right\} \tag{4-17}$$

将式(4-17)代入式(4-12)，可得应力计算式

$$\left.\begin{array}{l} \sigma_\varphi = \dfrac{pma}{2S}\psi \\[3mm] \sigma_\theta = \dfrac{pma}{2S}\psi\left(2 - \dfrac{1}{\psi^2}\right) \end{array}\right\} \tag{4-18}$$

椭圆形壳体的几个特殊点的应力：

(1) 椭圆形壳体顶点处($\varphi = 0, x = 0$)。当 $\varphi = 0$ 时，$\sin\varphi = 0$，代入式(4-16)得

$$\psi = 1$$

代入式(4-18)得

$$\sigma_\varphi = \sigma_\theta = \frac{pma}{2S}$$

(2) 椭圆形壳体赤道处$\left(\varphi = \dfrac{\pi}{2}, x = a\right)$。当 $\varphi = \dfrac{\pi}{2}$ 时，$\sin\varphi = 1$、$\psi = \dfrac{1}{m}$，代入式(4-18)得

$$\sigma_\varphi = \frac{pa}{2S}$$

$$\sigma_\theta = \frac{pa}{2S}(2 - m^2)$$

(3) 椭圆形壳体周向应力 $\sigma_\theta = 0$ 处。当 $\sigma_\theta = \dfrac{pma}{2S}\psi\left(2 - \dfrac{1}{\psi^2}\right) = 0$ 时，则

$$\psi = \frac{1}{\sqrt{2}}, \quad \sin\varphi = \frac{1}{\sqrt{m^2 - 1}}$$

可得

$$\sigma_\varphi = \frac{pma}{2\sqrt{2}S}, \quad \sigma_\theta = 0$$

在 $\sin\varphi = \dfrac{1}{\sqrt{m^2 - 1}}$ 式中，由于 $\sin\varphi \leqslant 1$，故只有当 $m \geqslant \sqrt{2}$ 时，椭圆形壳体中才会出现周向应力 $\sigma_\theta = 0$ 的点。若 $m < \sqrt{2}$，则椭圆形壳体中各处均为拉应力。

当椭圆形壳体的 $m = \dfrac{a}{b} = 1, \sqrt{2}, 2, 3$ 时，椭圆形壳体的应力分布如图 4-13 所示。由图 4-13 可见，在椭圆形壳体的顶点应力最大，经向应力与周向应力相等。当连续增加时，经向应

力逐渐减小，但仍为拉应力。当 $m \leqslant \sqrt{2}$ 时，周向应力不出现压应力[图 4-13(a)、(b)]，当 $m = \sqrt{2}$ 时，周向应力由拉应力变为 0，继续增大 m 值，周向应力则为压应力。最大压应力在椭圆形壳体的赤道处，且当 $m > \sqrt{2}$ 时，随 m 的增大迅速增大[图 4-13(c)、(d)]。

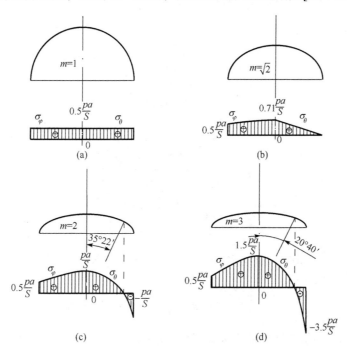

图 4-13 椭圆壳体的应力分布

5) 碟形壳体

碟形壳体(图 4-14)由两部分构成：以 R 为半径的球面(图 4-14 中的 a-a)、以 r_0 为半径的折边区(图 4-14 中 b-b)。在 a 点有公切线，r 为碟形壳体的半径，h 为碟形壳体的高度。由图 4-14 可知

$$r = r_0 + (R - r_0)\sin\varphi_0$$
$$h = R - (R - r_0)\cos\varphi_0$$

经整理变形后，可得如下关系：

$$\left.\begin{array}{l} \dfrac{r_0}{R} = \dfrac{h(2R - h) - r^2}{2R(R - r)} \\[3mm] \tan\varphi_0 = \dfrac{h^2 + 2R(r - h) - r^2}{2(R - h)(R - r)} \end{array}\right\} \tag{4-19}$$

当取定碟形壳体的半径 r、壳高 h 及球面部分的半径 R 后，折边部分的曲率半径 r_0 及球面部分的区域角 φ_0 就可由上述几何关系确定。

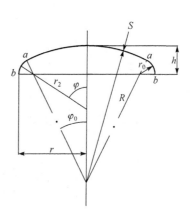

图 4-14 碟形壳体

碟形壳体的薄膜应力分别按球面部分和折边部分计算。

球面部分：

$$r_1 = r_2 = R , \quad \sigma_\varphi = \sigma_\theta = \frac{pR}{2S}$$

折边部分：

$$r_1 = r_0$$

$$r_2 = r_0 + \frac{(R - r_0)\sin\varphi_0}{\sin\varphi}$$

代入式(4-13)得

$$\left.\begin{array}{l} \sigma_\varphi = \dfrac{p}{2S}\left[r_0 + \dfrac{(R - r_0)\sin\varphi_0}{\sin\varphi} \right] \\[4mm] \sigma_\theta = \sigma_\varphi\left[1 - \dfrac{(R - r_0)\sin\varphi_0}{r_0\sin\varphi} \right] \end{array}\right\} \tag{4-20}$$

若取 $R = 2r$, $\dfrac{h}{r} = \dfrac{1}{2}$, 由几何关系算出

$$r_0 = \frac{3}{8}r , \quad \tan\varphi_0 = \frac{5}{12} , \quad \varphi_0 = 22.62°$$

将以上数据代入折边区的应力表达式(4-20)中：

当 $\varphi = \varphi_0$ 时

$$\sigma_\varphi = \frac{p}{2S}\left[\frac{3}{8}r + \left(2r - \frac{3}{8}r \right) \right] = \frac{pr}{S}$$

$$\sigma_\theta = \frac{pr}{S}\left[1 - \frac{2r - \dfrac{3}{8}r}{\dfrac{3}{8}r} \right] = -3.34\frac{pr}{S}$$

当 $\varphi = \dfrac{\pi}{2}$ 时

$$\sigma_\varphi = \frac{p}{2S}\left[\frac{3}{8}r + \frac{0.385\left(2r - \dfrac{3}{8}r \right)}{1} \right] = \frac{pr}{2S}$$

$$\sigma_\theta = \frac{pr}{2S}\left[1 - \frac{0.385\left(2r - \dfrac{3}{8}r \right)}{\dfrac{3}{8}r} \right] = -0.33\frac{pr}{S}$$

碟形壳体的应力分布情况如图 4-15 所示。由图可见，$\dfrac{h}{r}=\dfrac{1}{2}$ 的碟形壳与 $m=\dfrac{a}{b}=2$ 的椭圆壳在几何形状上相似，但二者的应力截然不同。碟形壳在公切点 a 处的应力，按球面计算时，其周向应力 $\sigma_\theta=\dfrac{pR}{2S}=\dfrac{pr}{S}$ ，若按折边区计算，则 $\sigma_\theta=-3.34\dfrac{pr}{S}$ 。在同一点出现不同的应力是不可能的，说明在壳体曲率有突变处用无力矩理论计算应力是不合适的。

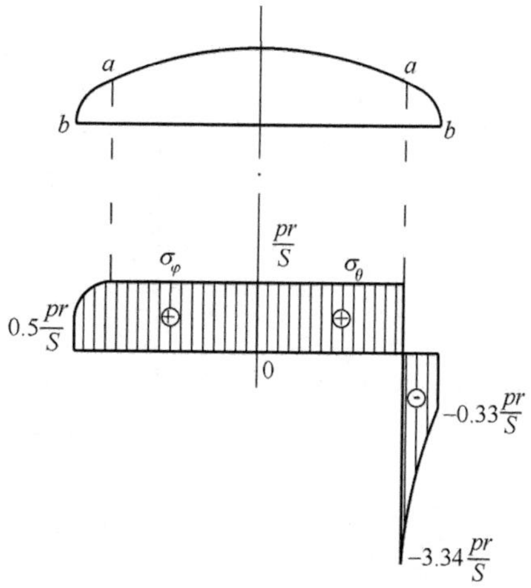

图 4-15　碟形壳体应力分布

2. 受液体压力作用

液体的压力垂直于壳壁（$p_\varphi=0$），各点的压力值随液体的深度而变，离液面越远，所受的液体静压越大。筒壁上任一点的压力值(不考虑气体压力)为

$$p_z=\rho gh$$

式中，ρ 为液体的压力；g 为重力加速度；h 为距液面的深度。当壳体的对称轴垂直于地面时，液体的压力是轴对称载荷。在轴对称条件下，由式(4-8)得

$$2\pi rN_\varphi\sin\varphi=2\pi\int rr_1\rho gh\cos\varphi\,\mathrm{d}\varphi+2\pi C$$

代入式(4-5)，可得

$$\left.\begin{aligned}N_\varphi&=\frac{2\pi\int r_2r_1\rho gh\sin\varphi\cos\varphi\,\mathrm{d}\varphi+2\pi C}{r_2\sin^2\varphi}\\N_\theta&=r_2\left(p_z-\frac{N_\varphi}{r_1}\right)=\rho ghr_2-\frac{r_2}{r_1}N_\varphi\end{aligned}\right\}\tag{4-21}$$

1) 直立圆筒形壳体
直立圆筒形壳体(图 4-16)有

$$r_1=\infty,\quad r_2=R$$
$$\varphi=\frac{\pi}{2},\quad \cos\varphi=0$$

所以

$$\int hr_1r_2\sin\varphi\cos\varphi\,\mathrm{d}\varphi=0$$

在支座以上部分，边界上无集中载荷作用，故 $C=0$，代入式(4-21)，得

$$N_\varphi=0$$
$$N_\theta=\rho ghR$$

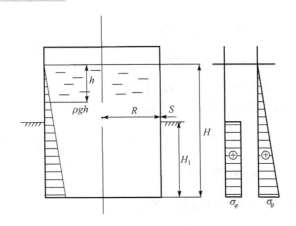

图 4-16　承受液压直立圆筒形壳体

在支座以下部分，存在支座反力 $\pi R^2 H \rho g$，此即边界上的集中载荷，故

$$2\pi C = \pi R^2 H \rho g$$

$$C = \frac{R^2 H \rho g}{2}$$

将 C 值代入式(4-21)，并除以壁厚，得

$$\sigma_\varphi = \frac{N_\varphi}{S} = \frac{\dfrac{R^2 H \rho g}{2}}{RS} = \frac{\rho g H R}{2S}$$

$$\sigma_\theta = \frac{N_\theta}{S} = \frac{\rho g h R}{S}$$

2) 球形壳体

球形壳体(具有裙式支座的球壳，图 4-17)沿 $\varphi = \varphi_0$ 的平行圆支承，球壳的 $r_1 = r_2 = R$，壳内充满液体。在球壳任一点 M 处，液柱高度为

$$h = R(1 - \cos\varphi)$$

因此　　　　　　　　　　$$p_z = \rho g h = \rho g R(1 - \cos\varphi)$$

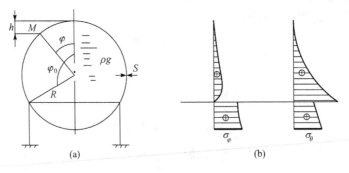

图 4-17　沿平行圆支承的球形壳体

液压沿旋转轴方向的分量总和为

$$\rho g \int_0^{\varphi} h r_1 r_2 \sin\varphi \cos\varphi \mathrm{d}\varphi = \rho g \int_0^{\varphi} R^3 (1 - \cos\varphi) \sin\varphi \cos\varphi \mathrm{d}\varphi$$

$$= \rho g R^3 \left[\frac{1}{6} - \frac{1}{2} \left(1 - \frac{2}{3}\cos\varphi \right) \cos^2\varphi \right]$$

在支座以上部分，无集中载荷，所以 $C = 0$。将以上结果代入式(4-21)并除以壁厚，得应力表达式为

$$\sigma_{\varphi} = \frac{N_{\varphi}}{S} = \frac{\rho g R^3 \left[\frac{1}{6} - \frac{1}{2} \left(1 - \frac{2}{3}\cos\varphi \right) \cos^2\varphi \right]}{RS\sin^2\varphi} = \frac{\rho g R^2}{6S} \left(1 - \frac{2\cos^2\varphi}{1 + \cos\varphi} \right)$$

$$\sigma_{\theta} = \frac{N_{\theta}}{S} = \frac{\rho g R^2}{S}(1 - \cos\varphi) - \sigma_{\varphi} = \frac{\rho g R^2}{6S} \left(5 - 6\cos\varphi + \frac{2\cos^2\varphi}{1 + \cos\varphi} \right)$$

在支座以下部分有支座反力，其值为液体总重(略去壳壁的重力)，其表达式为 $\frac{4}{3}\pi R^3 \rho g$，所以

$$C = \frac{\frac{4}{3}\pi R^3 \rho g}{2\pi} = \frac{2}{3} R^3 \rho g$$

将以上结果代入式(4-21)并除以壁厚，得支座以下部分的应力表达式为

$$\sigma_{\varphi} = \frac{\rho g R^3 \left[\frac{1}{6} - \frac{1}{2} \left(1 - \frac{2}{3}\cos\varphi \right) \cos^2\varphi \right] + \frac{2}{3} R^3 \rho g}{SR\sin^2\varphi} = \frac{\rho g R^2}{6S} \left(5 + \frac{2\cos^2\varphi}{1 - \cos\varphi} \right)$$

$$\sigma_{\theta} = \frac{\rho g R^2}{6S} \left(1 - 6\cos\varphi - \frac{2\cos^2\varphi}{1 - \cos\varphi} \right)$$

应力沿壳高的变化如图 4-17(b)所示。由图可见，无论是经向应力还是周向应力，其在支座处都发生突变。薄膜应力发生突变，变形也必然突变，但实际上变形总是连续而互相协调的，因此，在支座附近采用忽略内力矩的无力矩理论是不相宜的。

4.2.3　无力矩理论的应用范围

忽略内力矩的无力矩理论是一种只有拉压应力、没有弯曲应力的两向应力状态，只有对没有(或不大的)弯曲变形情况下的轴对称回转壳体，结论才是正确的。因此，它的适用范围除满足轴对称薄壁条件外，还需满足：

(1) 壳体的厚度无突变，曲率半径是连续变化的。

(2) 壳体上不能有集中载荷或突变的分布载荷。

(3) 壳体边界不受法向力和力矩的作用。

(4) 壳体边界上的法向位移和转角不受限制。

显然，实际结构中能完全满足上述条件的很少。例如，任何化工容器都有支座，在支座

附近必有载荷的突变，在此处不能应用无力矩理论。但远离支座的地方，无力矩理论仍然有效。

无力矩理论在壳体理论中占有很重要的地位，这是因为薄壳和平板相比，在横向载荷作用下，平板必须依靠截面上的弯矩和剪力来平衡外载荷；而薄壳在具备合适的条件下，可以仅仅依靠截面上的薄膜力来平衡外载荷，而不产生弯曲，这样大大改善了受力状况。因此，设计薄壳结构时应尽量使其满足无力矩状态，把无力矩理论作为薄壳计算的依据，只有在弯矩较为集中的区域才按有力矩理论计算。

4.3 旋转薄壳的边缘问题

4.3.1 概述

4.2.3 节介绍了无力矩理论的使用条件，但实际的化工容器多数是组合壳体，并且装有支座、法兰和接管等。当容器整体承压时，在这些互相连接的部位会因为不能自由变形而产生局部的弯曲，因此完全符合无力矩条件的容器几乎是不存在的。

以筒体与平板封头连接为例，若平板盖具有足够的刚度，在受内压作用时沿径向变形很小，而壳壁较薄，变形量较大，两者连接在一起时，在连接处附近筒体的变形受到平板盖的约束，因此会产生附加的弯曲变形。由于这种局部弯曲变形，筒壁内必然存在弯矩。薄壁容器抗弯能力弱，因而在某些局部地区将产生较大的弯曲应力，这种应力有时比由内压而产生的薄膜应力大得多。由于这种现象只发生在连接边缘，因此称为边缘效应或边缘问题。旋转薄壳的边缘问题主要是分析连接边缘区的应力和变形。

连接边缘是指壳体部分与另一部分相连的边界，通常指连接处的平行圆。例如，筒体与封头、筒体与法兰、不同材料或不同厚度的筒节、裙式支座与直立壳体的连接处，壳体经线曲率有突变或载荷沿轴向有突变的连接平行圆也应视作连接边缘。在连接边缘处用无力矩理论计算其变形是不连续的，如承受内压 p、具有半球形封头(半径为 R)的圆筒形容器，在连接边缘若用无力矩理论计算平行圆增量，可得

球形 $$w_{球} = \varepsilon_\theta R = \frac{R}{E}(\sigma_\theta - \mu\sigma_\varphi) = \frac{R}{E}\left(\frac{pR}{2S} - \mu\frac{pR}{2S}\right) = \frac{1-\mu}{E}\frac{pR^2}{2S}$$

筒体 $$w_{筒} = \varepsilon_\theta R = \frac{R}{E}(\sigma_\theta - \mu\sigma_\varphi) = \frac{R}{E}\left(\frac{pR}{S} - \mu\frac{pR}{2S}\right) = \frac{2-\mu}{E}\frac{pR^2}{2S}$$

在同一点出现不同的增量是不可能的，实际上由于连接边缘并非自由，必然会发生如图 4-18(a)虚线所示的弯曲现象。它可以看作圆筒形壳体与球壳在受内压作用之后出现了边界分离，见图 4-18(b)，然后在边缘力 P_0(作用在边缘单位长度上沿平行圆半径方向的力)和边缘力矩 M_0(作用于边缘单位长度上的弯矩)作用下，使连接边缘保持连续的结果(边缘力使连接不分开、边缘力矩使连接光滑不产生折点)，如图 4-18(c)所示。

边缘应力的大小与连接边缘的形状、尺寸、容器所用材料等因素有关，有时可以达到很大值。图 4-18 所示的边缘力 P_0 和边缘力矩 M_0 都是轴对称自平衡力系。用无力矩理论求得的解称为薄膜解，用有力矩理论求得的解称为弯曲解。因此，在这种情况下的壳体应力状态可以简单地将薄膜解与边缘弯曲解叠加。

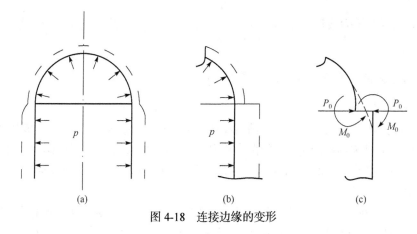

图 4-18　连接边缘的变形

4.3.2　圆筒形壳体的有力矩理论

壳体弯曲所产生的内力以及相应的应力都和弯曲挠度有着密切联系。因此，讨论壳体的有力矩理论，除了分析这些内力、应力之间的相互关系外，还要建立内力、应力与挠度的关系，从而得到求解这些未知量的公式。

1. 主要内力分量

为了保证连接边缘的变形连续，必定存在着边缘力 P_0 和边缘力矩 M_0，如图 4-19 所示，它们沿连接处的平行圆均匀分布，是作用于单位周长上的力和力矩。如果将筒体看成由许多相互联系着的细长梁所组成，则每根细长梁的端部作用有 P_0 和 M_0，根据材料力学对梁的分析可知，在距离端部 x 处的横截面上必然作用有剪力 Q_x 和弯矩 M_x。圆筒弯曲时，其弯曲部分的横截面上也产生类似的内力分量。

在纵截面上情况则不同。如图 4-19(b)所示，由于弯矩 M_x 的作用，微体在 x 方向，上面缩短，下面伸长。在圆周方向如果能自由变形，则由于横向效应的影响，上面将伸长，下面将缩短。但圆周方向受到两侧壳体的限制，因此存在弯矩 M_θ。此外，当圆筒弯曲时，在被弯曲的局部区域，壳体中面的周长将发生变化，如图 4-20 所示。因此，纵界面上必

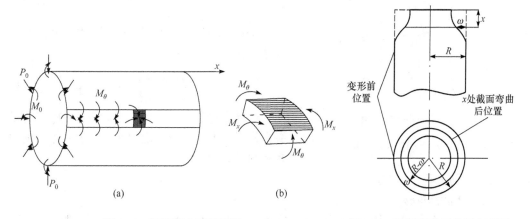

图 4-19　圆筒弯曲时的弯矩　　　　　图 4-20　圆筒弯曲时的周向变形

然产生周向力 N_θ(拉力或压力)。对于仅受边缘力系作用的圆筒，由于不存在轴向的边缘力，因此 $N_x = 0$。

2. 圆筒弯曲微分方程

1) 平衡方程

将坐标原点取在连接边缘上，x 轴沿经线方向，z 轴沿圆筒的法线，并以指向对称轴为正。用垂直于对称轴相距为 dx 的两个横截面，和夹角为 $d\theta$ 的两个纵截面，连同壳体内、外表面构成微小单元体，在边缘区域取出微小单元体。微小微元体各截面上的作用力见图 4-21。

由于本节只讨论壳体的弯曲，因而不考虑内压 p 的作用，根据力和力矩的平衡条件：$\sum F = 0$、$\sum M = 0$，可列出六个平衡方程，其中四个方程 $\sum F_x = 0$、$\sum F_y = 0$、$\sum M_x = 0$、$\sum M_z = 0$ 是自然满足的。于是可得沿 z 轴方向的力平衡

$$\sum F_z = 0$$

$$N_\theta dx \sin\frac{d\theta}{2} + N_\theta dx \sin\frac{d\theta}{2} - Q_x R d\theta + \left(Q_x + \frac{dQ_x}{dx}dx\right)R d\theta = 0$$

因为 $d\theta$ 是小角度，所以 $\sin\frac{d\theta}{2} \approx \frac{d\theta}{2}$，整理可得

$$\frac{dQ_x}{dx} + \frac{N_\theta}{R} = 0 \qquad (4\text{-}22)$$

对 y 轴取力矩平衡，$\sum M_y = 0$，则

$$M_x R d\theta - \left(M_x + \frac{dM_x}{dx}dx\right)R d\theta + Q_x R d\theta dx$$

$$+ 2N_\theta dx \sin\left(\frac{d\theta}{2}\right)\frac{dx}{2} = 0$$

整理上式，并略去高阶小量，得

$$\frac{dM_x}{dx} = Q_x \qquad (4\text{-}23)$$

将式(4-23)对 x 求导，并将其结果代入式(4-22)，可得

$$\frac{d^2 M_x}{dx^2} + \frac{N_\theta}{R} = 0 \qquad (4\text{-}24)$$

这就是圆筒壳受边缘力和边缘力矩时的平衡方程式。由于是静不定问题，必须考虑几何关系和物理方程。

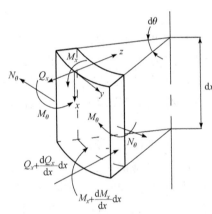

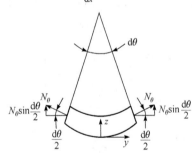

图 4-21   边缘区微小单元体受力

2) 几何方程

(1) 中面的变形。

由于轴对称，圆壳中的微元体 $abcd$ 变形后为 $a'b'c'd'$，如图 4-22(a)所示。考虑位移是

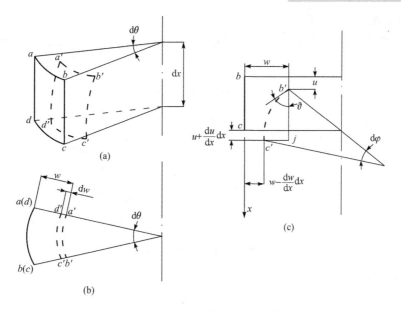

图 4-22　小单元体的中面变形

坐标的函数，并以 u、w 分别表示沿 x 方向(经线方向)和 z 方向(法线方向)的位移。

经线微元：变形前 $bc = \mathrm{d}x$，变形后 $b'c' = \mathrm{d}x + \mathrm{d}u$，经向应变为

$$\varepsilon_x = \frac{b'c' - bc}{bc} = \frac{\mathrm{d}u}{\mathrm{d}x}$$

纬线微元：变形前 $ab = R\mathrm{d}\theta$，变形后 $a'b' = (R-w)\mathrm{d}\theta$，周向应变为

$$\varepsilon_\theta = \frac{a'b' - ab}{ab} = -\frac{w}{R}$$

由于是小变形，经线的转角 ϑ 可以用 ϑ 的正切近似表示[图 4-22(c)]，即

$$\vartheta = \tan \vartheta = \frac{c'j}{b'j} = \frac{\dfrac{\mathrm{d}w}{\mathrm{d}x}\mathrm{d}x}{\mathrm{d}x} = \frac{\mathrm{d}w}{\mathrm{d}x}$$

转角正负号规定：旋转轴左侧微元体[如图 4-22(c)所示位置]，使经线顺时针转为负，逆时针转为正。在图中的转角应为负值，但因为图坐标系中 $\dfrac{\mathrm{d}w}{\mathrm{d}x}$ 为负值，所以得到 $\vartheta = \dfrac{\mathrm{d}w}{\mathrm{d}x}$。

经线的曲率改变为 $\dfrac{1}{\rho}$，由此中面变形为

$$\left.\begin{aligned}
\varepsilon_x &= \frac{\mathrm{d}u}{\mathrm{d}x} \\[2mm]
\varepsilon_\theta &= -\frac{w}{R} \\[2mm]
\vartheta &= \frac{\mathrm{d}w}{\mathrm{d}x}
\end{aligned}\right\} \tag{4-25}$$

(2) 离中面 z 处的变形。

对于经线：如图 4-23(a)所示，离中面 z 处的微元 ef，变形前 $ef = \mathrm{d}x$；变形后中面变为 $\mathrm{d}x(1+\varepsilon_x)$，$ef$ 变为 $e'f'$

$$e'f' = \mathrm{d}x(1+\varepsilon_x) - z\mathrm{d}\varphi$$

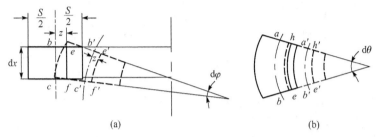

图 4-23   距中面 z 处的微元变形

由图 4-22(c)可知

$$\mathrm{d}\varphi = \frac{\mathrm{d}x(1+\varepsilon_x)}{\rho}$$

代入 $e'f'$ 的表达式中，得

$$e'f' = \mathrm{d}x(1+\varepsilon_x) - \mathrm{d}x(1+\varepsilon_x)\frac{z}{\rho} = \mathrm{d}x(1+\varepsilon_x)\left(1-\frac{z}{\rho}\right)$$

故离中面 z 处的微元 ef 的经向应变为

$$\bar{\varepsilon}_x = \frac{e'f' - ef}{ef} = \frac{\mathrm{d}x(1+\varepsilon_x)\left(1-\dfrac{z}{\rho}\right) - \mathrm{d}x}{\mathrm{d}x} = \varepsilon_x - \frac{z}{\rho}$$

在小变形的情况下，经线的曲率改变 $\dfrac{1}{\rho}$ 和法线位移(挠度) w 有如下关系：

$$\frac{1}{\rho} = \frac{\mathrm{d}^2 w}{\mathrm{d}x^2}$$

将其代入 $\bar{\varepsilon}_x$ 关系式，得

$$\bar{\varepsilon}_x = \varepsilon_x - z\frac{\mathrm{d}^2 w}{\mathrm{d}x^2}$$

对于纬线，如图 4-23(b)所示，离中面 z 处的微元 eh，变形前 $eh = (R-z)\mathrm{d}\theta$，变形后 $e'h' = [(R-z)-w]\mathrm{d}\theta$，故离中面 z 处的微元 eh 的周向应变为

$$\bar{\varepsilon}_\theta = \frac{e'h' - eh}{eh} = \frac{[(R-z)-w]\mathrm{d}\theta - (R-z)\mathrm{d}\theta}{(R-z)\mathrm{d}\theta} = -\frac{w}{R}$$

故距中面 z 处微元的应变表达式为

$$\left.\begin{aligned} \bar{\varepsilon}_x &= \varepsilon_x - z\frac{\mathrm{d}^2 w}{\mathrm{d}x^2} \\[2mm] \bar{\varepsilon}_\theta &= -\frac{w}{R} \end{aligned}\right\}$$
(4-26)

3) 物理方程

在中面上有

$$\sigma_x = \frac{E}{1-\mu^2}(\varepsilon_x + \mu\varepsilon_\theta)$$

$$\sigma_\theta = \frac{E}{1-\mu^2}(\varepsilon_\theta + \mu\varepsilon_x)$$

由于中面的 $N_x = 0$，代入上式，可得

$$\sigma_x = \frac{E}{1-\mu^2}(\varepsilon_x + \mu\varepsilon_\theta) = 0$$

$$\varepsilon_x = -\mu\varepsilon_\theta$$

将式(4-25)代入，得

$$\frac{\mathrm{d}u}{\mathrm{d}x} = \mu\frac{w}{R} \tag{4-27}$$

在距中面 z 处

$$\bar{\sigma}_x = \frac{E}{1-\mu^2}(\bar{\varepsilon}_x + \mu\bar{\varepsilon}_\theta)$$

$$\bar{\sigma}_\theta = \frac{E}{1-\mu^2}(\bar{\varepsilon}_\theta + \mu\bar{\varepsilon}_x)$$

将式(4-26)代入，并利用式(4-27)，得

$$\left.\begin{aligned}
\bar{\sigma}_x &= \frac{E}{1-\mu^2}\left(\frac{\mathrm{d}u}{\mathrm{d}x} - z\frac{\mathrm{d}^2w}{\mathrm{d}x^2} - \mu\frac{w}{R}\right) = -\frac{Ez}{1-\mu^2}\frac{\mathrm{d}^2w}{\mathrm{d}x^2} \\
\bar{\sigma}_\theta &= \frac{E}{1-\mu^2}\left[-\frac{w}{R} + \mu\left(\frac{\mathrm{d}u}{\mathrm{d}x} - z\frac{\mathrm{d}^2w}{\mathrm{d}x^2}\right)\right] = \frac{E}{1-\mu^2}\left[(1-\mu^2)\left(-\frac{w}{R}\right) - \mu z\frac{\mathrm{d}^2w}{\mathrm{d}x^2}\right]
\end{aligned}\right\} \tag{4-28}$$

内力、内力矩是应力沿截面厚度及应力对中面轴力矩的总和，即

$$N_x = \int_{-\frac{s}{2}}^{\frac{s}{2}} \bar{\sigma}_x \mathrm{d}z$$

$$N_\theta = \int_{-\frac{s}{2}}^{\frac{s}{2}} \bar{\sigma}_\theta \mathrm{d}z$$

$$M_x = \int_{-\frac{s}{2}}^{\frac{s}{2}} \bar{\sigma}_x z\mathrm{d}z$$

$$M_\theta = \int_{-\frac{s}{2}}^{\frac{s}{2}} \bar{\sigma}_\theta z\mathrm{d}z$$

将式(4-28)代入得

$$
\left.\begin{array}{l}
N_x = \int_{-\frac{S}{2}}^{\frac{S}{2}} -\dfrac{Ez}{1-\mu^2}\dfrac{\mathrm{d}^2 w}{\mathrm{d}x^2}\mathrm{d}z = 0 \\[4mm]
N_\theta = \int_{-\frac{S}{2}}^{\frac{S}{2}}\left[-\dfrac{Ew}{R} - \dfrac{\mu Ez}{1-\mu^2}\dfrac{\mathrm{d}^2 w}{\mathrm{d}x^2}\right]\mathrm{d}z = -\dfrac{EwS}{R} \\[4mm]
M_x = \int_{-\frac{S}{2}}^{\frac{S}{2}} -\dfrac{Ez^2}{1-\mu^2}\dfrac{\mathrm{d}^2 w}{\mathrm{d}x^2}\mathrm{d}z = -\dfrac{ES^3}{12(1-\mu^2)}\dfrac{\mathrm{d}^2 w}{\mathrm{d}x^2} = -D\dfrac{\mathrm{d}^2 w}{\mathrm{d}x^2} \\[4mm]
M_\theta = \int_{-\frac{S}{2}}^{\frac{S}{2}}\left[-\dfrac{Ew}{R} - \dfrac{\mu zE}{1-\mu^2}\dfrac{\mathrm{d}^2 w}{\mathrm{d}x^2}\right]z\mathrm{d}z = -\mu D\dfrac{\mathrm{d}^2 w}{\mathrm{d}x^2}
\end{array}\right\}
\tag{4-29}
$$

式中，$D = \dfrac{ES^3}{12(1-\mu^2)}$ 称为壳体的抗弯刚度。

4）弯曲微分方程

为了得到只包含 w 一个未知量的方程，将式(4-29)中的第二式、第三式代入平衡方程式(4-23)、式(4-24)，得

$$
-D\frac{\mathrm{d}^3 w}{\mathrm{d}x^3} = Q_x
$$

$$
-D\frac{\mathrm{d}^4 w}{\mathrm{d}x^4} - \frac{ES}{R^2}w = 0
$$

将上式改写为

$$
\frac{\mathrm{d}^4 w}{\mathrm{d}x^4} + 4k^4 w = 0
\tag{4-30}
$$

式中，$k^4 = \dfrac{ES}{4DR^2} = \dfrac{3(1-\mu^2)}{R^2 S^2}$。

式(4-30)是圆筒形壳体在边缘力和边缘弯矩作用下的基本方程。该方程是四阶常系数齐次方程，其通解为

$$
w = e^{-kx}(C_1 \cos kx + C_2 \sin kx) + e^{kx}(C_3 \cos kx + C_4 \sin kx)
$$

式中，C_1、C_2、C_3、C_4 为积分常数。

因为边缘弯曲限于边缘区，当远离边缘即 $x \gg 0$ 时，挠度 w 将不可能出现无限值，而上式中当 $x \to \infty$ 时，$e^{kx} \to \infty$，$w \to \infty$。因此，$C_3 = C_4 = 0$，则

$$
w = e^{-kx}(C_1 \cos kx + C_2 \sin kx)
\tag{4-31}
$$

式(4-31)是圆筒形壳体一个边缘作用有边缘力和边缘弯矩时的通解，它适用于圆筒形壳体一个边缘与另一个边缘相距较远的情况。若相距较近，可近似按每个边缘分别求解，然后叠加起来。

积分常数 C_1、C_2 可由连接边缘的边界条件决定。工程上为了方便，将式(4-31)写成以

边界上的弯矩 M_0 和横向剪力 Q_0 为常数的形式。

由于当 $x = 0$ 时

$$M_x = M_0 = -D\left(\frac{\mathrm{d}^2 w}{\mathrm{d}x^2}\right)_{x=0}$$

$$Q_x = Q_0 = -p_0 = -D\left(\frac{\mathrm{d}^3 w}{\mathrm{d}x^3}\right)_{x=0}$$

将式(4-31)代入，得

$$C_1 = -\frac{1}{2k^3 D}(kM_0 - P_0)$$

$$C_2 = \frac{M_0}{2k^2 D}$$

将 C_1、C_2 的表达式再代回式(4-31)，得到以 p_0、M_0 为未知数的挠度表达式

$$w = \frac{e^{-kx}}{2k^3 D}[kM_0(\sin kx - \cos kx) + P_0 \cos kx] \tag{4-32}$$

将式(4-32)对 x 连续求导，得各阶导数如下：

$$\left.\begin{aligned}
\frac{\mathrm{d}w}{\mathrm{d}x} &= \frac{e^{-kx}}{2k^2 D}[2kM_0 \cos kx - P_0(\cos kx + \sin kx)] \\
\frac{\mathrm{d}^2 w}{\mathrm{d}x^2} &= -\frac{e^{-kx}}{2kD}[2kM_0(\cos kx + \sin kx) - 2P_0 \sin kx] \\
\frac{\mathrm{d}^3 w}{\mathrm{d}x^3} &= \frac{e^{-kx}}{D}[2kM_0 \sin kx + P_0(\cos kx - \sin kx)]
\end{aligned}\right\} \tag{4-33}$$

将式(4-32)、式(4-33)代入式(4-29)和式(4-23)，得到由弯曲变形引起的内力分量

$$\left.\begin{aligned}
N_x &= 0 \\
N_\theta &= -\frac{ES}{R}\frac{e^{-kx}}{2k^3 D}[kM_0(\sin kx - \cos kx) + P_0 \cos kx] \\
M_x &= \frac{e^{-kx}}{2k}[2kM_0(\cos kx + \sin kx) - 2P_0 \sin kx] \\
M_\theta &= \mu M_x \\
Q_x &= -e^{-kx}[2kM_0 \sin kx + P_0(\cos kx - \sin kx)]
\end{aligned}\right\} \tag{4-34}$$

将 $x = 0$ 代入式(4-32)及式(4-33)第一式中，得到圆筒形壳体在边缘连接处的转角和平行圆方向的增量

$$\vartheta_0 = \left(\frac{\mathrm{d}w}{\mathrm{d}x}\right)_{x=0} = \frac{1}{2k^2 D}(2kM_0 - P_0)$$

$$\Delta_0 = -w_{x=0} = \frac{-1}{2k^3 D}(-kM_0 + P_0) \tag{4-35}$$

4.3.3 一般旋转壳体边缘弯曲的应力和变形表达式

一般旋转壳体如半球形壳、半椭圆形壳、部分球壳等，当与圆筒连接时，在连接边缘

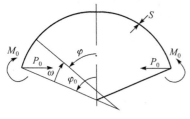

图 4-24 一般旋转壳体

也会出现局部弯曲，产生边缘力 P_0 和边缘力矩 M_0。在边缘力和边缘力矩作用下，一般壳体产生的应力和变形的推导过程与圆筒相类似，只是它的经线是曲线，推导更加复杂，这里不作详细的推导，只给出一般结论。

一般旋转壳体(图 4-24)在边缘力和边缘力矩作用下的各个内力如下：

$$
\left.\begin{aligned}
N_\omega &= -c\tan(\varphi_0-\omega)e^{-k_1\omega}\left[P_0\sin\varphi_0\frac{r_{20}}{r_2}(\cos k_1\omega-\sin k_1\omega)+M_0\frac{2\sqrt[4]{3(1-\mu^2)}}{r_2}\sqrt{\frac{r_{20}}{S}}\sin k_1\omega\right]\\
N_\theta &= 2e^{-k_1\omega}\left[-P_0\sin\varphi_0\sqrt[4]{3(1-\mu^2)}\frac{r_{20}}{\sqrt{r_2 S}}\cos k_1\omega+M_0\frac{\sqrt[4]{3(1-\mu^2)}}{S}\sqrt{\frac{r_{20}}{r_2}}(\cos k_1\omega-\sin k_1\omega)\right]\\
M_\omega &= e^{-k_1\omega}\left[-P_0\sin\varphi_0\frac{r_{20}}{\sqrt[4]{3(1-\mu^2)}}\sqrt{\frac{S}{r_2}}\sin k_1\omega+M_0\sqrt{\frac{r_{20}}{r_2}}(\cos k_1\omega+\sin k_1\omega)\right]\\
M_\theta &= \mu M_\omega\\
Q_\omega &= e^{-k_1\omega}\left[P_0\sin\varphi_0\frac{r_{20}}{r_2}(\cos k_1\omega-\sin k_1\omega)+M_0\frac{2\sqrt[4]{3(1-\mu^2)}}{r_2}\sqrt{\frac{r_{20}}{S}}\sin k_1\omega\right]
\end{aligned}\right\}
$$

(4-36)

式中，N_ω 为中面单位长度上的经向力；N_θ 为中面单位长度上的周向力；M_ω 为中面单位长度上的经向弯矩；M_θ 为中面单位长度上的周向弯矩；Q_ω 为中面单位长度上的横向力；$k_1=\sqrt[4]{3(1-\mu^2)}\dfrac{r_1}{\sqrt{r_2 S}}$；$r_{20}$ 为边界上的第二曲率半径；ω 为以边界为起点的经向角。

在边缘力和边缘弯矩作用下，连接边缘处的转角和平行圆方向的位移为

$$
\left.\begin{aligned}
\vartheta_{\omega=0}&=\vartheta_0=\frac{2\sqrt{3(1-\mu^2)}}{ES^2}r_{20}(P_0-P^*)\sin\varphi_0-\frac{4[3(1-\mu^2)]^{3/4}}{ES^2}\sqrt{\frac{r_{20}}{S}}M_0\\
\Delta_{\omega=0}&=\Delta_0=\frac{2\sqrt{3(1-\mu^2)}}{ES^2}r_{20}M_0\sin\varphi_0-\frac{2\sqrt[4]{3(1-\mu^2)}}{ES}\sqrt{\frac{r_{20}}{S}}r_{20}(P_0-P^*)\sin^2\varphi_0
\end{aligned}\right\}
$$

(4-37)

式中，P^* 为边缘连接处经向薄膜力 $N_{\varphi0}^*$ 在平行方向的分量

$$
P^*=N_{\varphi0}^*\cos\varphi_0
$$

(4-38)

转角和位移的正、负符号规定与圆筒相同。对于位移 Δ_0，使平行圆半径增大为正，缩小为负。对于转角 ϑ_0，在旋转体左侧，使边缘截面逆时针旋转为正，顺时针旋转为负。

4.3.4　边缘问题的求解

1. 边缘变形的连续性方程

为了计算连接边缘处的内力，必须先求出边缘力和边缘弯矩，它们可根据连接边缘处的变形连续条件求出。

要保持连接边缘处不分开，不出现折点，就要求连接边缘两侧在平行圆方向的增量 Δ_0 和截面转角 ϑ_0 分别相等，这就是边缘变形的连续性条件。如图 4-25 所示的容器，在连接边缘处取分离体，则变形连续性条件为

$$\left.\begin{array}{l}\sum \Delta_{01}=\sum \Delta_{02}\\\sum \vartheta_{01}=\sum \vartheta_{02}\end{array}\right\} \tag{4-39}$$

式中

$$\left.\begin{array}{l}\sum \Delta_{01}=\Delta_{01}^{*}+\Delta_{01}^{P_0-P^*}+\Delta_{01}^{M_0}\\\sum \Delta_{02}=\Delta_{02}^{*}+\Delta_{02}^{P_0-P^*}+\Delta_{02}^{M_0}\\\sum \Delta\vartheta_{01}=\vartheta_{01}^{*}+\vartheta_{01}^{P_0-P^*}+\vartheta_{01}^{M_0}\\\sum \Delta\vartheta_{02}=\vartheta_{02}^{*}+\vartheta_{02}^{P_0-P^*}+\vartheta_{02}^{M_0}\end{array}\right\} \tag{4-40}$$

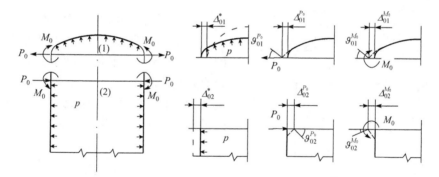

图 4-25　连接边缘的变形

符号上标*表示薄膜变形，$\Delta^{P_0-P^*}$、Δ^{M_0}、$\vartheta^{P_0-P^*}$、ϑ^{M_0} 分别表示在边缘力、边缘力矩和边缘连接处经向薄膜应力在平行圆方向的分量产生的位移和转角。下标 01、02 表示在连接处两侧的变形。若两个壳体在连接边缘处有公切线，即 $\varphi_0=90°$，则由式(4-38)得 $P^*=0$，这时式(4-40)变为

$$\sum \Delta_{01}=\Delta_{01}^{*}+\Delta_{01}^{P_0}+\Delta_{01}^{M_0}$$
$$\sum \Delta_{02}=\Delta_{02}^{*}+\Delta_{02}^{P}+\Delta_{02}^{M_0}$$
$$\sum \Delta\vartheta_{01}=\vartheta_{01}^{*}+\vartheta_{01}^{P_0}+\vartheta_{01}^{M_0}$$
$$\sum \Delta\vartheta_{02}=\vartheta_{02}^{*}+\vartheta_{02}^{P_0}+\vartheta_{02}^{M_0}$$

利用式(4-39)即可求出 P_0 和 M_0。

2. 边缘应力的解

由变形连续性方程求得 P_0 和 M_0 后，即可求得壳体上任一点的内力，进而求得弯曲变形引起的轴向和周向应力

$$\left.\begin{array}{l} \left(\sigma_x^M\right)_{z=\pm\frac{S}{2}} = \pm\dfrac{6M_x}{S^2} \\[3mm] \left(\sigma_\theta^M\right)_{z=\pm\frac{S}{2}} = \pm\dfrac{6M_\theta}{S^2} \\[3mm] \left(\sigma_\theta^N\right)_{z=\pm\frac{S}{2}} = \dfrac{N_\theta}{S} \end{array}\right\} \tag{4-41}$$

将弯曲解与薄膜解相叠加，得到边缘区的总应力

$$\left.\begin{array}{l} \sigma_{x总} = \sigma_x^* + \sigma_x^M \\[2mm] \sigma_{\theta总} = \sigma_\theta^* + \sigma_\theta^N + \sigma_\theta^M \end{array}\right\} \tag{4-42}$$

4.3.5 边缘问题求解实例

1. 圆筒形壳体与厚平板封头连接时的边缘效应

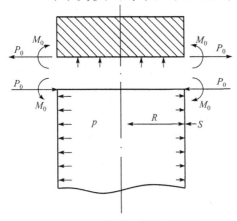

图 4-26   具有平板封头的容器

1) 边缘力 P_0 和边缘力矩 M_0 的确定

对具有厚平板封头的圆筒形壳体，如图 4-26 所示，当平板厚度很大时，假定平板有足够的刚性，承压受力后边缘处不产生变形。根据变形连续的要求，圆筒在连接处的挠度和转角均为零，即

$$\left.\begin{array}{l} \Delta_{02} = 0 \\ \vartheta_{02} = 0 \end{array}\right\} \tag{4-43}$$

薄膜力在连接处产生的变形和转角分别为

$$\Delta_{02}^* = \varepsilon_\theta R = \frac{R}{E}(\sigma_\theta - \mu\sigma_\varphi) = \frac{R}{E}\left(\frac{pR}{S} - \mu\frac{pR}{2S}\right) = \frac{2-\mu}{E}\frac{pR^2}{2S}$$

$$\vartheta_{02}^* = 0$$

边缘力与边缘力矩产生的变形和转角由式(4-35)求得

$$\Delta_{02}^{P_0} + \Delta_{02}^{M_0} = \frac{1}{2k^3D}(kM_0 - P_0)$$

$$\vartheta_{02}^{P_0} + \vartheta_{02}^{M_0} = \frac{1}{2k^2D}(2kM_0 - P_0)$$

将各种变形代入连续性方程，得

$$\frac{pR^2}{ES}\left(1-\frac{1}{2}\mu\right)+\frac{1}{2k^3D}(kM_0-P_0)=0$$

$$\frac{1}{2k^2D}(2kM_0-P_0)=0$$

由此解出

$$\left.\begin{array}{l}P_0=4k^3D\dfrac{pR^2}{ES}(1-0.5\mu)\\[3mm]M_0=2k^2D\dfrac{pR^2}{ES}(1-0.5\mu)\end{array}\right\}\tag{4-44}$$

将式(4-44)代入式(4-32)得

$$w=\frac{pR^2}{ES}(1-0.5\mu)e^{-kx}(\cos kx+\sin kx)\tag{4-45}$$

2) 边缘区的应力计算

将式(4-44)代入式(4-34)，得圆筒边缘区的内力表达式

$$\left.\begin{array}{l}N_x=0\\[2mm]N_\theta=-pR(1-0.5\mu)e^{-kx}(\cos kx+\sin kx)\\[2mm]M_x=-2Dk^2\dfrac{pR^2}{ES}(1-0.5\mu)e^{-kx}(\sin kx-\cos kx)\\[2mm]M_\theta=\mu M_x\\[2mm]Q_x=-2Dk^3\dfrac{pR^2}{ES}(1-0.5\mu)e^{-kx}(\sin kx+\cos kx)\end{array}\right\}\tag{4-46}$$

将式(4-46)代入式(4-41)，得

$$\left.\begin{array}{l}(\sigma_x^M)_{z=\pm\frac{S}{2}}=\pm\dfrac{6M_x}{S^2}=\mp\dfrac{3(1-0.5\mu)}{\sqrt{3(1-\mu^2)}}\dfrac{pR}{S}e^{-kx}(\sin kx-\cos kx)\\[4mm](\sigma_\theta^M)_{z=\pm\frac{S}{2}}=\pm\dfrac{6M_\theta}{S^2}=\mp\dfrac{3\mu(1-0.5\mu)}{\sqrt{3(1-\mu^2)}}\dfrac{pR}{S}e^{-kx}(\sin kx-\cos kx)\\[4mm](\sigma_\theta^N)_{z=\pm\frac{S}{2}}=\dfrac{N_\theta}{S}=-(1-0.5\mu)\dfrac{pR}{S}e^{-kx}(\sin kx+\cos kx)\end{array}\right\}\tag{4-47}$$

取 $\mu=0.3$，并将 $x=0$ 代入式(4-47)，得

$$\left.\begin{array}{l}(\sigma_{x0}^M)_{z=\pm\frac{S}{2}}=\mp 1.55\dfrac{pR}{S}\\[3mm](\sigma_{\theta0}^M)_{z=\pm\frac{S}{2}}=\mp 0.47\dfrac{pR}{S}\\[3mm](\sigma_{\theta0}^N)_{z=\pm\frac{S}{2}}=-0.85\dfrac{pR}{S}\end{array}\right\}\tag{4-48}$$

将式(4-48)代入式(4-42)，得总应力

$$\left.\begin{aligned}\sigma_{x\text{总}}&=\frac{pR}{2S}\mp1.55\frac{pR}{S}\sqrt{2}\\\sigma_{\theta\text{总}}&=\frac{pR}{S}-0.85\frac{pR}{S}\mp0.47\frac{pR}{S}\end{aligned}\right\}\tag{4-49}$$

由式(4-49)可见，σ_{x0}^M 的数值比 $\sigma_{\theta0}^M$、$\sigma_{\theta0}^N$ 两者之和的数值大，说明边缘弯曲对经向影响大于周向，因而由边缘弯曲引起的各个应力分量中起主要作用的是 M_x。由式(4-46)可知，M_x 是衰减函数，随着 kx 的增加而迅速衰减，衰减曲线如图4-27所示。由图4-27可见，当 $kx=\pi$ 时，即距边缘 $x=\frac{\pi}{k}$ 时，M_x 已衰减大部分。对于钢制圆筒，取 $\mu=0.3$，因此由边缘力和边缘力矩产生的边缘应力只局限于距离边缘的范围内。

$$x=\frac{\pi}{k}=2.5\sqrt{RS}\tag{4-50}$$

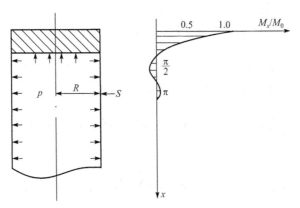

图4-27 M_x 的衰减曲线

3) 边缘效应引起的应力集中系数

由于弯曲引起的应力主要是轴向应力，因此为了表明边缘效应的影响，常用边缘地区最大轴向应力与周向薄膜应力的比值 K_t 表示，称为应力集中系数

$$K_t=\frac{\sigma_{x\text{总},\max}}{\sigma_\theta^*}\tag{4-51}$$

对于具有厚平板封头的圆筒，最大轴向应力发生在连接边缘$(x=0)$处，由式(4-49)可得

$$\sigma_{x\text{总}\max}=2.05\frac{pR}{S}$$

而

$$\sigma_\theta^*=\frac{pR}{S}$$

则应力集中系数

$$K_t = \frac{2.05 \dfrac{pR}{S}}{\dfrac{pR}{S}} = 2.05$$

2. 圆筒形壳体与半球形封头连接时的边缘效应

化工容器常采用球形封头，在筒体与其相连接的边缘也有边缘效应，但由于连接处的边缘条件和厚平板不同，因而边缘处附近的内力、应力也不同。

假定圆筒和半球形封头的壁厚相等、材料相同，沿连接边缘取分离体，如图 4-28 所示。

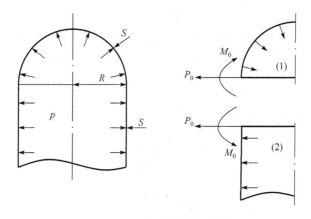

图 4-28　具有半球形封头的容器

1) 边缘力 P_0 和边缘力矩 M_0 的确定

圆筒(2)在边缘处的变形已由圆筒与平板的连接中求出：

$$\Delta_{02}^* + \Delta_{02}^{P_0} + \Delta_{02}^{M_0} = \frac{pR^2}{ES}\left(1 - \frac{1}{2}\mu\right) + \frac{1}{2k^3 D}(kM_0 - P_0)$$

$$\vartheta_{02}^* + \vartheta_{02}^{P_0} + \vartheta_{02}^{M_0} = \frac{1}{2k^2 D}(2kM_0 - P_0)$$

下面计算半球形封头(1)在边缘处的变形。由薄膜力引起的平行圆增量和边缘处的转角为

$$\Delta_{01}^* = \varepsilon_\theta R = \frac{pR^2}{2ES}(1 - \mu), \quad \vartheta_{01}^* = 0$$

由式(4-37)，对半球形壳体，$\varphi_0 = 90°$，$P^* = 0$，$r_{20} = R$，则由边缘力和边缘弯矩引起的平行圆的增量和边缘处的转角为

$$\Delta_{01}^{P_0 + M_0} = \frac{2\sqrt{3(1 - \mu^2)}}{ES^2} RM_0 + \frac{2\sqrt[4]{3(1 - \mu^2)}}{ES}\sqrt{\frac{R}{S}} RP_0$$

$$\vartheta_{01}^{P_0 + M_0} = \frac{-2\sqrt{3(1 - \mu^2)}}{ES^2} RP_0 - \frac{4[3(1 - \mu^2)]^{3/4}}{ES^2}\sqrt{\frac{R}{S}} RM_0$$

将各种变形代入连续性方程式(4-39)，得

$$\frac{pR^2}{ES}\left(1-\frac{1}{2}\mu\right)+\frac{1}{2k^3D}(kM_0-P_0)=\frac{pR^2}{ES}(1-\mu)+\frac{2\sqrt{3(1-\mu^2)}}{ES^2}RM_0+\frac{2\sqrt[4]{3(1-\mu^2)}}{ES}\sqrt{\frac{R}{S}}RP_0$$

$$\frac{1}{2k^2D}(2kM_0-P_0)=\frac{-2\sqrt{3(1-\mu^2)}}{ES^2}RP_0-\frac{4[3(1-\mu^2)]^{3/4}}{ES^2}\sqrt{\frac{R}{S}}RM_0$$

求解得

$$\left.\begin{array}{c}P_0=\dfrac{p}{8k}\\[3mm]M_0=0\end{array}\right\}\qquad(4\text{-}52)$$

同厚平板盖封头相比，半球形封头与圆筒形壳体连接所产生的边缘力，比平板封头和圆筒连接所产生的边缘力和边缘力矩小得多。这是因为半球形封头和圆筒形在连接处的薄膜变形差小。

2) 边缘区的应力计算

圆筒边缘区的内力表达式为

$$\left.\begin{array}{l}N_\theta=-\dfrac{ES}{R}\dfrac{e^{-kx}}{2k^3D}\dfrac{p}{8k}\cos kx\\[3mm]M_x=\dfrac{-e^{-kx}}{8k^2}p\sin kx\\[3mm]M_\theta=\mu M_x\\[3mm]Q_x=-\dfrac{p}{8k}e^{-kx}(\cos kx-\sin kx)\end{array}\right\}\qquad(4\text{-}53)$$

半球形边缘区的内力表达式为

$$\left.\begin{array}{l}N_\omega=\tan\omega e^{-k_1\omega}\dfrac{p}{8k}(\cos k_1\omega-\sin k_1\omega)\\[3mm]N_\theta=\dfrac{pe^{-k_1\omega}}{4k}\sqrt[4]{3(1-\mu^2)}\dfrac{R}{\sqrt{RS}}\cos k_1\omega\\[3mm]M_\omega=\dfrac{Re^{-k_1\omega}}{\sqrt[4]{3(1-\mu^2)}}\sqrt{\dfrac{S}{R}}\dfrac{p}{8k}\sin k_1\omega\\[3mm]M_\theta=\mu M_\omega\\[3mm]Q_\omega=-\dfrac{p}{8k}e^{-k_1\omega}(\cos k_1\omega-\sin k_1\omega)\end{array}\right\}\qquad(4\text{-}54)$$

边缘区的总应力为

对圆筒有

$$\sigma_{x总}=\frac{pR}{2S}\pm\frac{6M_x}{S^2}$$

$$\sigma_{\theta总}=\frac{pR}{S}+\frac{N_\theta}{S}\pm\frac{6M_\theta}{S^2}$$

对半球形封头有

$$\sigma_{x总} = \frac{pR}{2S} + \frac{N_\omega}{S} \pm \frac{6M_x}{S^2}$$

$$\sigma_{\theta总} = \frac{pR}{2S} + \frac{N_\theta}{S} \pm \frac{6M_\theta}{S^2}$$

将式(4-53)代入总应力表达式中，得圆筒的应力表达式

$$\left.\begin{array}{l} \sigma_{x总} = \dfrac{pR}{2S} \pm \dfrac{6}{S^2}\dfrac{e^{-kx}}{8k^2}p\sin kx \\[3mm] \sigma_{\theta总} = \dfrac{pR}{S} - \dfrac{E}{R}\dfrac{e^{-kx}}{2k^3 D}\dfrac{p}{8k}\cos kx \pm \dfrac{3\mu}{4k^2 S^2}e^{-kx}\sin kx \end{array}\right\} \tag{4-55}$$

对式(4-55)求极值，得到当 $kx = \dfrac{\pi}{4}$ 时，$\sigma_{x总}$ 有极大值。当取 $\mu = 0.3$ 时，其值为

$$\sigma_{x总} = 1.29\frac{pR}{2S}$$

此时的 $\sigma_{\theta总} = 0.97\dfrac{pR}{S}$

当 $kx = 1.8$ 时，$\sigma_{\theta总}$ 有极大值。当取 $\mu = 0.3$ 时，其值为

$$\sigma_{\theta总} = 1.035\frac{pR}{S}$$

此时的 $\sigma_{x总} = 1.16\dfrac{pR}{2S}$

由此可见，圆筒与半球形封头连接，边缘区的最大应力为 $\sigma_{\theta总}$，它比周向薄膜应力增大 3.5%，而 $\sigma_{x总\,max}$ 虽比经向薄膜应力增大 29%，但其绝对值比 $\sigma_{\theta总\,max}$ 小。若用应力集中系数表示，则最大经向应力集中系数为

$$K_{t经} = \frac{\sigma_{x总\,max}}{\sigma_\theta^*} = \frac{1.29\dfrac{pR}{2S}}{\dfrac{pR}{S}} = 0.645$$

最大周向应力集中系数为

$$K_{t周} = \frac{\sigma_{\theta总\,max}}{\sigma_\theta^*} = \frac{1.035\dfrac{pR}{S}}{\dfrac{pR}{S}} = 1.035$$

该值比平板封头与圆筒壳连接时的应力集中系数低得多，这说明边缘效应主要取决于连接边缘的性质。不同的连接边缘，最大应力相差很大，因此，合理设计连接边缘的结构有利于降低连接边缘的最大应力。

椭圆形封头与圆筒连接时，同半球形封头与圆筒连接时类似，边缘效应也较缓和，因此椭圆形封头在工程上应用广泛。

4.3.6　边缘应力的特点与设计中的处理

边缘应力具有两个特点：

(1) 局限性。不同性质的连接边缘产生不同的边缘应力，但它们都有一个明显的衰减波特性，在离连接边缘不远的地方就衰减完了。对于钢制圆筒，边缘应力的作用范围为 $x = 0 \sim 2.5\sqrt{RS}$ 。

(2) 自限性。从根本上说，发生边缘弯曲的原因是薄膜变形不连续，以及由此产生的对弹性变形的互相约束作用。一旦材料产生了局部的塑性变形，这种弹性约束便开始缓解，边缘应力也就自动限制，这就是边缘应力的自限性。

由于边缘力具有局限性，因此在设计中一般只在结构上作局部处理。例如，改变连接边缘的结构，边缘区局部加强，保证边缘焊缝质量，降低边缘区的残余应力，避免在边缘区开孔等。由于边缘应力具有自限性，对由塑性较好的材料制成的容器，即使局部产生塑性变形，周围尚未屈服的弹性区能抑制塑性变形的扩展，而使容器处于安全状态。因此，在静载荷作用下一般不考虑边缘应力的影响。

但在下列情况下应考虑边缘应力：

(1) 塑性较差的高强度钢制的重要压力容器。

(2) 低温下铁素体钢制的重要压力容器。

(3) 受疲劳载荷作用的压力容器。

(4) 受核辐射作用的压力容器。

这些压力容器如果不注意控制边缘应力，在边缘高应力区有可能导致脆性破坏或疲劳破坏。无论设计中是否计算边缘应力，都应尽可能设计合理的边缘连接结构，以降低边缘力。

思 考 题

4-1　旋转薄壳理论的基本假设是什么？

4-2　薄壳的定义是什么？

4-3　旋转薄壳理论中的内力和外力分别指什么？

4-4　无力矩理论与有力矩理论的区别是什么？

4-5　什么是区域平衡方程？

4-6　无力矩理论的应用范围是什么？

4-7　当球形壳体和圆筒形壳体的容器容积相同时，哪种壳体更省材料？为什么？

4-8　边缘力和边缘力矩的影响范围是什么？

4-9　边缘应力的两个特点是什么？

习 题

4-1　有一储满液体的锥壳(图 4-29)，其中液体密度为 ρ 。试写出应力表达式。

4-2　有一圆筒形容器，悬挂于 O-O 处，如图 4-30 所示。筒内有密度为 ρ 的液体，液深为 h_0 ，圆筒半径为 R ，厚度为 S 。若不计材料自重，试用无力矩理论计算 m-m、n-n 和 h-h 截面处的应力。

4-3　有一搅拌反应器(图 4-31)，端盖形状为半球，其半径为 R，厚度为 S。搅拌浆支撑在容器顶盖的开口上，其传递给顶盖每单位长度上的力为 q_0，反应器内承受内压为 p。试求端盖上任一点 M 的应力。(用无力矩理论计算)

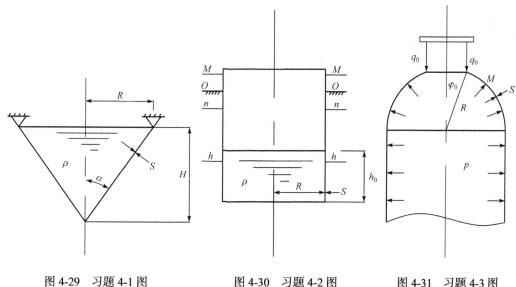

图 4-29　习题 4-1 图　　　　图 4-30　习题 4-2 图　　　　图 4-31　习题 4-3 图

4-4　有一置于水下的容器(图 4-32)，端盖形状为球形，半径为 R，厚度为 S，端盖顶部距水面深度为 h_0，水的密度为 ρ。试求球形端盖的应力表达式。

4-5　有一带有补偿器的圆筒形容器(图 4-33)，若补偿器的断面形状是半径为 r_0 的半圆，试求在均匀内压 p 的作用下，补偿器上任一点 M 的应力表达式。

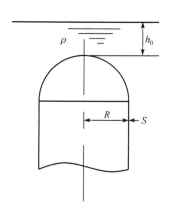
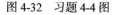
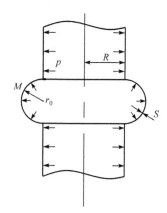

图 4-32　习题 4-4 图　　　　　　　图 4-33　习题 4-5 图

4-6　上部铰支的圆柱形壳体和半球形封头相连，内装密度为 ρ 的液体，如图 4-34 所示。试用无力矩理论计算图中 A 点和 A' 点的薄膜应力。设壳体与封头等厚，壁厚均为 S，不计自重。

4-7　如图 4-35 所示，圆筒承受的均匀内压力为 p，试求圆筒与标准椭圆封头($a/b=2$)连接处的边缘力 P_0 和边缘力矩 M_0，并求出圆筒的最大应力集中系数。

4-8　如图 4-36 所示，有一储满液体的圆筒形容器置放于基础上，试求筒体的最大应力集中系数。

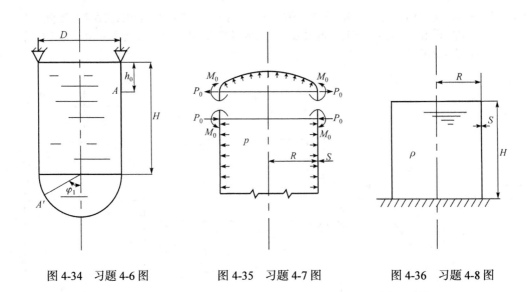

图 4-34　习题 4-6 图　　　　图 4-35　习题 4-7 图　　　　图 4-36　习题 4-8 图

第二篇

过程装备的疲劳、断裂和蠕变

第5章

高周疲劳及应力-寿命方法

5.1 引 言

过程装备如压力容器的设计与研究，多年来都是按受静载荷的条件考虑的，即认为容器中所受的应力不随时间而变化。实际上容器在交变载荷作用下工作的情况是经常发生的，如频繁的开停、操作过程中周期性的温度变化和压力波动等。在交变载荷作用下，压力容器某些局部高应力区域，如开孔接管周围、支承部位以及局部结构不连续等局部应力集中区，应力最大的晶粒会产生滑移并逐渐发展成微小裂纹，为第一阶段裂纹萌生阶段，随着裂纹不断扩展进入第二阶段(图 5-1)，最后导致容器的泄漏甚至破裂。容器在交变应力作用下的破坏称为疲劳，疲劳破坏的实质是裂纹的形成与裂纹的扩展。过去在进行压力容器设计时，由于设计压力低(因安全系数高)、所用材料的韧性好，疲劳破坏不是主要问题。近年来，随着石油、化工、原子能工业的迅速发展，要求压力容器大型化，为了节省钢材并减轻容器质量，广泛采用了高强度钢，并普遍降低了安全系数，从而提高了设计压力，使高应力区的峰值应力更高；同时，高强度钢在焊接过程中容易产生裂纹等材料缺陷，这便增加了压力容器疲劳破坏的可能性。据统计，压力容器在使用期间的破坏大多数是由疲劳裂纹扩展引起的，因此许多国家对于压力容器的疲劳研究极为重视。近年来不少国家将以疲劳分析为基础的设计方法引入了有关设计规范中。

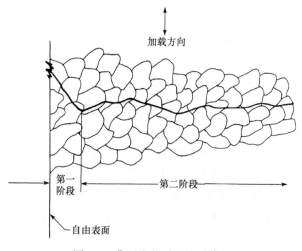

图 5-1 典型疲劳裂纹扩展路径

疲劳问题可分为高周(高循环)疲劳和低周(低循环)疲劳。在使用期内，应力循环次数低于 10^5 次的称为低周疲劳，否则称为高周疲劳。压力容器在使用期内应力循环次数很少有超过 10^5 次的，通常只有几千次，属于低周疲劳。转动设备的失效通常为高周疲劳。

5.2　应力幅值定义

研究表明，应力幅值是决定高周疲劳寿命的最主要的因素。讨论平均应力和交变应力(图 5-2)时，使用下列关系式和定义：

$$\Delta\sigma = \sigma_{max} - \sigma_{min} = 应变历程$$

$$\sigma_a = \frac{\sigma_{max} - \sigma_{min}}{2} = 应力幅$$

$$\sigma_m = \frac{\sigma_{max} + \sigma_{min}}{2} = 平均应力$$

$$R = \frac{\sigma_{min}}{\sigma_{max}} = 应力比 \qquad A = \frac{\sigma_a}{\sigma_m} = 幅值比$$

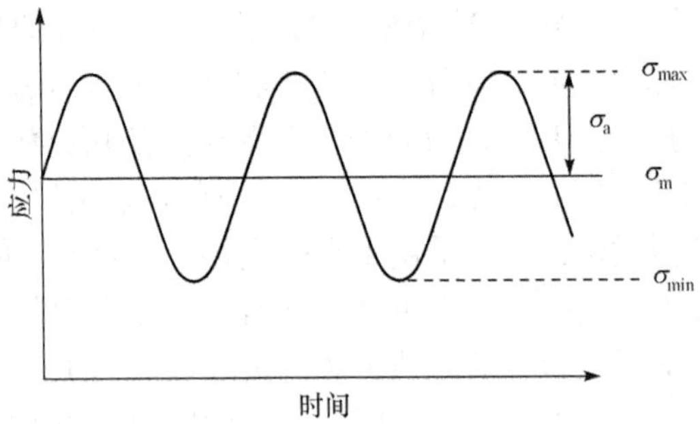

图 5-2　应力随时间变化

常见的载荷情况对应的 R 和 A 值为

对称循环　　　$R = -1, \quad A = \infty$
脉动循环　　　$R = 0, \quad A = 1$

5.3　应力-寿命曲线

应力-寿命方法是最早应用于理解和描述金属疲劳的方法。在几乎一百年的时间里，它都是疲劳设计的标准方法。当外加应力处于材料的弹性范围之内或对应的寿命(疲劳循环次数)很长时，应力-寿命方法仍广泛地应用于工程构件结构疲劳设计中。应力-寿命方法并不适用于包含较大塑性变形的低周应力循环，在这一领域采用基于应变的设计方法(第 6 章)更为适宜。

应力-寿命方法的基础是 Wöhler 图或应力-寿命(σ-N)曲线。它由一系列交变应力 σ 下对应的疲劳循环次数 N 绘制而成。获得 σ-N 曲线数据的最普遍的方法是循环拉压或弯曲试验。R. R. Moore 试验就是这样一个例子,采用四点加载方式对一个旋转的(1750r/min)圆柱形沙漏试件施加一个不变的弯矩。这个弯矩导致完全对称的单轴的应力状态。试件表面非常光滑,且在测试部分具有 6～10mm 的标准直径。即使实际应力超过了材料的屈服极限,试件表面的应力水平也可以用弹性梁公式计算。

应力-寿命方法最主要的缺陷之一是它忽视疲劳破坏过程中真实的应力-应变表现,并把所有的应变视作弹性应变。这一缺陷是明显的,因为疲劳断裂的开始即疲劳裂纹的萌生是源于塑性破坏。只有当塑性应变很小时,应力-寿命方法的简化假设才有效。长寿命下,大多数钢的循环塑性应变很小(某些情况下甚至小到无法有效测量),这时应力-寿命方法适用。

应力-寿命数据通常绘于对数坐标图上,用实际的 σ-N 曲线表示数据的平均值。对于某些材料,主要是体心立方(BCC)结构的钢材,存在持久极限或疲劳极限 σ_{-1},当实际应力低于这个应力值时,材料具有"无限"寿命(图 5-3)。在实际工程应用中,无限寿命取为 10^6 次循环。使用疲劳极限时应当注意,它可能因为三方面的影响而消失:①周期性的过载(会使裂纹张开);②腐蚀性环境(由于应力腐蚀的作用);③高温(会加速裂纹扩展)。

尽管近 20 年来,超高周疲劳的研究成果表明并不存在疲劳极限,但工程上为了设计的方便仍沿袭这个概念。

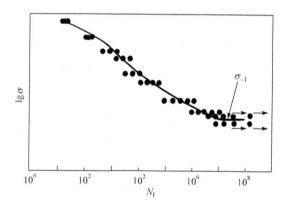

图 5-3　体心立方结构钢材的应力-寿命曲线及疲劳极限

钢的疲劳极限和与拉伸强度的比值存在如下经验关系(图 5-4)。拉伸强度低于 1400MPa 的锻钢其比值为 0.5,多数钢可能在 0.35～0.6 之间变化。拉伸强度超过 1400MPa 的钢通常含有在马氏体回火过程中形成的碳化物夹杂,这些非金属夹杂会成为裂纹萌生点,从而降低疲劳极限。

采用一种简单方法可以把硬度和疲劳极限联系起来($\sigma_{-1} \approx 0.5 \times \mathrm{BHN}$,BHN 表示布氏硬度),对于钢可以给出如下关系式。

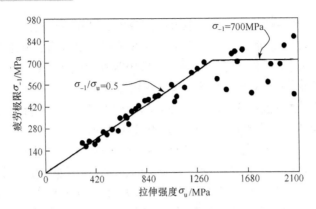

图 5-4　钢的疲劳极限与拉伸强度的关系

(1) 疲劳极限与硬度的关系:

若布氏硬度 BHN ≤ 400 ,则 σ_{-1} (MPa) ≈ 3.45 × BHN ;若 BHN > 400 ,则 σ_{-1} ≈ 700MPa 。

(2) 疲劳极限与拉伸强度的关系:

若 σ_u ≤ 700MPa , 则 σ_{-1} ≈ 0.5σ_u ; 若 σ_u > 1400MPa , 则 σ_{-1} ≈ 700MPa 。

如图 5-5 所示,对应 1000 次应力循环寿命的交变应力水平 σ_{1000},可以估作拉伸强度的 90%。如果没有材料的实际疲劳数据可用,连接该点和疲劳极限的直线可以用作应力-寿命设计时 σ-N 曲线的估计。

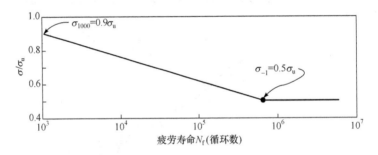

图 5-5　钢的广义 σ-N 曲线

5.4　平均应力的影响

5.3 节所述的疲劳曲线是在对称循环即平均应力等于零的情况下绘制的。压力容器往往在非对称循环下工作,平均应力不等于零。研究者提出了几个经验公式来计算无限寿命设计区的疲劳曲线。这些公式采用各种函数把平均应力轴上的屈服强度 σ_y、拉伸强度 σ_u 或真实断裂应力 σ_f 和交变应力轴上的疲劳极限联结起来,构成近似的疲劳曲线。

通常采用下面的关系式修正疲劳极限,它们之间的比较可用图 5-6 表示。

Soderberg(美国,1930 年):　　　$\dfrac{\sigma_a}{\sigma_{-1}} + \dfrac{\sigma_m}{\sigma_f} = 1$　　　　　　　　　(5-1)

Goodman(英国,1899 年):　　　　$\dfrac{\sigma_a}{\sigma_{-1}} + \dfrac{\sigma_m}{\sigma_u} = 1$　　　　　　　　　(5-2)

Gerber(德国，1874 年)：
$$\frac{\sigma_a}{\sigma_{-1}}+\left(\frac{\sigma_m}{\sigma_u}\right)^2=1 \tag{5-3}$$

Morrow(美国，20 世纪 60 年代)：
$$\frac{\sigma_a}{\sigma_{-1}}+\frac{\sigma_m}{\sigma_f}=1 \tag{5-4}$$

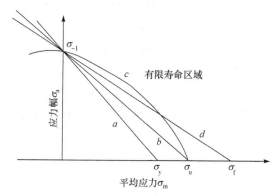

图 5-6　平均应力修正理论比较

a. Soderberg；*b*. Goodman；*c*. Gerber；*d*. Morrow

讨论拉伸平均应力修正结果可以得到以下结论：

(1) Soderberg 理论非常保守，很少采用。

(2) 实验值一般落在 Goodman 曲线和 Gerber 曲线中间。

(3) 对高硬度即脆性较大的钢，强度极限接近真实断裂应力，Morrow 曲线和 Goodman 曲线本质上是相同的。

(4) 对大多数疲劳设计场合而言，$R<1$(与交变应力相比，平均应力很小)，这几种理论的差别很小。

(5) 在这几种理论表现出较大差异(R 值趋近于 1)的区域，实验数据很少。这种情况下采用屈服准则确定设计极限。

如图 5-6 所示，*a*、*b*、*d* 三种线性模型预测得到压缩平均应力对提高疲劳极限是非常有益的，能够允许很大的交变应力水平而不发生疲劳破坏。对光滑试样的实验结果证实了施加压缩平均应力是有益的，使一定交变应力下的疲劳寿命增加(图 5-7)。

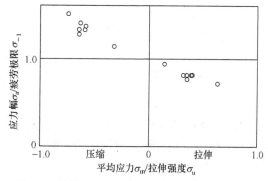

图 5-7　拉伸和压缩平均应力对疲劳寿命的影响

对于任意应力下的有限疲劳寿命，如果仍用 5.3 节所述的疲劳设计曲线来确定疲劳寿命，就必须根据疲劳损伤程度相同的原则，把平均应力不等于零的交变应力折算到相当于平均应力等于零时的数值，这一数值称为当量交变应力 σ_{eq}，可以通过修正的 Goodman 图确定。图 5-8 中横坐标表示平均应力 σ_m，纵坐标表示交变应力幅 σ_a。将强度极限定位在横轴上的 D 点，疲劳极限定位在纵轴上的 E 点，连成的 DE 线即 Goodman 线，它是疲劳破坏的上限线。从图中可以看到，随着平均应力的增加，材料的疲劳极限降低。图中还有一条 45°的 AB 线，它是在纵轴与横轴上都取屈服极限 σ_s 的 A 点与 B 点的连线。AB 线是材料保持不屈服的上限线。因此，在 AB 线和 DE 线以下的各点，既不疲劳破坏又不屈服，这是平均应力和交变应力幅共同作用时的上限范围。例如，点 $C(\sigma_m,\sigma_a)$ 表示材料中某处的应力状态，若求当量交变应力 σ_{eq}，则只需连接 DC 并交于纵轴 F 点，线段 OF 就是所要求的当量交变应力 σ_{eq}。在图 5-8 中，由于三角形 FOD 和三角形 $CC'D$ 相似，可得

$$\frac{\sigma_{eq}}{\sigma_a}=\frac{\sigma_b}{\sigma_b-\sigma_m}$$

$$\sigma_{eq}=\frac{\sigma_a\sigma_b}{\sigma_b-\sigma_m}=\frac{\sigma_a}{1-\sigma_m/\sigma_b} \tag{5-5}$$

由式(5-5)求得 σ_{eq} 后，从疲劳设计曲线上查到当量交变应力下破坏时的循环次数 N_f，这就反映了平均应力影响的疲劳寿命。

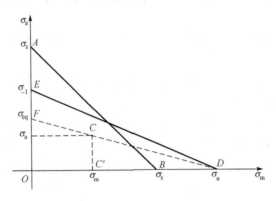

图 5-8 修正的 Goodman 图

5.5 修 正 系 数

疲劳寿命数据通常采用在表面非常光滑的直径为 6.35mm 的试件上施加完全反向的循环载荷获得，由此测得的疲劳极限通常称为材料疲劳极限 σ'_{-1}。实际设计时所需要的疲劳极限 σ_{-1} 必须考虑尺寸、表面粗糙度等各种因素。

为获取各种因素对 σ-N 曲线的影响，多年来研究者进行了大量疲劳试验，考察的变

量包括：尺寸、载荷类型、频率、表面粗糙度、表面处理方法、温度、环境等。这些因素的影响通过修正系数的形式加以量化，并以此修正σ-N曲线数据

$$\sigma_{-1} = \sigma'_{-1}C_{\text{尺寸}}C_{\text{载荷}}C_{\text{表面粗糙度}}\cdots \tag{5-6}$$

式中，C 为各种因素的影响系数，小于 1。修正后的疲劳极限趋于保守。

这些修正系数一般专门用于修正疲劳极限，对σ-N曲线的其余部分的修正方法并没有这么清楚的定义。一般趋势是修正系数对低周区域的σ-N曲线的作用较小。在单调加载的极端情况下，它们都趋近于 1。将这些修正系数用于修正整个σ-N曲线是一种比较保守的估算方法。

这些修正系数仅是试验现象的经验模型，对其中隐含的物理过程只能给予有限的揭示，认识到这一点很重要。在把这些经验性修正系数推广到取得系数的数据范围之外时应非常小心。

5.5.1　尺寸影响

材料的疲劳破坏取决于应力和临界裂纹的交互作用。本质上疲劳是由材料最弱环决定的。材料中最弱环出现的可能性随材料体积的增大而增大。这与屈服强度和弹性模量等大多数材料性质不同。在不同直径试件的疲劳试验中这一现象体现得很明显(表 5-1)。大试件的应力梯度相对较小，承受高应力的材料体积更大(图 5-9)。因此，大试件产生疲劳裂纹的可能性更大。试验结果显示，轴向载荷与弯曲和扭转载荷相比，其尺寸影响较小，这是因为轴向载荷不会产生应力梯度。当考虑缺口引起的应力梯度时，应重视明确高应力材料体积的影响。

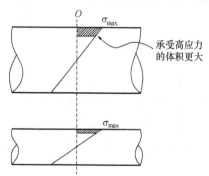

图 5-9　大试件和小试件的应力梯度

表 5-1　疲劳极限的尺寸效应

直径/mm	疲劳极限/MPa
7.62	229
38.1	192
171.45	120

有很多经验公式可以描述尺寸影响。其中一个相当保守的经验式如下：

$$C_{\text{尺寸}} = \begin{cases} 1.0 & (\text{当 } d \leqslant 8\text{mm 时}) \\ 0.869d^{-0.097} & (\text{当 } 8\text{mm} \leqslant d \leqslant 250\text{mm 时}) \end{cases} \tag{5-7}$$

式中，d 为试件直径。

尺寸影响的要点如下：

(1) 尺寸影响主要体现在长寿命下。

(2) 试件直径不大于 50.8mm 时，即使是弯曲和扭转载荷，其尺寸影响也很小。

(3) 因为大试件在加工方面所固有的问题，产生残余应力和各种冶金学缺陷的可能性更大，这会减小疲劳强度。

同样，可以用临界体积的思想确定非圆截面的尺寸修正系数。

5.5.2 载荷影响

在考虑相似试件在旋转弯曲载荷和轴向载荷下的疲劳数据之间的关系时，可以使用 5.5.1 节讨论的体积法。因为承受轴向载荷的试件没有应力梯度，其处在高应力状态下的材料体积更大，所以疲劳极限可能更低。对同一材料分别通过轴向载荷和旋转弯曲载荷试验获得的疲劳极限之比在 0.6～0.9 之间。这些实验数据可能有一些误差，因为轴向载荷可能存在偏心。一种保守的估计方法是

$$\sigma_{-1}\left(轴向载荷\right) \approx 0.70\sigma_{-1}\left(弯曲载荷\right) \tag{5-8}$$

通过扭转载荷和旋转弯曲载荷试验获得的疲劳极限比在 0.5～0.6 之间。可采用 von Mises 失效准则估计

$$\tau_{-1}\left(扭转载荷\right) \approx 0.577\sigma_{-1}\left(弯曲载荷\right) \tag{5-9}$$

5.5.3 表面粗糙度影响

材料表面的刮痕、凹陷、加工痕迹加大了零件由于几何尺寸影响业已存在的应力集中。表面粗糙度对高强度钢疲劳寿命的影响更明显。

表面修正系数有时采用图表的形式给出，图表中通常采用如镜面抛光、机加工等术语定性地描述表面粗糙度(图 5-10)。图中一些曲线包括了表面粗糙度以外的其他影响因

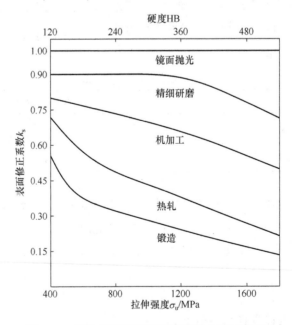

图 5-10 钢的表面粗糙度对表面修正系数的影响

素。例如，锻造和热轧曲线包括表面脱碳的影响。由各种机械加工处理工艺所决定的表面粗糙度的图表可以通过机械加工制造手册查询。

表面粗糙度影响的要点如下：

(1) 钢的强度越高，受表面状态的影响越大。

(2) 由机械加工造成的表面残余应力可能有重要影响。例如，某些磨削操作会产生残余拉应力。

(3) 在裂纹的扩展起主要作用的短寿命下，表面粗糙度对疲劳寿命的影响小一些。

(4) 划痕等局部表面缺陷会造成很大的应力集中，这种缺陷影响不可忽略。

5.5.4　表面处理影响

由于疲劳裂纹几乎总是从自由表面开始生长，因此任何表面处理对疲劳寿命都可能有显著影响。在前面小节中已经讨论了由成型工艺引起的表面粗糙度对疲劳寿命的影响。其他表面处理方法大致可分为三类：电镀、热处理和机械加工。这三种方法对疲劳寿命的影响主要是由残余应力引起的。

现考虑受弯矩循环作用的无缺口梁试件的残余应力。其弯矩随时间变化规律示于图 5-11(d) 中。假设材料是理想弹塑性的，则试件顶部表面上的应力随时间变化如图 5-11(e) 所示。

(1) 当弯矩达到点①，试件表面正好处于材料屈服点，应力分布呈线性[图 5-11(a)]。

(2) 若弯矩增至点②，则试件外层开始屈服[图 5-11(b)]。

(3) 若弯矩再减至点③，则试件存在残余应力分布[图 5-11(c)]。

当试件外层屈服时，会产生永久变形。因此，一旦卸载，试件上的应力和应变必须满足变形协调和内力平衡要求。虽然准确的残余应力分布很难确定，但是可以得到重要结论：在弯矩作用下已经拉伸屈服的试件外层表面产生了残余压应力。

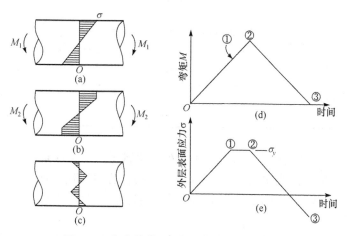

图 5-11　弯曲载荷下无缺口梁试件残余应力

另考虑受弯曲载荷作用的有缺口试件的残余应力，如图 5-12 所示。在试件上先施加使缺口处超过屈服应力的弯矩载荷，再施加完全反向的弯曲载荷[图 5-12(d)]。

(1) 初始过载(点①)使试件缺口根部在拉力下屈服。当载荷卸载后(点②)，缺口根部处于残余压应力下[图5-12(c)]。

(2) 当施加循环载荷时(点③和点④)，缺口根部应力如图5-12(e)所示具有平均压应力循环。

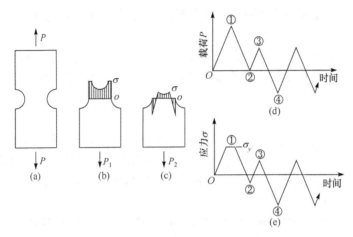

图 5-12 弯曲载荷下有缺口试件残余应力

需要注意的是，当载荷完全反向时，缺口试件根部(疲劳裂纹萌生处)有压应力，其与外加相同大小的平均压应力的作用一样，缺口试件根部的残余压应力在相同交变应力下会提高试件的疲劳寿命。

通过初始过载获得残余应力的方法称为预应力法。表5-2给出了4340钢($\sigma_u = 896$MPa)的有缺口板和无缺口板的疲劳极限值，并且比较了试件在有无初始拉伸过载的两种情况下的疲劳极限值。结果表明，当通过预加载荷获得残余应力时，缺口对疲劳极限的影响几乎可以忽略。

表 5-2 带孔板在轴向载荷下的疲劳极限

有无预加载荷	疲劳极限/MPa	
	无缺口	有缺口
无预加载荷	403	160
有预加载荷	393	373

预应力法可用在盘簧和片簧等构件的抗疲劳处理上。应当注意的是，对构件施加载荷时，保持载荷方向和初始过载方向一致是有利的，若两种载荷方向相反，则会对构件的耐久性产生不良影响。例如，若盘簧经过预压缩，则其只对未来周期性压缩负载条件下的抗疲劳性有益。

预应力法不能应用于完全对称循环载荷条件下。例如，轮轴冷矫直可使其疲劳极限减少20%~50%。

在接下来对表面处理的进一步讨论中要注意以下几点：

(1) 由于疲劳是表面现象，因此材料表面的残余应力很关键。

(2) 残余压应力对疲劳寿命有利，而残余拉应力则不利。

(3) 残余应力不总是永久保持的，如高温、超载等多种因素都可引起应力松弛。

1. 电镀

镀铬和镀镍钢可使疲劳极限减少达 60%，主要是由于电镀过程中产生了高残余拉应力。可通过以下处理减轻残余拉应力的影响：

(1) 电镀前对电镀表面进行渗氮处理。

(2) 电镀前后对电镀表面进行喷丸硬化。

(3) 电镀后对构件进行退火。

在电镀处理中有多种因素可能影响疲劳寿命。镀铬和镀镍影响的总体规律以下：

(1) 随电镀材料屈服强度的增加，疲劳强度大幅下降。

(2) 由电镀引起疲劳强度的减少对于长寿命材料更为显著。

(3) 随电镀厚度的增加，疲劳强度下降。

(4) 在腐蚀环境下发生疲劳时，由电镀产生的附加抗腐蚀性可能抵消在非腐蚀环境下所表现出的疲劳强度的减弱，甚至使疲劳强度提高。

镀镉和镀锌能够增加材料的耐腐蚀性，似乎对疲劳强度没有影响。然而，用这些金属电镀不能提供镀铬所具备的耐磨性。必须注意的是，如果电镀过程控制不当，任何电镀操作都可能引起氢脆危害。

2. 热处理

渗碳和渗氮等扩散过程对疲劳强度非常有益。这些过程既能在表面形成高强度材料，也能引起能够产生表面残余压应力的体积变形。

火焰淬火和感应加热淬火可引起材料的相变，从而引起材料体积膨胀。若使这些过程局限在表面，则会产生残余压应力，对疲劳强度有利。

热轧和热锻可引起表面脱碳软化。表面材料碳原子的损失使材料表面强度降低，还可能产生残余拉应力，这两点对疲劳强度非常不利。

图 5-13 说明锻造对不同拉伸强度钢疲劳极限的影响。由图可知，对低强度钢，锻造

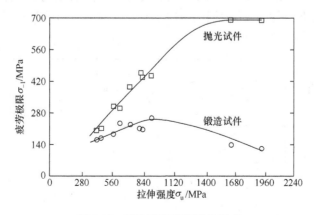

图 5-13　锻造对疲劳极限的影响

使其疲劳极限减小不大，而对高强度钢，疲劳极限可减少至 1/5。这表明各种表面因素影响疲劳极限的一个总体趋势：几乎所有因素都随钢强度的增加对疲劳极限有更为明显的影响。实际上，对于低强度钢(如低碳钢)，几乎没有什么因素可引起其疲劳极限的明显增强或减弱。这在很大程度上是由于低屈服强度材料残余应力易于松弛。

另外，应注意焊接、磨削、火焰切割等加工工艺可产生不利的残余拉应力。

3. 机械加工

可采取多种方法对材料表面进行冷加工以产生残余压应力，其中最重要的两种方法是冷轧和喷丸。这些方法在产生残余压应力的同时，还能硬化表面材料。它们对疲劳寿命的显著提高则主要是源于残余压应力的作用。

冷轧时，将钢辊压向固定在车床上旋转的构件表面。这种方法通常用于大构件，能产生较厚的残余应力层。图 5-14 说明冷轧对疲劳寿命的影响。

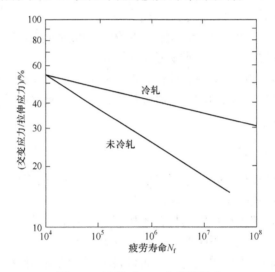

图 5-14　冷轧对 σ-N 曲线的影响

喷丸是用高速钢珠或玻璃珠冲击构件表面，使材料内层处于残余拉应力下，而其表层处于残余压应力下。残余压应力层大致厚 1mm，其最大应力约为材料屈服强度的一半。喷丸硬化对疲劳寿命的影响见图 5-15。

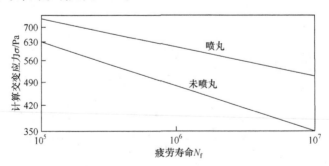

图 5-15　喷丸和未喷丸材料 σ-N 曲线比较

喷丸的优点之一是很容易应用于如盘簧等不规则构件的加工，缺点是加工后构件表面粗糙。如需获得光洁表面，必须在喷丸后再进行研磨或抛光操作，这对疲劳强度的影响不大。

喷丸也可用于消除由镀铬、镀镍、脱碳、腐蚀和磨削加工所引发的不利影响。喷丸同样适用于加工高强度钢。如图 5-4 所示，许多拉伸强度在 1400MPa 以上的钢随强度的提高疲劳极限没有提高。图 5-16 说明喷丸对高强度钢(C：0.45%；Mn：1.0%；淬火和回火)疲劳极限的影响。由图可知，喷丸消除了疲劳极限的衰减，并

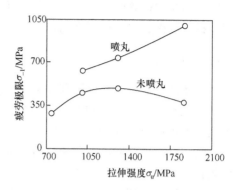

图 5-16　喷丸对高强度钢疲劳极限的影响

且使 0.5 的疲劳比很好地扩展到了拉伸强度超过 1400MPa 的高强度钢区域。

冷加工产生残余压应力的几点重要说明如下：

(1) 冷轧和喷丸对长寿命材料有重要影响，而对于寿命很短的材料，其对疲劳强度几乎没有提高。对较短寿命的材料，应力水平可高到足以引起材料屈服，因此会消除残余应力。

(2) 在某些情况下，一些因素会使残余应力减弱或松弛，包括高温和过载。可能引起应力松弛的温度，对于钢大约为 260℃，对于铝大约为 120℃。

(3) 对屈服强度在 560MPa 以下的钢很少采用冷轧和喷丸处理。由于屈服点较低，材料很容易产生塑性应变，因此会消除残余应力。

(4) 在材料局部有应力梯度处，主要在缺口周围，表面残余压应力对疲劳寿命有很大影响。

(5) 对材料表面可能存在过度喷丸硬化。通常存在一个最优喷丸硬化水平，过度硬化实际上引起疲劳强度减弱。

值得注意的是，材料表面高残余压应力可能会引起材料亚表层的疲劳损伤。如果表面存在残余压应力，为保持材料内应力平衡，表面层以下的材料必定受残余拉应力作用。当把由外载荷引起的应力分布叠加到材料残余应力分布上时，最大拉应力通常产生于表面层之下，进而疲劳损伤将从最大应力点处萌生。这一现象在渗碳和渗氮材料中尤其明显。在这些材料的硬表面和软内层的界面处，材料性能的改变加大了应力分布对疲劳的影响。

研究表明，表面残余压应力对光洁轴向载荷试件的疲劳强度无显著影响，因为这类试件在外载荷下不会产生应力梯度。对于外载荷下产生应力梯度的试件，以上所有能产生表面残余压应力的表面处理方法会对疲劳有很大影响。弯曲、扭转、含缺口都会产生应力梯度。

5.5.5　温度影响

在低温下，钢的疲劳极限有增加的趋势。然而，一个更重要的问题是，许多材料的断裂韧性在低温下都有明显降低。

在高温下，由于发生蠕变，钢的疲劳极限消失。当温度大致超过材料熔点的三分之

一时，蠕变过程变得重要起来，在此范围内应力-寿命法不再适用。另外应注意，高温能引起材料退火软化，这可能消除有益的残余压应力。

5.5.6 环境影响

当疲劳载荷发生在腐蚀环境下时，疲劳和腐蚀共同作用所导致的危害比两者单独作用的结果更严重。疲劳和腐蚀的相互作用即腐蚀疲劳，涉及特殊且复杂的疲劳机理，这方面的工作目前还处于研究阶段。

在初始阶段，腐蚀疲劳机理可描述为：腐蚀环境作用于金属表面，金属表面产生一层氧化膜，通常该氧化膜起保护层作用，能够防止金属被进一步腐蚀。然而，循环载荷引起氧化膜局部开裂，使新的金属表面暴露于腐蚀环境。同时，腐蚀引起金属表面的局部点蚀，并在点蚀处产生应力集中。在裂纹扩展阶段，腐蚀疲劳机理非常复杂，目前还没有很好的解释。

量化腐蚀疲劳最主要的困难是实验所涉及的变量太多。例如，对于浸在水中的钢的腐蚀疲劳，必须考虑的变量包括：钢的组成元素、水中的化学成分、温度、含气度、流速、含盐量等。在喷雾环境中金属的腐蚀疲劳机理又比在完全浸没条件下的机理要复杂得多。另一个非常关键的变量是载荷频率。非腐蚀环境中的疲劳试验采用不同的载荷频率，其影响单一，得到的数据差异有限，而腐蚀疲劳数据在很大程度上受载荷频率的影响。低载荷频率试验允许材料在更长的时间内被腐蚀，因而疲劳寿命更短。

在腐蚀疲劳试验中观察到了一些一般规律。图 5-17 总结了钢在四种不同环境下的 σ-N 曲线。在空气和真空中得到的曲线表明，空气中的湿气和氧气可使疲劳强度轻微降低。预浸泡试验是先将钢浸入腐蚀性液体中，然后在空气中进行疲劳实验，结果表明预浸泡材料疲劳强度减弱主要是因为点蚀导致的表面粗糙。腐蚀疲劳曲线则明显低于在空气中所获曲线甚至预浸泡曲线。另外，如图 5-17 所示，腐蚀疲劳消除了在钢中常见的疲劳极限行为。

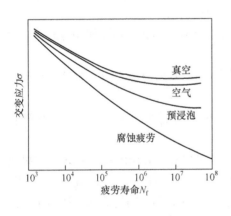

图 5-17 环境对钢的 σ-N 曲线的影响

提高材料抗腐蚀疲劳性能的表面处理方法一般包括：涂漆、镀铬、镀镍、镀镉或镀锌等，这些方法可增加表面保护层。注意，镀镍虽然可以提高材料在腐蚀环境中的疲劳强度，但会引起大气环境中疲劳强度降低。可以采用软金属作为表面涂覆材料，其优点是在基体金属形成裂纹时，表面涂层更能保持完整。表面涂层的问题是疲劳裂纹可以从涂层上甚至最小的开裂处开始萌生。

产生表面残余压应力的表面处理(渗氮、喷丸、冷轧等)也能提高材料的抗腐蚀疲劳性能。采用这些处理方法可使最大拉应力产生在材料表面以下。反之，表面残余拉应力会促进腐蚀疲劳。

思 考 题

5-1　什么是高周疲劳？
5-2　如何获得应力-寿命曲线？
5-3　平均应力如何影响疲劳寿命？有哪些修正公式？
5-4　影响疲劳寿命的因素有哪些？
5-5　金属材料是否存在疲劳极限？

习 题

5-1　给定拉伸强度为 486MPa、疲劳极限为 230MPa、真实断裂强度为 800MPa 的材料，确定可用于 10^3、10^4、10^5 和 10^6 个循环的许用最大应力($R=0$)，并使用 Goodman、Gerber 和 Morrow 理论进行预测。

5-2　用于说明平均应力效应的另一种方法是，将平均应力影响视为 Basquin 方程中单调真实断裂强度的有效变化。以方程式表示为：$\sigma_a = (\sigma_f - \sigma_m)(2N_f)^b$。式中，$\sigma_a$ 为应力幅度；σ_m 为平均应力；σ_f 为真实断裂强度；b 为疲劳强度指数；N_f 为失效循环次数。对于性能 $\sigma_u = 520$MPa，$\sigma_f = 830$MPa，$b=-0.085$ 的材料，确定叠加 280MPa 拉伸平均应力上的许用交变应力，以获得 5×10^5 个周期的疲劳寿命，并将此值与使用 Goodman 和 Gerber 理论预测的结果进行比较。

5-3　以下是三种钢的材料性能和疲劳试验数据。疲劳试验数据是在无缺口的光滑试件上施加对称扭转载荷得出的。利用单调和扭转弯曲疲劳数据，确定钢的交变剪应力 τ_a 与寿命 N 的近似关系。材料 A：σ_u=295MPa，BHN=69，σ_{-1}(弯曲)=180MPa。材料 B：σ_u=785MPa，BHN=247，σ_{-1}(弯曲)=450MPa。材料 C：σ_u=1300MPa，BHN=380，σ_{-1}(弯曲)=680MPa。

材料 A		材料 B		材料 C	
交变剪应力/MPa	N_f/周期	交变剪应力/MPa	N_f/周期	交变剪应力/MPa	N_f/周期
140	1.3×10^4	347.9	2.0×10^3	480.2	4×10^3
126	3.5×10^4	322	7.0×10^3	458.5	3.7×10^4
112	8.2×10^4	293.3	2.7×10^4	416.5	7.4×10^4
100	1.8×10^5	265.3	8.1×10^4	400.4	1.7×10^5
94.5	4.2×10^5	255.5	2.1×10^5	383.6	3.9×10^5
92.4	7.8×10^5	239.4	5.1×10^5	374.5	6.9×10^5
91	1.5×10^6	225.4	$2.9\times10^{6*}$	367.5	$2.0\times10^{6*}$
88.9	$2.4\times10^{6*}$	224	1.7×10^6	366.8	$2.0\times10^{6*}$

* 试件未失效。

第6章

低周疲劳及应变-寿命方法

6.1 压力容器的疲劳设计

在很多构件的关键部位(如缺口处)，材料的疲劳响应与应变或变形相关。当载荷水平较低时，材料处于弹性阶段，应力和应变线性相关，载荷控制和应变控制的疲劳试验结果相当，这通常属于高周疲劳范畴，可采用第5章的应力-寿命方法进行预测。而当载荷水平较高时，材料开始发生塑性变形，材料的循环应力-应变响应和疲劳性能则更适于在应变控制条件下得到，这通常属于低周疲劳范畴。

早期研究表明，低周疲劳损伤与塑性变形或应变相关，基于此发展了应变-寿命方法。在应变-寿命方法中，塑性应变或变形可以直接测量和定量表示。在长寿命情况下，若应力和应变基本线性相关，则塑性应变可以忽略，此时应变-寿命法和应力-寿命法基本上相同。

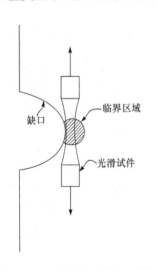

图 6-1　相当应力下的缺口根部
材料和光滑试件

虽然大多数工程结构和构件设计已尽量使名义载荷处于弹性状态，但是应力集中经常导致缺口根部发生塑性变形。由于塑性区周围的材料仍处于弹性状态产生的变形限制范围内，缺口根部的变形则被认为是应变控制的。应变-寿命方法假定在应变控制条件下测试的光滑试件能够模拟工程构件缺口根部的疲劳损伤。当两者经受同样的应力-应变历史后，光滑试件的疲劳损伤可假定等效于缺口根部材料的疲劳损伤。如图 6-1 所示，用实验室光滑试件模拟具有相当应力下的缺口根部材料。需要注意的是，应变-寿命方法不考虑裂纹扩展，通常可视为对起裂寿命的估计。出现裂纹后的裂纹扩展规律及寿命预测将在第7章讨论。

局部应变-寿命方法作为一种缺口构件疲劳寿命预测方法被工程界广泛接受。美国材料与试验协会(ASTM)和汽车工程师协会(SAE)都推荐了相应的规程和方法来实施应变控制测试，以及使用这些数据预测疲劳寿命。依据以下信息，疲劳寿命预测可以通过使用应变-寿命法来完成：

(1) 通过光滑试件的应变控制实验室疲劳数据得到材料循环性能(循环应力-应变响

应和应变-寿命数据)。

(2) 在关键位置(如缺口处)的应力-应变历史。

(3) 确认损伤事件的技术(循环计数)。

(4) 考虑平均应力影响的方法。

(5) 损伤累积技术(如 Miner 线性累积损伤律)。

6.2   低周循环应力-应变性能

本节介绍必要的材料循环性能知识，以便更好地理解 6.3 节介绍的应变-寿命曲线。

6.2.1   循环应力-应变性能

循环应力-应变曲线可用来评估受重复载荷作用的结构和构件的耐久性。如图 6-2 所示，受循环非弹性载荷作用的材料的应力-应变响应，形式上是一个迟滞回线。回线的总宽度 $\Delta \varepsilon$ 即总应变范围，总高度 $\Delta \sigma$ 即总应力范围。

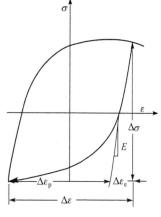

应变幅定义为

$$\varepsilon_{a} = \frac{\Delta \varepsilon}{2}$$

应力幅定义为

$$\sigma_{a} = \frac{\Delta \sigma}{2}$$

总应变范围是弹性和塑性应变范围之和

$$\Delta \varepsilon = \Delta \varepsilon_{e} + \Delta \varepsilon_{p} \qquad (6\text{-}1)$$

图 6-2   应力-应变迟滞回线

则总应变幅可表示为

$$\frac{\Delta \varepsilon}{2} = \frac{\Delta \varepsilon_{e}}{2} + \frac{\Delta \varepsilon_{p}}{2} \qquad (6\text{-}2)$$

使用胡克定律，弹性应变范围 $\Delta \varepsilon_{e}$ 可以用 $\Delta \sigma / E$ 代替，则

$$\frac{\Delta \varepsilon}{2} = \frac{\Delta \sigma}{2E} + \frac{\Delta \varepsilon_{p}}{2} \qquad (6\text{-}3)$$

迟滞回线内的面积是材料在一个循环中单位体积的能量耗散，它表示作用在材料上的塑性变形功。

6.2.2   瞬态性能：循环应变硬化和软化

金属材料的应力-应变响应常因循环载荷而显著变化。依据金属材料的初始状态(如淬火、回火或退火状态)和试验条件，材料可能表现出如下特性：循环硬化、循环软化、循环稳定、混合性质(视应变范围而硬化或软化)。

图 6-3 为应变控制加载下材料的一种应力响应。图 6-3(c)为前两个循环的迟滞回线。如图所示，所测得最大应力随着应变的每一个循环而增长，这就是循环硬化。相反，若最大应力随着应变循环而减少，则发生循环软化，如图 6-4 所示。

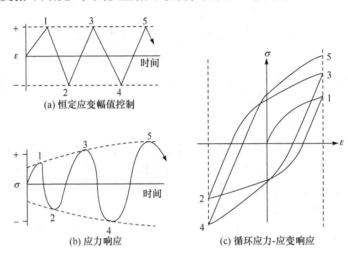

图 6-3   循环硬化

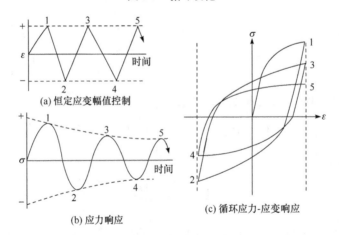

图 6-4   循环软化

材料软化或硬化的原因与材料位错亚结构的特性和稳定性相关。一般有：

(1) 对于软材料，初始位错密度比较小，但在循环加载中会因循环塑性应变而迅速增大，进而促成显著的循环应变硬化。

(2) 对于硬材料，随后的循环应变会导致位错重排，降低材料的变形抗力，从而导致循环软化。

拉伸强度 σ_u 和屈服强度 σ_y(通常取发生 0.2% 塑性应变时对应的应力值)的比值可以用来预测材料是否会发生硬化或软化。如果 $\frac{\sigma_u}{\sigma_y}>1.4$ ，材料发生循环硬化；如果 $\frac{\sigma_u}{\sigma_y}<1.2$ ，材料发生循环软化；如果比值在 1.2～1.4 之间，材料的循环响应不会有大的变化，因而难以预测。单调拉伸的应变硬化指数 n 也可以用来预测材料的循环行为。一般，如果 $n>0.20$ ，材料发生循环硬化；如果 $n<0.10$ ，材料发生循环软化。

一般来说，瞬态行为即循环应变硬化或软化只发生在疲劳寿命的早期，之后材料到达循环稳定状态。这种情况通常发生在 20%～40% 的疲劳寿命之后。因此，疲劳性能通常在"半寿命"(约 50% 的总疲劳寿命)即材料响应稳定时确定。

图 6-5 给出了几种材料的循环和单调应力-应变曲线。图 6-6 给出了三种热处理状态 OFHC 铜的迟滞回线。

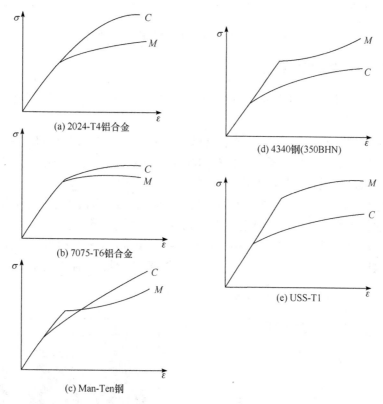

图 6-5 循环和单调应力-应变曲线
C. 对称循环拉压试验；M. 单调拉伸试验

通过比较单调的和循环的应力-应变曲线，可以定量评估循环导致的力学行为变化。如图 6-5(e)所示，循环软化材料的循环屈服强度比单调的低。这表明利用单调性能预测循环应变有潜在风险。例如，单调性能可能预测到应变是完全弹性的，但实际上材料可能经历大量的循环塑性应变。

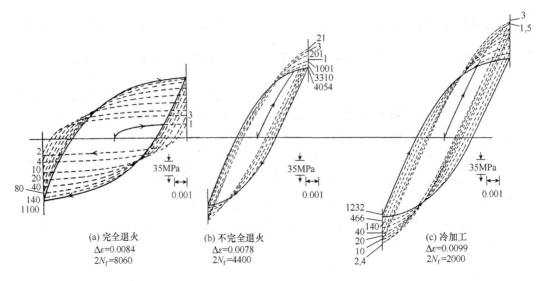

(a) 完全退火
$\Delta\varepsilon=0.0084$
$2N_f=8060$

(b) 不完全退火
$\Delta\varepsilon=0.0078$
$2N_f=4400$

(c) 冷加工
$\Delta\varepsilon=0.0099$
$2N_f=2000$

图 6-6   三种热处理状态 OFHC 铜的迟滞回线

6.2.3   循环应力-应变曲线的测定

循环应力-应变曲线可以通过多种方法测试得到，以下主要介绍多试样法和增量步测试法。

(1) 多试样法：在不同应变水平下测试一系列试样，直到迟滞回线封闭稳定。如图 6-7 所示，将稳定迟滞回线叠置，再把迟滞回线的尖端连接起来即得到循环应力-应变曲线。这种方法比较耗时，且需要许多试样。

(2) 增量步测试法：对一个试样施加一系列逐渐增大或减小的应变幅载荷块作用。经过几个载荷块作用后，材料趋于稳定。例如，如图 6-8 所示的测试中，每半个载荷块包含 20 个循环。材料在经过 3～4 个载荷块后其响应趋于稳定，在经过约 20 个块后发生失效。循环应力-应变曲线可以通过连接稳定迟滞回线尖端而得到。这种方法非常便捷，并能得

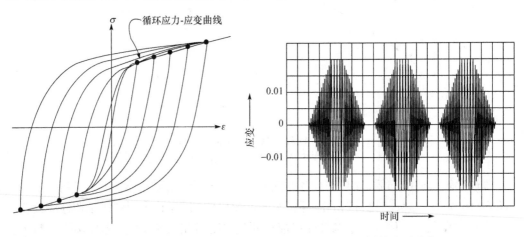

图 6-7   连接稳定迟滞回线尖端得到的循环
            应力-应变曲线

图 6-8   增量步测试法

到较好结果，因而被广泛使用。试样在经过增量步测试法后，如果可以进行单轴拉伸试验，则拉伸应力-应变曲线和通过连接迟滞回线尖端得到的曲线几乎完全相同。

对在拉伸和压缩下显示出对称行为的材料，已知循环应力-应变曲线，利用 Massing 假设可以估算稳定的迟滞回线。Massing 假设是指稳定迟滞回线可以通过循环应力-应变曲线翻倍得到。将稳定的循环应力-应变曲线的应力和应变值翻倍，在迟滞回线上可以得到一个对应点，如图 6-9 所示。例如，通过翻倍图 6-9(a)中循环应力-应变曲线上的 A 点值，可以得到图 6-9(b)中迟滞回线上的 B 点。图 6-9(c)为通过这种方法得到的一个完全对称循环的迟滞回线。需要注意的是要将图 6-9(b)中的 O 点移至图 6-9(c)中相应的位置。

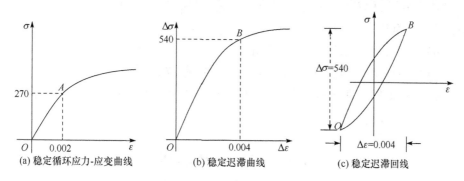

图 6-9　利用 Massing 假设从循环应力-应变曲线获得稳定的迟滞回线

6.2.4　应力与塑性应变能的关系

在对数坐标下，对称稳定循环的真实应力和塑性应变的关系大致可用一条直线表示，如图 6-10 所示。该直线可用以下幂函数式描述：

$$\sigma_{\mathrm{a}} = K'\left(\varepsilon_{\mathrm{a,p}}\right)^{n'} \tag{6-4}$$

式中，σ_{a} 为稳定循环的应力幅；$\varepsilon_{\mathrm{a,p}}$ 为稳定循环的塑性应变幅；K' 为循环强度系数；n' 为循环应变硬化指数，对于大多数金属，n' 值介于 0.1～0.25，平均约为 0.15。

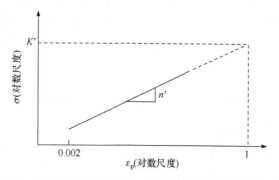

图 6-10　双对数坐标下的真循环应力和真循环塑性应变关系

将式(6-4)变换得

$$\varepsilon_{a,p} = \left(\frac{\sigma_a}{K'}\right)^{1/n'} \tag{6-5}$$

总应变包括弹性应变和塑性应变，根据式(6-5)和胡克定律可知总应变幅为

$$\varepsilon_a = \frac{\sigma_a}{E} + \left(\frac{\sigma_a}{K'}\right)^{1/n'} \tag{6-6}$$

6.2.5　低循环疲劳寿命的定义

低循环疲劳(失效)寿命可按不同的方法定义，包括以下几种：

(1) 试件的断开。

(2) 给定疲劳裂纹的长度(通常采用 1mm)。

(3) 承载能力下降百分数(通常采用 10%、25%或 50%)。

试件断开标准在单轴载荷试验中应用最广泛。然而，很多情况下用各种标准定义的失效寿命差别不大。

6.3　应变-寿命曲线

1910 年，Basquin 注意到应力-寿命数据可在对数坐标系下线性相关。采用应力幅，可利用以下幂函数绘出应力-寿命曲线：

$$\frac{\Delta\sigma}{2} = \sigma_f'\left(2N_f\right)^b \tag{6-7}$$

式中，$\dfrac{\Delta\sigma}{2}$ 为应力幅；$2N_f$ 为失效前的反向次数；σ_f' 为疲劳强度系数；b 为疲劳强度指数。σ_f' 和 b 为材料的疲劳属性。

20 世纪 50 年代，Coffin 和 Manson 均发现材料的塑性应变和寿命数据也在对数坐标下线性相关，因而塑性应变和寿命也可用幂函数相关联，称为 Manson-Coffin 公式：

$$\frac{\Delta\varepsilon_p}{2} = \varepsilon_f'\left(2N_f\right)^c \tag{6-8}$$

式中，$\dfrac{\Delta\varepsilon_p}{2}$ 为塑性应变幅；$2N_f$ 为失效前的反向次数；ε_f' 为疲劳延性系数；c 为疲劳延性指数。ε_f' 和 c 也为材料的疲劳属性。

将式(6-7)和式(6-8)代入式(6-3)，可得到总应变与寿命之间的关系式：

$$\frac{\Delta\varepsilon}{2} = \frac{\sigma_f'}{E}\left(2N_f\right)^b + \varepsilon_f'\left(2N_f\right)^c \tag{6-9}$$

式(6-9)是应变-寿命方法的基础，称为应变-寿命方程。该式可用双对数坐标图中的曲线解释，如图 6-11 所示。在对数坐标系中，弹性和塑性应变幅与疲劳寿命的关系分别呈

现为两条直线,而总应变幅 $\dfrac{\Delta\varepsilon}{2}$ 可通过弹性应变幅与塑性应变幅的简单加和得到,其与疲劳寿命的关系呈现为一条以两条直线为渐近线的曲线。当应变幅较大时,应变-寿命曲线与塑性线接近;当应变幅较小时,曲线接近弹性线。

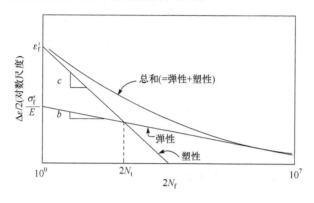

图 6-11　应变-寿命曲线

在图 6-11 中,转变疲劳寿命 $2N_t$ 表示弹性线和塑性线相交处的寿命。注意,这是稳定迟滞回线具有等量的弹性应变和塑性应变时所对应的寿命。因此,在转变寿命处($N_f = N_t$ 时)有如下关系:

$$\frac{\Delta\varepsilon_e}{2} = \frac{\Delta\varepsilon_p}{2}$$

$$\frac{\sigma_f'}{E}\left(2N_f\right)^b = \varepsilon_f'\left(2N_f\right)^c$$

$$2N_t = \left(\frac{\varepsilon_f' E}{\sigma_f'}\right)^{1/(b-c)} \tag{6-10}$$

在低于转变疲劳寿命的低周疲劳寿命区,塑性应变较大,迟滞回线较宽。在高于转变疲劳寿命的高周寿命区,塑性应变较小,迟滞回线较窄。图 6-12 给出了钢的转变疲劳寿命与硬度的关系。硬度越大,钢的转变疲劳寿命越小。这表明随着材料拉伸强度的增加,转变疲劳寿命减小,进而弹性应变主导更大范围的寿命区域。

图 6-13 给出了经过不同热处理的中碳钢的应变-寿命曲线。正火软态钢的转变疲劳寿命约为 9000 周,而淬火高强钢的转变疲劳寿命为 15 周。这表明一定应变下,在高周循环区域,高强度材料的疲劳寿命较长;在低周循环或大应变情况下,延性材料表现出更好的抗疲劳性能。最好的材料应当既有高延性,又有高强度。然而,这两种性能往往不能同时满足,因此应按预期的载荷条件或应变条件适度取舍。

应变-寿命方程式(6-9)需要四个疲劳参数($b, c, \sigma_f', \varepsilon_f'$)。要从疲劳数据中获得这些常数,必须考虑以下几点:

(1) 该方程并非对所有材料都适用,如一些高强度铝合金和钛合金就不能适用。

(2) 四个疲劳参数所反映的曲线由一定数量的数据点拟合得到。如果数据点增多,常数值可能会变。

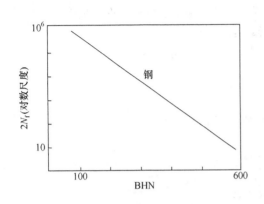

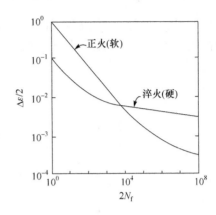

图 6-12　钢的转变疲劳寿命与硬度的关系　　图 6-13　正火和淬火中碳钢的应变-寿命曲线

(3) 疲劳参数由一系列在给定范围内的数据点决定，当预估寿命超出范围时，可能出现严重错误。

(4) 式(6-4)、式(6-7)和式(6-8)中的幂函数形式是出于数学上的便利，并没有物理基础。

根据式(6-6)和式(6-9)可推出相关属性关联如下：

$$k' = \frac{\sigma'_f}{\left(\varepsilon'_f\right)^{n'}} \tag{6-11}$$

$$n' = \frac{b}{c} \tag{6-12}$$

实际上，k' 和 n' 通常由式(6-4)对循环应力-应变数据拟合求得。由于曲线拟合的近似性，从式(6-4)、式(6-11)和式(6-12)所得的 k' 和 n' 数值可能不相等。

疲劳参数也可以由单调拉伸性能估算得到。由于疲劳数据较易获取，有些技术不再被广泛采用，但以下近似方法也许依然有用。

疲劳强度系数 σ'_f 可由真实断裂强度 σ_f 近似得到：

$$\sigma'_f \approx \sigma_f \tag{6-13}$$

对硬度小于 500BHN 的钢材

$$\sigma_f \approx \sigma_u + 345\mathrm{MPa} \tag{6-14}$$

对大多数金属而言，疲劳强度指数 b 的取值在 –0.12～–0.05，平均为 –0.085。

疲劳延性系数 ε'_f 可由真实断裂应变 ε_f 近似得到：

$$\varepsilon'_f \approx \varepsilon_f \tag{6-15}$$

其中

$$\varepsilon_f = \ln\frac{1}{1-\mathrm{RA}}$$

式中，RA 为断面收缩率。

疲劳延性指数 c 没有其他参数那样的近似关系，可根据经验估计而非经验公式估算。

Coffin 发现 c 约为–0.5。Manson 发现 c 约为–0.6。Morrow 发现 c 介于–0.7～–0.5。对于延性较好的金属($\varepsilon_{\mathrm{f}} \approx 1$)$c$ 的平均值约为–0.6，而对于高强度金属($\varepsilon_{\mathrm{f}} \approx 0.5$)$c$ 取–0.5 比较合适。

6.4　考虑平均应力影响的疲劳寿命

　　材料循环疲劳性能通常是从完全对称的恒定应变幅循环实验得到的。实际应用中构件很少受到此类对称载荷，反而经常受到平均应力或平均应变作用。平均应变对疲劳寿命的影响常可忽略不计，平均应力对寿命影响则较为显著。压缩平均应力能增加疲劳寿命，拉伸平均应力则会降低疲劳寿命，如图 6-14 所示。平均应力对高周循环寿命的影响更显著。

　　在高应变幅(0.5%～1%或以上)时，即塑性应变主导时，会发生平均应力松弛，使平均应力趋于零，如图 6-15 所示。这并非循环软化。在循环稳定材料中也可以发生平均应力松弛。

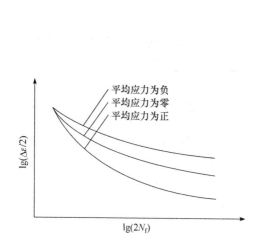

图 6-14　平均应力对应变-寿命曲线的影响

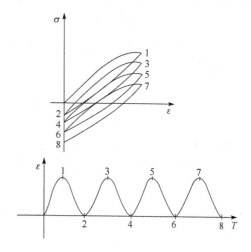

图 6-15　平均应力松弛

　　考虑到平均应力的影响，需要对应变-寿命方程进行修正。Morrow 建议用平均应力 σ_0 对应变-寿命方程中的弹性项进行修正：

$$\frac{\Delta\varepsilon_{\mathrm{e}}}{2} = \frac{\Delta\sigma}{2E} = \frac{\sigma_{\mathrm{f}}' - \sigma_0}{E}\left(2N_{\mathrm{f}}\right)^b \tag{6-16}$$

应变-寿命方程变成如下形式：

$$\frac{\Delta\varepsilon}{2} = \frac{\sigma_{\mathrm{f}}' - \sigma_0}{E}\left(2N_{\mathrm{f}}\right)^b + \varepsilon_{\mathrm{f}}'\left(2N_{\mathrm{f}}\right)^c \tag{6-17}$$

　　如图 6-16 所示，方程式(6-18)很好地预测了低塑性应变下弹性应变主导时平均应力的显著影响，也反映了较高塑性应变下短寿命区平均应力影响很小。该方程显示弹性应变与塑性应变之比与平均应力有关，但很明显这是不对的。如图 6-17 所示的两个小迟滞回线的应变范围相同，弹塑性应变之比相同，但它们的平均应力差异很大。

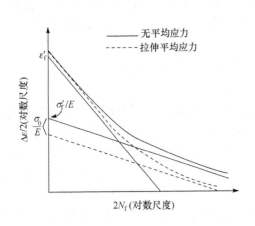

图 6-16   Morrow 对拉伸平均应力作用下的应变-
寿命曲线的修正

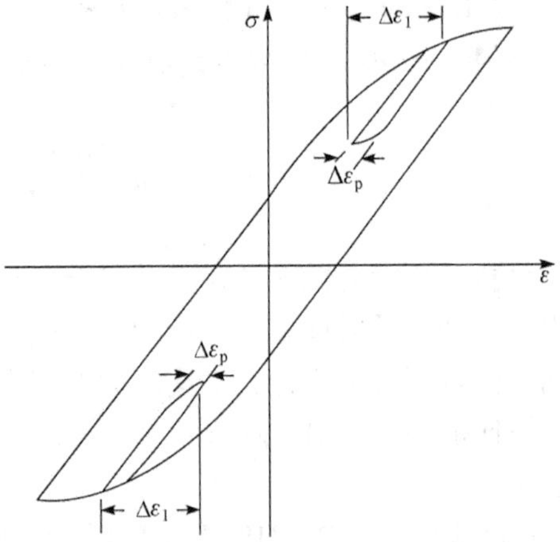

图 6-17   弹塑性应变比与平均应力无关

Manson 和 Halford 将应变-寿命方程中的弹塑性项都作了修改，以使弹塑性应变之比不再依赖于平均应力，即

$$\frac{\Delta \varepsilon}{2} = \frac{\sigma_{\mathrm{f}}' - \sigma_0}{E} \left(2N_{\mathrm{f}}\right)^b + \varepsilon_{\mathrm{f}}' \left(\frac{\sigma_{\mathrm{f}}' - \sigma_0}{\sigma_{\mathrm{f}}'}\right)^{c/b} \left(2N_{\mathrm{f}}\right)^c \tag{6-18}$$

如图 6-18 所示，方程式(6-18)在塑性应变主导的短寿命区过高地估计了平均应力的影响，没有反映出当塑性应变较大时会发生平均应力松弛。

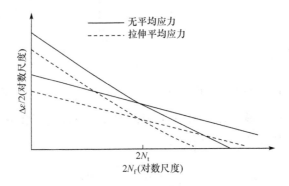

图 6-18   Manson 和 Halford 对拉伸平均应力作用下的应变-寿命曲线的修正

Smith、Watson 和 Topper(SWT)提出了另一个反映平均应力影响的方程，回顾式(6-7)，对完全对称载荷有

$$\sigma_{\max} = \frac{\Delta \sigma}{2} = \sigma_{\mathrm{f}}' \left(2N_{\mathrm{f}}\right)^b \tag{6-19}$$

将式(6-19)与应变-寿命方程相乘，得

$$\sigma_{\max}\frac{\Delta\varepsilon}{2}=\frac{\left(\sigma_{f}'\right)^{2}}{E}\left(2N_{f}\right)^{2b}+\sigma_{f}'\varepsilon_{f}'\left(2N_{f}\right)^{b+c} \tag{6-20}$$

应用方程(6-20)时，$\sigma_{\max}$ 用下式计算

$$\sigma_{\max}=\frac{\Delta\sigma}{2}+\sigma_{0} \tag{6-21}$$

从广义上讲，方程(6-20)可表示成另一种形式

$$\sqrt{\sigma_{\max}\Delta\varepsilon}\propto N_{f} \tag{6-22}$$

当 $\sigma_{\max}<0$ 时，式(6-22)无意义。其物理意义是，当 $\sigma_{\max}<0$ 时，假定不会发生疲劳损伤。

上述平均应力方程是通过实验得来的，因此，当超过实验范围时，必须注意方程的适用性。

6.5　疲劳损伤积累

6.4 节介绍的应变-寿命方法仅适用于恒幅疲劳加载。实际工程构件所承受的疲劳载荷中，循环应力幅、平均应力和频率常有变化。在由不同载荷块(对应不同恒应力幅)组成的变幅加载疲劳中，可以用 Miner 线性累积损伤律预测某一载荷块产生的疲劳损伤。在 Miner 线性累积损伤律中有如下假定：

(1) 如果将某一载荷块的应力循环数表示为相同应力幅下造成破坏所需的总应力循环数的百分数，则该百分数就是该载荷块所消耗的变幅疲劳的寿命百分数。

(2) 载荷块的顺序不影响疲劳寿命。

(3) 当每个载荷水平引起的损伤的线性累积达到临界值时发生破坏。

在含 m 个载荷块的加载序列中，如果用 n_i 表示恒应力幅为 σ_{ai} 的第 i 个载荷块的循环数，用 N_{fi} 表示在 σ_{ai} 下的破坏循环数，则 Miner 线性累积损伤律给出

$$\sum_{i=1}^{m}\frac{n_i}{N_{fi}}=1 \tag{6-23}$$

在许多情况下，线性累积损伤律可能对变幅疲劳行为作出错误的预测。应力幅作用顺序对损伤程度有明显影响。如果高应力幅作用在前，造成缺口局部屈服，这时卸载半周造成一定的残余压应力和屈服硬化，这将使以后的低应力幅的交变循环损伤程度下降。该因素在线性累积损伤律中没有考虑。反之，如果低应力幅在前，高应力幅在后，累积损伤程度实际上可以超过 1，这在式(6-23)中也未考虑。

事实上，很难事先准确预测压力容器交变应力幅的作用顺序，虽然国际上已有大量研究，提出了多种非线性累积损伤律，鉴于线性累积损伤律计算方便，工程上仍大量采用。如果考虑作用顺序及其他因素的影响，问题则复杂得多，目前尚无成熟的理论和方法。

6.6　疲劳设计规范

国际上最早制订的容器疲劳设计规范是美国机械工程师协会(ASME)《锅炉及压力容器规范》Ⅲ和Ⅷ-2，以及英国标准协会的压力容器规范 BS5500。我国的行业标准《钢制压力容器——分析设计标准》(JB 4732—1995)的疲劳设计方法基本是向 ASME 的Ⅷ-2 规范靠拢的，现介绍如下。

ASMEⅧ-2 规范提供了拉伸强度在 552MPa 以下及 793～806MPa 之间的两类碳钢、低合金钢及高强钢 10^6 次以内的 σ_a-N_f 曲线，使用温度低于 375℃，不涉及蠕变疲劳及腐蚀疲劳问题。曲线已作最大平均应力影响的修正。另外，提供了奥氏体钢及高强度螺栓材料的 σ_a-N_f 曲线。这些曲线均根据应变控制的低循环疲劳试验曲线取安全系数而得。对应力幅的安全系数为 2；对应循环次数的安全系数为 20，此值是三项系数的乘积：数据分散度系数 2×尺寸因素 2.5×表面光洁度及环境因素 4。连接各点的两种应力幅的较小值而得设计疲劳曲线。图 6-19 为最常用的设计疲劳曲线。介于两种强度之间的材料曲线可以通过内插法得到。

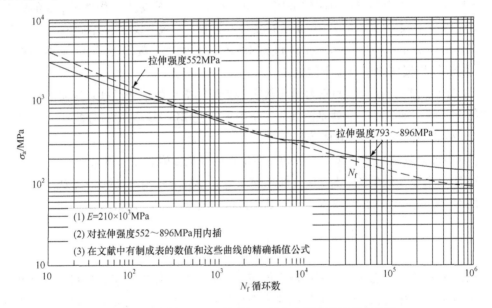

图 6-19　温度低于 375℃的碳钢、低合金钢的设计疲劳曲线

下面以频繁开停及工作压力交替在零和 p_{max} 范围内的厚壁圆筒为例，说明利用设计疲劳曲线计算容器寿命的步骤。

(1) 求在工作压力作用下危险点的应力。

在最大工作压力 p_{max} 作用下，内壁面(危险点)的三个主应力为 σ_θ、σ_z、σ_r；在最小工作压力(零)作用下，内壁面应力为零。

(2) 求应力循环中的最大应力和最小应力。

应用第三强度理论分别计算在 p_{max} 和零载荷作用下危险点的"相当应力"$\sigma_{eq} = \sigma_\theta - \sigma_r$。计算出的最大和最小 σ_{eq} 即相当于在应力循环中的最大应力和最小应力。

(3) 计算交变应力幅 σ_a。

交变应力幅为最大应力与最小应力差值的一半，即

$$\sigma_a = \frac{1}{2}\left[(\sigma_\theta - \sigma_r) - 0\right] = \frac{1}{2}(\sigma_\theta - \sigma_r)$$

(4) 利用设计疲劳曲线，查出循环次数 N_f。

由于设计疲劳曲线已对平均应力作了修正，因此求出 σ_a 后可直接由设计疲劳曲线查出相应的循环次数 N_f，这就是容器的疲劳寿命。

需要指出的是，并非所有的压力容器都要进行疲劳分析。ASME 规范建议，对于以常温拉伸强度 σ_u＜530MPa 的材料制成的容器整体构件(不包括补强圈和非整体连接件)，只要下述四种情况的循环次数总和不超过 1000，就可以不进行疲劳分析。

(1) 设计时预期(包括启动和停车)的压力循环次数。

(2) 压力波动范围超过设计压力 20%的预期循环次数。

(3) 包括接管在内的任意相邻两点之间的金属温差波动的有效次数。

这种有效次数是将金属温差的波动循环数乘以表 6-1 给出的系数值。

表 6-1　考虑金属温差影响的系数值

金属温度差/℃	≤28	29~55	56~83	84~139	140~194	195~250	>250
系数	0	1	2	4	8	12	20

例如，若对应于各金属温度差的温度变化次数如表 6-2 所示，则可算出有效次数为 $1000 \times 0 + 250 \times 1 + 5 \times 12$。

表 6-2　对应各金属温度差的温度变化次数

Δt /℃	28	32	204
变化次数	1000	250	5

(4) 构件焊缝两侧的材料具有不同温度膨胀系数 α_1 与 α_2，在 $(\alpha_1 - \alpha_2)\Delta t$＞0.00034 时的温度变化次数，其中 Δt 为操作温度范围，单位为℃。

对于具有补强圈与非整体连接件的容器，上述四种情况的总循环次数不得超过 400，且在第二条中的压力变化范围应为超过设计压力的 15%。在这种情况下可不进行疲劳分析。

以上介绍了目前工程设计中广泛采用的处理压力容器疲劳问题的方法，这些方法是建立在疲劳试验曲线基础上的，可以看出，这些方法没有考虑容器上出现裂纹后的疲劳寿命分析。

思 考 题

6-1　什么是低周疲劳?

6-2　Manson-Coffin 公式是什么?

6-3　低周疲劳的失效机理是什么?

6-4　平均应力对疲劳寿命的影响是什么?

6-5　Miner 线性累积损伤律的假定是什么?

6-6　目前有哪些疲劳设计规范?

6-7　压力容器设计中免于疲劳分析的条件是什么?

习 题

6-1　已确定某钢($E = 205×10^3$MPa)遵循以下真应力 σ、真塑性应变 ε_p 关系式

$$\sigma = 2500\text{MPa}(\varepsilon_p)^{0.11}$$

断裂时的真塑性应变为 0.48。试确定:

(1) 真实断裂强度 σ_f。

(2) 断裂时的总真实应变。

(3) 循环强度系数 K'。

(4) 循环应变硬化指数 n'。

(5) 0.2%塑性应变对应的强度 S_y。

(6) 断面收缩率 RA。

6-2　下面给出恒幅应变控制测试结果。该材料的弹性模量 E 为 200GPa。

总应变振幅 $\Delta\varepsilon/2$	应力幅度($\Delta\sigma/2$)/MPa	疲劳寿命 $2N_f$
0.00202	261	416714
0.00510	372	15894
0.0102	428	2671
0.0151	444	989

试确定:

(1) 循环应力-应变特性(K'，n')。

(2) 疲劳参数(ε_f'，σ_f'，b，c)。

(3) 转变疲劳寿命($2N_t$)。

(4) 应变幅 $\Delta\varepsilon/2 = 0.0075$ 下的疲劳寿命。

6-3　钢的循环应力-应变特性和疲劳参数为: $E = 205×10^3$MPa；$K' = 1213$MPa，$n' = 0.202$；$\sigma_f' = 924$MPa，$b = -0.095$；$\varepsilon_f' = 0.26$，$c = -0.47$。

试确定该材料在以下应变历程下的寿命。如图 6-20，历程 A 的振幅恒定，历程 B 和历程 C 的初始过载会产生残余应力。使用 Morrow、Manson-Halford 和 Smith-Watson-Topper 关系进行计算，并对三种方法的预测结果进行比较。

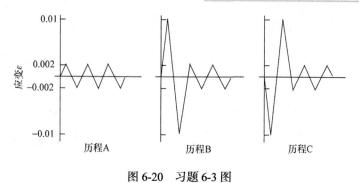

图 6-20　习题 6-3 图

第 7 章

断裂力学和疲劳裂纹扩展

7.1 压力容器的脆性断裂

有些容器在制造厂水压试验时就发生破坏，或者投入运行若干年后在工作压力下发生破坏，而检查其设计却发现完全符合规范要求。这些容器的破坏大体具有如下特点：

(1) 一般在工作压力附近破坏，破坏压力基本低于容器的整体屈服压力，更明显低于理论计算的爆破压力，因此属低应力破坏。

(2) 破坏容器未发生明显塑性变形，也就是在容器尚未加压到发生整体屈服变形的情况下破坏。破坏时可能只沿焊缝开裂形成一条细缝，也可能裂成一些碎片飞出。断口形态(断裂前宏观变形量的大小)呈现脆性破坏的特征。因此，习惯上将这种破坏称为低应力脆断。

压力容器发生低应力脆断的原因主要是焊缝中存在明显宏观缺陷。缺陷来源大致包括两种情况：一是制造中形成的焊接缺陷，特别是裂纹性缺陷，包括焊接中因预热不当而产生的裂纹、氢致裂纹，或因拘束过大由焊接残余应力影响而形成的裂纹，以及未焊透缺陷等，材料强度级别越高，或厚度越大，越容易产生焊接裂纹；二是使用中形成的裂纹，包括腐蚀裂纹，特别是应力腐蚀裂纹，还有由交变载荷导致的疲劳裂纹等。虽然疲劳问题是属于另一范畴的问题，但疲劳裂纹发展到一定尺寸时也会发生低应力脆断。由此可见，裂纹是导致压力容器发生低应力脆断的重要原因。

低应力脆断不仅在压力容器上发生，也在船只、桥梁及其他焊接结构上大量发生，这引起了工程界与科学界的重视。因为传统强度设计理论总是以材料连续性为前提的，无法考虑裂纹的存在，所以无法解决低应力脆断问题。后来逐渐形成了一个新的学科，即专门研究裂纹与断裂的断裂学科。断裂学科最重要的分支便是断裂力学。断裂力学可以很好地解释含裂纹结构发生断裂的条件，可以建立裂纹尺寸-载荷-材料韧性三者之间的关联式，能很好地用于低应力脆断问题的分析。20 世纪 70 年代开始，一些主要工业国家已将断裂力学方法引进压力容器的断裂分析中，并且相继出现了许多规范。这些规范大体分为两类：一类是在设计时就考虑有可能出现的裂纹，从而制定出防脆断设计规范；另一类是针对在役容器的缺陷如何作安全性评价的缺陷评定。这两种方法显然都涉及断裂力学的基本理论。本章首先介绍断裂力学的基本理论：线弹性断裂力学和弹塑性断裂力学，然后介绍如何应用这些理论解决压力容器的防脆断设计、缺陷评定和疲劳裂纹扩展问题。

7.2　线弹性断裂力学简介

断裂力学包括线弹性断裂力学和弹塑性断裂力学。线弹性断裂力学研究弹性范围内的断裂问题。它与常规设计方法有一个共同点，即都把材料看作理想的弹性体，应力与应变关系服从胡克定律。其不同点是，常规设计方法把材料看成是均匀连续的，而断裂力学则考虑了材料中存在着裂纹(包围裂纹的材料仍是连续介质)。

裂纹有三种基本变形方式，如图 7-1 中Ⅰ、Ⅱ、Ⅲ三种裂纹类型。如果裂纹只受到正应力作用，称为Ⅰ型裂纹或张开型裂纹。如果裂纹只受到剪应力作用，若剪应力平行于裂纹扩展方向，称为Ⅱ型裂纹或滑开型裂纹；如果剪应力垂直于裂纹扩展方向，称为Ⅲ型裂纹或撕开型裂纹。如果裂纹同时受到正应力和剪应力作用，就同时存在Ⅰ型和Ⅱ型或Ⅰ型和Ⅲ型，称为复合型裂纹。

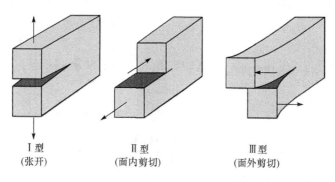

Ⅰ型　　　　　　　　Ⅱ型　　　　　　　　Ⅲ型
(张开)　　　　　　(面内剪切)　　　　　(面外剪切)

图 7-1　裂纹加载基本类型

在裂纹的三种形式中，张开型即Ⅰ型裂纹是最危险的。这里重点介绍Ⅰ型裂纹的断裂问题。

7.2.1　应力强度因子

有一无限大平板，板中有长度为 $2a$ 的穿透性裂纹，远处受到与裂纹表面垂直的均匀拉应力 σ 的作用，如图 7-2 所示。显然，这是Ⅰ型裂纹扩展问题。以裂纹尖端为极点建立极坐标，利用弹性力学方法可以解出裂纹尖端附近 (r,a) 任意点 $A(r,\theta)$ 的应力分量

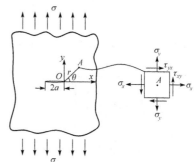

$$\left.\begin{aligned}\sigma_x &= \frac{K_{\mathrm{I}}}{\sqrt{2\pi r}}\cos\frac{\theta}{2}\left(1-\sin\frac{\theta}{2}\sin\frac{3\theta}{2}\right)\\\sigma_y &= \frac{K_{\mathrm{I}}}{\sqrt{2\pi r}}\cos\frac{\theta}{2}\left(1+\sin\frac{\theta}{2}\sin\frac{3\theta}{2}\right)\\\tau_{xy} &= \frac{K_{\mathrm{I}}}{\sqrt{2\pi r}}\sin\frac{\theta}{2}\cos\frac{\theta}{2}\cos\frac{3\theta}{2}\end{aligned}\right\} \qquad (7\text{-}1)$$

图 7-2　无限大板中穿透性裂纹

式(7-1)各应力分量中,有一个共同的常数因子K_I(下标Ⅰ表示Ⅰ型裂纹),说明各应力分量均随K_I按同一比例增减。K_I表示裂纹尖端应力场的强弱程度,称为应力强度因子。值得指出的是,只要属于张开型裂纹的平面问题,对于任何载荷方式和任意几何形状裂纹体,其裂纹尖端附近的弹性应力都是按式(7-1)所示的(r,θ)表达式分布,而载荷大小和裂纹体几何尺寸的影响均反映在K_I的表达式中。对于图7-2所示的裂纹体,其应力强度因子的表达式为

$$K_\mathrm{I} = \sigma\sqrt{\pi a} \tag{7-2}$$

应力强度因子的量纲是$\mathrm{N/m^{3/2}}$或$\mathrm{MPa}\sqrt{\mathrm{m}}$。

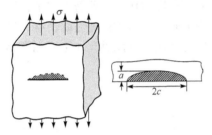

图7-3   半无限体表面半椭圆裂纹

对于具有表面半椭圆裂纹的半无限体,如图7-3所示,其应力强度因子表达式为

$$K_\mathrm{I} = \cfrac{1.1\sigma\sqrt{\pi a}}{\left[E^2(k) - 0.212\left(\dfrac{\sigma}{\sigma_\mathrm{s}}\right)^2\right]^{1/2}} \tag{7-3}$$

式中,$E(k)$为第二类椭圆积分,可查表7-1。其中

$$k = \sqrt{\frac{c^2 - a^2}{c^2}}$$

表7-1 $E(k)$表

a/c	k	$E(k)$	a/c	k	$E(k)$
0	1.0000	1.0000	0.6	0.8000	1.2764
0.1	0.9950	1.0148	0.7	0.7141	1.3456
0.2	0.9798	1.0505	0.8	0.6000	1.4181
0.3	0.9539	1.0965	0.9	0.4359	1.4935
0.4	0.9165	1.1507	1.0	0.0000	1.5708
0.5	0.8660	1.2111			

式(7-3)为压力容器设计中应用断裂力学理论的一个基本公式。

张开型应力强度因子可以统一写为

$$K_\mathrm{I} = \alpha\sigma\sqrt{\pi a} \tag{7-4}$$

式中,a为裂纹体的形状因子。对于穿透型裂纹 $a = 1$;对于表面半椭圆裂纹 $a = \cfrac{1.1}{\left[E^2(k) - 0.212\left(\dfrac{\sigma}{\sigma_\mathrm{s}}\right)^2\right]^{1/2}}$;对于其他形状的裂纹可查阅应力强度因子手册。

7.2.2　塑性区尺寸

如果裂纹尖端所受应力超过屈服极限,材料将发生塑性变形(图7-4)。塑性变形的大小受到周围弹性材料的约束。塑性区尺寸取决于试件的应力状态。平面应变状态下的塑

性区尺寸一般小于平面应力条件下的尺寸，这是因为平面应变状态下存在最大约束条件。

在单调加载条件下，裂纹尖端塑性区的尺寸约为

$$r_y = \begin{cases} \dfrac{1}{2\pi}\left(\dfrac{K}{\sigma_y}\right)^2 & \text{平面应力} \\[3mm] \dfrac{1}{6\pi}\left(\dfrac{K}{\sigma_y}\right)^2 & \text{平面应变} \end{cases}$$

式中，r_y 的定义如图 7-5 所示。

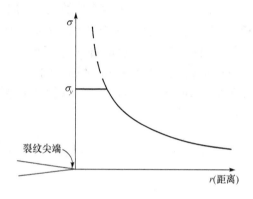

图 7-4　裂纹尖端附近屈服

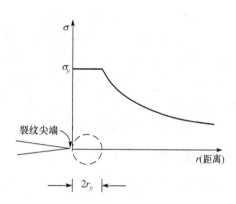

图 7-5　单调载荷条件下的塑性区尺寸

在循环载荷条件下，裂纹尖端塑性区的尺寸约为单调载荷下塑性区尺寸的 1/4。在循环过程中，当名义拉伸载荷减小时，裂纹尖端的塑性区在周围弹性材料的作用下受压。而后反向加载时，裂纹尖端的应力变化可为屈服应力的 2 倍，如图 7-6 所示。

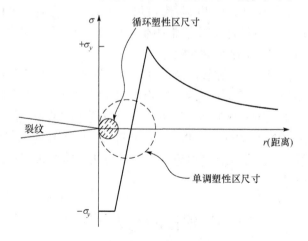

图 7-6　循环载荷条件下的塑性区尺寸

因此，循环载荷下塑性区尺寸为

$$r_y = \begin{cases} \dfrac{1}{2\pi}\left(\dfrac{K}{2\sigma_y}\right)^2 = \dfrac{1}{8\pi}\left(\dfrac{K}{\sigma_y}\right)^2 & \text{平面应力} \\[4mm] \dfrac{1}{6\pi}\left(\dfrac{K}{2\sigma_y}\right)^2 = \dfrac{1}{24\pi}\left(\dfrac{K}{\sigma_y}\right)^2 & \text{平面应变} \end{cases}$$

循环载荷条件下塑性区的尺寸较小，甚至在薄板中也表现出平面应变状态的特性。

7.2.3 断裂韧度

当裂纹尖端的应力强度因子 K_I 达到某一临界值 K_{IC} 时，裂纹会发生突然的失稳扩展，使裂纹体断裂。临界值 K_{IC} 是材料常数，称为断裂韧度。它表明材料抵抗裂纹失稳扩展的能力，是在有裂纹存在的情况下衡量材料强度的新指标。断裂韧度随试样厚度达到极限的最大约束而获得，最大约束条件发生在平面应变状态，故称为平面应变断裂韧度。它取决于试样几何尺寸、材料性质和实验温度。ASTM E399-20a 标准给出了金属材料线弹性平面应变断裂韧度的实验方法。

7.2.4 断裂判据

裂纹体在弹性范围内的断裂判据可写为

$$K_I \leqslant K_{IC} \tag{7-5}$$

将式(7-4)代入式(7-5)，可以求出裂纹体在开裂时的临界裂纹尺寸

$$a_c = \frac{1}{\pi}\left(\frac{K_{IC}}{\alpha\sigma}\right)^2 \tag{7-6}$$

当平板中的实际裂纹尺寸 a 小于临界裂纹尺寸 a_c 时，不会发生失稳扩展。为了使压力容器安全运转，设计时不仅要限制容器中的工作应力小于许用应力，而且要限制容器中的实际裂纹尺寸小于许用的临界裂纹尺寸。

线弹性断裂力学研究目前已比较成熟，可以解决各种裂纹如穿透性裂纹、深埋裂纹、表面裂纹等裂纹尖端处于弹性范围内或存在很小塑性区的断裂问题。将它应用于高强度(屈服极限大于 1000MPa)钢制成的压力容器可以取得满意的结果。但是大多数压力容器是采用中低强度(屈服极限在 200~1000MPa)钢制造的，由于其韧性较高，在断裂前裂纹端部存在明显的塑性区。如果仍按线弹性断裂力学分析，将会带来很大误差，必须改用弹塑性断裂力学分析。

7.3 弹塑性断裂力学简介

7.3.1 裂纹张开位移理论

中低强度钢在裂纹扩展之前，裂纹末端不可避免地存在较大的塑性区，而且在发生塑性变形时，裂纹面必然开始移动，即产生裂纹张开位移(COD)，如图 7-7(a)所示。大量

实验证明，在裂纹即将扩展之前测得的临界裂纹张开位移 δ_c 是定值。在一定范围内，δ_c 不因材料厚度、试件形状、加载方式而改变，说明它可以作为材料的断裂韧度指标。

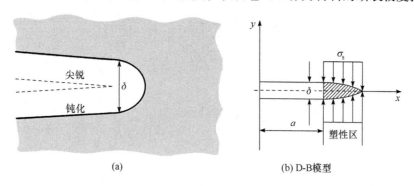

图 7-7　裂纹端部张开位移

考虑无限大的薄板，只有长度为 $2a$ 的穿透性裂纹，如图 7-7(a)所示，在垂直于裂纹方向承受屈服应力，即为 Dugdale-Barenblatt 模型(简称 D-B 模型)，如图 7-7(b)所示。经推导可得裂纹张开位移 δ 的计算式

$$\delta = \frac{8\sigma_s a}{\pi E}\ln\sec\left(\frac{\pi\sigma}{2\sigma_s}\right) \tag{7-7}$$

式(7-7)即为 D-B 模型计算的裂纹张开位移 δ。将式(7-7)应用于有曲率的压力容器时，则需考虑鼓胀效应，因为容器壁曲面上的裂纹表面是无支承的自由表面，内压使裂纹两旁的区域向外鼓胀，裂纹端部区域将产生附加弯曲应力。对于具有轴向穿透性长裂纹的压力容器，要用是原作用应力(垂直于裂纹方向的应力即周向应力 σ_θ)M 倍的等效应力 $M\sigma_\theta$ 代入式(7-7)计算

$$\delta = \frac{8\sigma_s a}{\pi E}\ln\sec\left(\frac{\pi M\sigma_\theta}{2\sigma_s}\right) \tag{7-8}$$

式中，M 为鼓胀效应系数，其值为

$$M = \left(1+1.61\frac{a^2}{RS}\right)^{1/2} \tag{7-9}$$

式中，R、S 分别为圆筒的半径和壁厚。

按 COD 理论建立的断裂判据为

$$\delta \leqslant \delta_c \tag{7-10}$$

式中，δ_c 为临界裂纹张开位移，是与 K_{IC} 类似的度量材料断裂韧度的指标，是材料的固有属性，由实验测定。

既然 δ_c 和 K_{IC} 都是度量材料断裂韧度的指标，又都是材料的固有属性，在一定条件下，它们之间必然存在一定的转换关系。在式(7-7)中，当 $\frac{\pi\sigma}{2\sigma_s}\leqslant 1$ 时，有

$$\sec\left(\frac{\pi\sigma}{2\sigma_s}\right) \approx 1 + \frac{1}{2}\left(\frac{\pi\sigma}{2\sigma_s}\right)^2$$

$$\ln\sec\left(\frac{\pi\sigma}{2\sigma_s}\right) \approx \ln\left[1 + \frac{1}{2}\left(\frac{\pi\sigma}{2\sigma_s}\right)^2\right] \approx \frac{1}{2}\left(\frac{\pi\sigma}{2\sigma_s}\right)^2$$

将以上结果代入式(7-7)，得

$$\delta = \frac{8\sigma_s a}{\pi E}\left[\frac{1}{2}\left(\frac{\pi\sigma}{2\sigma}\right)^2\right] = \pi\varepsilon_s a\left(\frac{\sigma}{\sigma_s}\right)^2$$

式中，$\varepsilon_s = \dfrac{\sigma_s}{E}$，$\sigma_s$ 为屈服应力。

根据式(7-2)

$$K_I = \sigma\sqrt{\pi a}$$

δ 表达式可写为

$$\frac{\delta}{\varepsilon_s} = \left(\frac{K_I}{\sigma_s}\right)^2$$

当在临界状态时，则

$$\frac{\delta_c}{\varepsilon_s} = \left(\frac{K_{IC}}{\sigma_s}\right)^2 \tag{7-11}$$

这就是 δ_c 和 K_{IC} 在 $\dfrac{\pi\sigma}{2\sigma_s}\leqslant 1$ 的条件下，即 $\dfrac{\sigma}{\sigma_s}<0.6$ 的低应力水平下的换算关系。

【例 7-1】　有一试验容器，材料为 15MnVR，外径为 200mm，壁厚为 6mm，沿轴向有被密封住的穿透型裂纹，其总长为 61.5mm；材料的屈服极限为 390MPa，$E = 2.1\times 10^5$ MPa，临界裂纹张开位移 $\delta_c = 0.08$mm。试计算容器开裂时的压力 p_c。

解　将 $S = 6$mm、$R = \dfrac{200-6}{2} = 97$mm、$a = \dfrac{61.5}{2} = 30.75$mm 代入鼓胀效应系数公式

$$M = \left(1 + 1.61\times\frac{30.75^2}{97\times 6}\right)^{1/2} = 1.9$$

由式(7-7)得

$$\ln\sec\left(\frac{\pi\sigma_\theta M}{2\sigma_s}\right) = \frac{\pi E\delta_c}{8\sigma_s a} = \frac{3.14\times 2.1\times 10^5\times 0.08}{8\times 390\times 30.75} = 0.5498$$

$$\sec\left(\frac{\pi\sigma_\theta M}{2\sigma_s}\right) = 1.733$$

$$\sigma_\theta = \frac{2\sigma_s}{\pi M}\sec^{-1}(1.326) = \frac{2\times 390}{\pi\times 1.9}\sec^{-1}(1.326) = 124.89(\text{MPa})$$

因为
$$\sigma_\theta = \frac{pR}{S}$$

所以开裂时的压力为

$$p_c = \sigma_\theta \frac{S}{R} = 124.89 \times \frac{6}{97} = 7.73(\text{MPa})$$

7.3.2　J 积分方法

在解决弹塑性断裂问题时，即解决从线弹性断裂、小范围屈服断裂以至大范围屈服断裂问题时，还有一种 J 积分方法。裂纹体在受载时每一点都产生应力与应变，由应力与应变可以计算每点处的应变能。如果环绕裂纹沿如图 7-8 所示的沿任意逆时针回路 Γ 进行能量线积分，其积分值与回路上各点的应变能密度 W、回路微段 ds 上的内力矢量 $\boldsymbol{T}$ 及位移矢量 $\boldsymbol{u}$ 之间的关系可用下式表达，即线路积分定义式

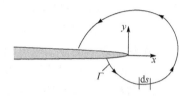

图 7-8　J 积分回路

$$J = \int_\Gamma W \mathrm{d}y - \boldsymbol{T}\frac{\partial \boldsymbol{u}}{\partial x}\mathrm{d}s \tag{7-12}$$

该积分称为 J 积分。用数学、力学方法可以严格证明，裂纹体在某一受载情况下沿任意回路的能量积分值都相等，即与积分路径无关，称为 J 积分的路径无关性。正由于此，J 积分可以成为裂纹体应力应变场的特征量。在线弹性与小范围屈服的条件下，J 积分与 K 因子都可以描绘裂纹尖端附近的应力应变场，它们都是描述这个奇异场的参量。但 J 积分比 K 因子的应用条件更广泛，在大范围屈服(只要符合小应变条件)时，J 积分都是严格成立的。即使裂纹体达到全面屈服，虽不能从理论上严格证明，数值计算及实验分析都验证了 J 积分的路径无关性仍近似成立，J 积分仍是有效参量。

J 积分还有另外的表达式，称为 J 积分的形变功率表达式：

$$J = -\frac{\partial U}{\partial a} \tag{7-13}$$

式中，U 为试件的总变形能(可由实验测出)；a 为裂纹尺寸。式(7-13)与式(7-12)等价。该定义使 J 积分通过标准试样进行实验测定成为可能。实验还证实，裂纹发生起裂时的 J 积分临界值对每种材料均为常数，因此临界值 J_{IC} 成为材料的另一种断裂韧度指标。我国已制定了 J_{IC} 的测试标准。

裂纹体断裂的 J 积分判据为

$$J \leqslant J_{\mathrm{IC}} \tag{7-14}$$

可以证明在线弹性与小范围屈服条件下，J 与 K_{I} 以及 J_{IC} 与 K_{IC} 之间有如下关系：

$$J = \frac{K_{\mathrm{I}}^2}{E'}, \qquad J_{\mathrm{IC}} = \frac{K_{\mathrm{IC}}^2}{E'}$$

式中，$E' = E$(平面应力)，E 为材料的弹性模量；$E' = E/(1-\mu^2)$(平面应变)，μ 为泊松比；J 及 J_{IC} 的常用单位为 N/mm。

J_{IC} 积分方法的定义明确，理论严密，适用范围广泛，比 K 因子及 COD 理论更优越，自 20 世纪 70 年代末起逐渐成为断裂力学发展的主要趋向，在工程应用中也有很好的前景。

7.4　结构防止断裂的安全评定工程方法

断裂力学的重大成就之一是有可能对含缺陷的结构承载能力进行定量分析，这对于保证构件安全运行和防止事故发生具有重要意义。这方面的成就已纳入一些国家的工程技术规范，成为指导性技术文件。进行评定步骤包括：

(1) 探伤确定缺陷部位、分布、几何形状和尺寸，并进行简化处理。

(2) 用断裂力学方法确定缺陷处的应力强度因子或其他断裂力学参量如 COD 和 J 等。

(3) 试验测定材料(母材、焊缝、热影响区、大型铸锻件不同部位)的断裂韧度。

(4) 依据所选用的评定规范进行安全评定。

现行主要规范包括：

(1) 美国机械工程师协会《锅炉及压力容器规范》第 III 卷附录 G 和第 XI 卷附录 A 的方法。

(2) 欧洲工业结构完整性评定方法(SINTAP)。

(3) 美国石油学会合于使用评定方法 API 579。

(4) 英国标准含缺陷金属结构的评定方法 BS 7910。

(5) 日本焊接工程学会 JWES2805 评定方法。

(6) 我国国家标准《在用含缺陷压力容器安全评定》(GB/T 19624—2019)。

(7) 美国电力研究院(EPRI)弹塑性断裂估算方法。

(8) 英国中央电力局(CEGB)R/H/R6-R3 报告方法。

在这些规范中，比较新的和完善的是 SINTAP 和美国石油学会合于使用评定方法 API 579。在 20 世纪 70 年代，美国 EPRI 弹塑性断裂估算方法和英国的 CEGB R/H/R6 方法为这些规范的制定奠定了基础。美国 EPRI 考虑到实际结构缺陷弹塑性分析的复杂性，由 Kumer、German 和 Shih 等提出了一种弹塑性断裂工程估算方法，提供了一整套估算用的图表资料，使这项工作变得比较方便。另外，结构在承受外载时，事先并不一定能预知是脆性开裂还是塑性失稳，因此，希望有一种安全评定方法能够把脆性破坏和塑性失稳都包括在一起，英国中央电力局提出的 R/H/R6 报告方法建议了一种双判据法，得到了工程界的广泛重视。全面屈服条件下的 COD 设计曲线在焊接结构的评定中被广泛使用。以下对三种方法作简要介绍。

7.4.1　全面屈服条件下的 COD

D-B 模型不适用于 $\sigma = \sigma_s$ 的全面屈服情况。但在工程结构或压力容器中，一些管道或焊接件常发生短裂纹在全面屈服(标称应力 $\sigma \geqslant$ 材料屈服应力 σ_s)下扩展而导致断裂破坏。例如，高应力集中区及残余应力区，其标称应力往往达到或超过屈服极限，使裂纹处于屈服区包围之中。对于这种发生全面屈服的情况，荷载的微小变化都会引起应变和 COD 的很大变化，故大应变情况下不宜用应力作为断裂分析的依据，而应引入应变物理量，即需寻求裂尖张开位移 δ 与应变 ε、裂纹几何和材料性能之间的关系。

由含中心贯穿裂纹的宽板拉伸试验结果，可绘出量纲为一的 COD 即 $\varPhi = \dfrac{\delta}{2\pi\varepsilon_s a}$ (其中 ε_s 为相应于材料屈服应力 σ_s 的屈服应变，a 为裂纹尺寸)与标称应变 $\varepsilon/\varepsilon_s$ 之间的关系图，实验数据构成一个较宽的分散带。实际应用时，为偏于安全，曾提出如下经验设计曲线作为确定裂纹容限和安全选材的计算依据

$$\text{Wells 公式} \qquad \left.\begin{array}{ll} \varPhi = \left(\dfrac{\varepsilon}{\varepsilon_s}\right)^2 & \left(\dfrac{\varepsilon}{\varepsilon_s} \leqslant 1\right) \\[3mm] \varPhi = \dfrac{\varepsilon}{\varepsilon_s} & \left(\dfrac{\varepsilon}{\varepsilon_s} > 1\right) \end{array}\right\} \tag{7-15}$$

$$\text{Burdekin 公式} \qquad \left.\begin{array}{ll} \varPhi = \left(\dfrac{\varepsilon}{\varepsilon_s}\right)^2 & \left(\dfrac{\varepsilon}{\varepsilon_s} \leqslant 0.5\right) \\[3mm] \varPhi = \dfrac{\varepsilon}{\varepsilon_s} - 0.25 & \left(\dfrac{\varepsilon}{\varepsilon_s} > 0.5\right) \end{array}\right\} \tag{7-16}$$

JWES2805 在分析 Burdekin 设计曲线后发现，该曲线的计算结果偏于保守，因此在 $\varepsilon/\varepsilon_s > 1$ 以后采用了斜率几乎降低一半的直线。

JWES2805 标准中

$$\delta = 3.5\varepsilon a$$

$$\varPhi = 0.5\dfrac{\varepsilon}{\varepsilon_s} \tag{7-17}$$

Burdekin 曲线偏于保守的原因主要有两点：首先，Burdekin 曲线是以宽板试验为依据提出的，而实际工程结构几何不连续部位约束屈服区的形状与宽板屈服后的变形有很大差别。即使是理想塑性材料，对于约束屈服区来说，进入屈服后的应变值也是有限的，正因为结构的约束度一般比宽板的大，故在同一应变水平下，宽板上的裂尖张开位移比实际结构的大。因此，用宽板的试验结果评定实际上是广大弹性区包围的局部高应变区的实际结构是保守的。其次，在工程评定中，规定以裂尖张开位移的启裂值 δ_i 作为评定的临界值，但就我国目前压力容器用钢来说，从启裂到破坏尚有一段距离，因此把启裂值 δ_i 规定为 COD 的临界值，也包含了一定的安全裕度。

【例 7-2】　试确定压力容器和管道中的临界裂纹尺寸 a_c。

解　(1) 退火筒体。

压力容器规范规定，设计应力为材料屈服应力的 2/3，也就是工作应力 $\sigma = \dfrac{2}{3}\sigma_s = 0.67\sigma_s$。退火状态的筒体不考虑焊接残余应力，因此根据 $\sigma/\sigma_s = 0.67$，可近似按 D-B 模型进行计算。由式(7-7)和 $\varepsilon_s = \sigma_s/E$ 得

$$a_c = \frac{\pi}{8\ln\sec\left(\dfrac{\pi\sigma}{2\sigma_s}\right)} \cdot \frac{\delta_c}{\varepsilon_s}$$

将 $\sigma/\sigma_s = 0.67$ 代入得

$$a_c = 0.57\frac{\delta_c}{\varepsilon_s}$$

考虑鼓胀效应等因素，规范规定临界裂纹尺寸

$$a_c = 0.5\frac{\delta_c}{\varepsilon_s}$$

可见，只要知道材料的临界 COD 和力学性能，即可按上式计算退火筒体的临界裂纹尺寸。

在打压试验时，规定试验压力为工作压力的 1.3 倍，即 $\sigma = 1.3\times\dfrac{2}{3}\sigma_s = 0.87\sigma_s$，此时 $\dfrac{\sigma}{\sigma_s}>0.6$，应采用全面屈服 COD 公式，如式(7-16)

$$\Phi = \frac{\delta_c}{2\pi\varepsilon_s a_c} = \frac{\varepsilon}{\varepsilon_s} - 0.25$$

因为 $\sigma/\sigma_s = \varepsilon/\varepsilon_s = 0.87$，故

$$a_c = \frac{\delta_c}{2\pi(0.87-0.25)\varepsilon_s} = 0.25\frac{\delta_c}{\varepsilon_s}$$

(2) 未退火筒体。

筒体焊接时有很大的残余应力，若不退火消除，最严重的情况下残余应变可以等于屈服应变，于是标称应变为

$$\varepsilon = \begin{cases} \varepsilon_{工作} + \varepsilon_{残} = (0.67+1)\varepsilon_s = 1.67\varepsilon_s \\ \varepsilon_{工作} + \varepsilon_{残} = (0.87+1)\varepsilon_s = 1.87\varepsilon_s \end{cases}$$

统一取 $\varepsilon = 2\varepsilon_s$，代入式(7-16)经化简得

$$a_c = 0.09\frac{\delta_c}{\varepsilon_s}$$

(3) 退火状态下接管或喷嘴的高应力区。

实验表明，设计应力下喷嘴或接管的应力集中区，其最高局部应变可达 $\varepsilon_{工作} = 2\varepsilon_s$；打压试验时可达 $\varepsilon_{打压} = 6\varepsilon_s$。分别代入式(7-16)得

$$a_c = \begin{cases} 0.09\dfrac{\delta_c}{\varepsilon_s} & (\text{设计应力}) \\[3mm] 0.03\dfrac{\delta_c}{\varepsilon_s} & (\text{打压试验}) \end{cases}$$

(4) 未退火状态下接管或喷嘴的高应力区。

考虑接管或喷嘴处的局部应变集中，再计入焊缝残余应变 $\varepsilon_{残} = \varepsilon_s$，则标称应变和相应的临界裂纹尺寸为

设计应力　　　　　　　　　　$\varepsilon = \varepsilon_s$，　$a_c = 0.06\dfrac{\delta_c}{\varepsilon_s}$

打压试验　　　　　　　　　　$\varepsilon = 7\varepsilon_s$，　$a_c = 0.024\dfrac{\delta_c}{\varepsilon_s}$

以上计算均按式(7-16)即 Burdekin 设计曲线作出。

【例 7-3】　有一台大型低合金钢制汽包在现场水压试验中脆裂，经查明起源为长 360mm、深 90mm 的表面裂纹。材料的临界 COD 值 $\delta_c = 0.43$mm，屈服应变 $\varepsilon_s = 0.0022$。试问断裂原因。

解　根据式(7-16)并考虑水压试验时的压力，临界裂纹深度为

$$a_c = 0.25\frac{\delta_c}{\varepsilon_s} = 0.25 \times \frac{0.43}{0.0022} = 49\text{mm}$$

与汽包实际的裂纹深度比较

$$\frac{a}{a_c} = \frac{90}{49} = 1.84$$

说明出事时裂纹深度为临界裂纹深度的 1.84 倍，故而断裂。

7.4.2　CEGB 双判据法

双判据法是英国中央电力局的破坏评定法。其基本思想由 Dowling 和 Towley 于 1975 年首先提出，经 Harrison 等作一些代换后改成现在的形式，后作为英国中央电力局的正式文件于 1976 年首次发布，即 R/H/R6。

CEGB 双判据法认为，当外加载荷达到按线弹性断裂力学计算的破坏载荷 L_k 或按流变应力计算的结构的失稳破坏载荷 L_u 中的较小者时，结构就发生破坏。由于此法使用非常简便，能评定可靠性要求较高的压力容器，故受到工程界的重视。构成 CEGB 双判据法的基础是破坏评定图，也称为 FAD(failure assessment diagram)图。这一方法的主要观点包括：

(1) 当材料处于完全脆性状态时，结构的失效形式属于由裂纹端部的材料特性和力学状态控制的脆性断裂。因此，结构的安全性可以用线弹性断裂力学进行评定。

(2) 当材料处于完全塑性状态时，结构的失效形式则属于由韧带的材料特性和力学状态控制的流变破坏。因此，结构的安全性可以用塑性极限理论进行评定。

(3) 介于上述两种极端情况之间的状态，可用下式评定结构的安全性：

$$\delta_c = \frac{8\sigma_s a}{\pi E}\ln\sec\left(\frac{\pi\sigma_f}{2\sigma_s}\right)$$

代入式(7-11)得

$$K_{IC}^2 = \frac{8a\sigma_s^2}{\pi}\ln\sec\frac{\pi\sigma_f}{2\sigma_s} \tag{7-18}$$

式(7-18)用 K_{IC} 取代判据(7-5)中的 K_{IC}，在一般情况下给评定留有一定的安全裕度。

引入两个新参量 K_r、L_r，其中 K_r 定义为

$$K_r = \frac{K_I}{K_{IC}} = \frac{L}{L_k}$$

是表征结构接近于线弹性断裂程度的一个参量。L_r 定义为

$$L_r = \frac{\sigma}{\sigma_s} = \frac{L}{L_u}$$

其表征结构接近于流变破坏的程度。式中，L 为结构所受的载荷。

当结构处于破坏的临界状态时，设流变应力为 σ_f，则其 K_r 和 L_r 值分别为

$$L_r = \frac{\sigma_f}{\sigma_s}, \quad K_r = \frac{K_I^f}{K_{IC}}$$

式中，K_I^f 为结构处于破坏的临界状态时裂纹端部的应力强度因子，其值为

$$K_I^f = \sigma_f\sqrt{\pi a}$$

用 $(K_I^f)^2$ 除式(7-18)，得

$$\left(\frac{K_{IC}}{K_I^f}\right)^2 = \left(\frac{\sigma_s}{\sigma}\right)^2\frac{8}{\pi^2}\ln\sec\frac{\pi\sigma_f}{2\sigma_s}$$

上式可以改写成

$$K_r = L_r\left[\frac{8}{\pi^2}\ln\sec\left(\frac{\pi}{2}L_r\right)\right]^{-1/2} \tag{7-19}$$

以 K_r 为纵坐标，L_r 为横坐标，式(7-19)可以表示为图 7-9 中的曲线。图 7-9 就是 FAD 图，曲线称为破坏评定线。评定线内侧为安全区，外侧为不安全区。对于某具体结构，总可以分别计算出它的 L_r、K_r 值，若其数据点 (L_r, K_r) 落在评定线的内侧，表明该结构是安全的，反之则为不安全。

在 1986 年修正的 R6 第三版中，将评定工作分为三级进行，三级评定的选择取决于可获得的数据和期望的精度。评定曲线也有了变化，如图 7-10 所示。一级评定使用如下方程定义的 FAD 的下界

$$\left.\begin{array}{ll} K_r = (1 - 0.14L_r^2)[0.3 + 0.7\exp(-0.65L_r^2)] & (L_r \leqslant L_r^{max}) \\ K_r = 0 & (L_r > L_r^{max}) \end{array}\right\} \tag{7-20}$$

一级评定对于相关应力应变数据未知时是合适的。对于不同的材料，在评定图上应取不同的截断值 L_r^{max}。

二级评定建立在参考应力模型基础上，因此有必要加入应力-应变曲线。二级评定的 FAD 为

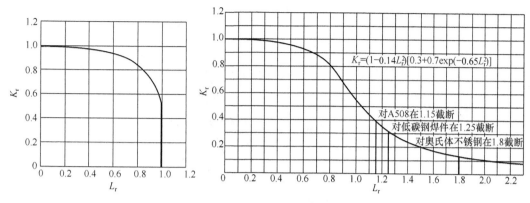

图 7-9　K_r-L_r 评定曲线　　　　　　图 7-10　R6 第三版一级评定曲线

$$K_r = \left\{ \frac{E\varepsilon_f}{L_r\sigma_y} + \frac{L_r^3\sigma_y}{2E\varepsilon_f} \right\}^{-1/2} \quad (L_r \leqslant L_r^{max})$$
$$K_r = 0 \qquad\qquad\qquad\qquad (L_r > L_r^{max})$$

$$\left.\begin{array}{c} \\ \\ \end{array}\right\} \tag{7-21}$$

式中，ε_f 为单轴拉伸应力-应变曲线中 σ_f 应力对应的真实应变。

三级评定提供最精确的分析，FAD 由 J 积分解推导得到，需根据实际材料应力-应变响应采用弹塑性有限元分析。

这三级评定可分别用来评定断裂启裂、有限稳定裂纹扩展和撕裂失稳。

7.4.3　EPRI 方法

EPRI 方法是美国电力研究院在 20 世纪 80 年代初提出的一种用于弹塑性断裂分析的工程方法，其要点是：

(1) 对受载结构进行在外载荷作用下 J 积分、张开位移 δ 和加载线位移 Δ 等参数的全塑性有限元计算，获得典型结构或试样的计算资料。

(2) 上述结构在外载作用下，计算与汇总 J、δ、Δ 等参数的弹性解。

(3) 将上述全塑性解与弹性解结合起来，导出弹塑性解的评定结果，即裂纹驱动力评定曲线，如图 7-11 所示。

(4) 综合裂纹驱动力评定曲线和由标准试样测定的阻力曲线，建立预测裂纹起始、裂纹稳定扩展和失稳的简便方法。

对幂硬化材料 $\dfrac{\varepsilon}{\varepsilon_s} = \dfrac{\sigma}{\sigma_s} + \alpha\left(\dfrac{\sigma}{\sigma_s}\right)^n$（$\sigma_s$ 为屈服强度，ε_s 为屈服应变），其弹塑性解的一般表达式可写为

$$J = J^e(a_e) + J^p(a,n)$$
$$\delta = \delta^e(a_e) + \delta^p(a,n)$$
$$\Delta = \Delta^e(a_e) + \Delta^p(a,n)$$

$$\left.\begin{array}{c} \\ \\ \\ \end{array}\right\} \tag{7-22}$$

式中，J^e、δ^e、Δ^e 为 J、δ、Δ 的弹性分量；a_e 为对裂纹尖端塑性区进行了 Irwin 修正

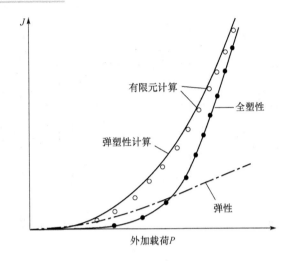

图 7-11　裂纹驱动力评定曲线

的裂纹有效长度，这种修正主要是对于应变硬化加以考虑。a_e 由下式给出

$$a_e = a + \varphi r_y \tag{7-23}$$

式中，$r_y = \dfrac{1}{\beta\pi}\left[\dfrac{n-1}{n+1}\right]\left(\dfrac{K_I}{\sigma_s}\right)^2$，而 $\varphi = \dfrac{1}{1+\left(\dfrac{P}{P_s}\right)^2}$。

平面应力状态时 $\beta = 2$，平面应变状态时 $\beta = 6$。P 为作用于单位厚度板上的广义载荷；P_s 为单位厚度板的极限载荷，它可以根据材料屈服极限和试件韧带宽度确定。

式(7-22)中 J^p、δ^p 和 Δ^p 则为 J、δ、Δ 的塑性分量。由裂纹体的全塑性解得到。

下面以含中心裂纹拉伸板为例(图 7-12)，用估算公式(7-22)计算 J。首先需分别求得弹性解 J^e 和全塑性解 J^p

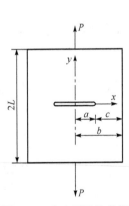

图 7-12　中心裂纹拉伸板

$$\left.\begin{array}{l} J^e = \dfrac{K_I^2}{E'} = \dfrac{F_1^2\sigma^2\pi a_e}{E'} = \dfrac{\pi a_e}{E'4b^2}F^2\left(\dfrac{a}{b}\right)P^2 \\[3mm] \delta^e = \dfrac{2a}{E'b}V_1\left(\dfrac{a}{b}\right)P \\[3mm] \Delta^e = \dfrac{2a}{E'b}V_2\left(\dfrac{a}{b}\right)P \end{array}\right\} \tag{7-24}$$

式中，P 为外加载荷；a 为裂纹长度；b 为试件宽度；c 为韧带宽度；$E' = E$(平面应力)或 $E' = \dfrac{E}{1-v^2}$(平面应变)为弹性模量；F_1、V_1、V_2 可以从各种弹性裂纹手册中得到。这些表达式可写成一般式

$$
\left.
\begin{aligned}
J^{e} &= f_1(a_e)\frac{P^2}{E'} \\[2mm]
\delta^{e} &= f_2(a_e)\frac{P}{E'} \\[2mm]
\varDelta^{e} &= f_3(a_e)\frac{P}{E'}
\end{aligned}
\right\}
\tag{7-25}
$$

全塑性解为

$$
\left.
\begin{aligned}
J^{p} &= \alpha\sigma_s\varepsilon_s a\left(\frac{c}{b}\right)h_1\left(\frac{a}{b},n\right)\left(\frac{P}{P_s}\right)^{n+1} \\[2mm]
\delta^{p} &= \alpha\varepsilon_s a h_2\left(\frac{a}{b},n\right)\left(\frac{P}{P_s}\right)^{n} \\[2mm]
\varDelta^{p} &= a\varepsilon_s a h_3\left(\frac{a}{b},n\right)\left(\frac{P}{P_s}\right)^{n}
\end{aligned}
\right\}
\tag{7-26}
$$

h_1、h_2、h_3 为 $\dfrac{a}{b}$ 及 n 的函数，可以查表得到。P_s 为单位厚度极限载荷。这样弹塑性变形区域的估算公式可写为以下形式：

$$
\left.
\begin{aligned}
J &= f_1(a_e)\frac{P^2}{E'} + \alpha\sigma_s\varepsilon_s a\left(\frac{c}{b}\right)h_1\left(\frac{a}{b},n\right)\left(\frac{P}{P_s}\right)^{n+1} \\[2mm]
\delta &= f_2(a_e)\frac{P}{E'} + \alpha\varepsilon_s a h_2\left(\frac{a}{b},n\right)\left(\frac{P}{P_s}\right)^{n} \\[2mm]
\varDelta &= f_3(a_e)\frac{P}{E'} + a\varepsilon_s a h_3\left(\frac{a}{b},n\right)\left(\frac{P}{P_s}\right)^{n}
\end{aligned}
\right\}
\tag{7-27}
$$

有了这些估算值，并综合标准试件测定的阻力曲线，就可以建立预测裂纹起始、裂纹稳定扩展和失稳的简便方法。由于篇幅所限，这里不作详细介绍。总之，估算方法是一种工程上适用的近似方法，它可用于小范围屈服到全塑性屈服的弹塑性断裂问题。利用应力强度因子手册和全塑性解手册，由弹塑性估算公式可方便地处理含裂纹试件、结构和构件的弹塑性断裂问题。有兴趣的读者可参考相关文献。

7.5　断裂力学在疲劳问题上的应用

为了保证压力容器长期安全运行，仅计算临界裂纹尺寸 a_c 是不够的，因为在疲劳或应力腐蚀的情况下，容器内已有的裂纹会发生缓慢扩展，最后达到临界裂纹尺寸。这样的裂纹扩展称为亚临界裂纹扩展。带有裂纹的压力容器的寿命主要取决于亚临界裂纹扩展的速率。

在第 6 章中已介绍了压力容器疲劳寿命的计算方法，那是建立在光滑小试件的疲劳试验曲线基础上的。由疲劳试验曲线得到的疲劳寿命 N_f 应包括裂纹的形成和裂纹的扩展两个阶段。然而，实际的压力容器在使用之前已存在裂纹或缺陷，虽然设计时考虑了安全系数，但这是笼统的，因为对裂纹体缺乏具体的定量分析。断裂力学的发展为研究裂纹亚临界扩展规律、合理估计已形成了裂纹的压力容器的寿命提供了有效途径。

裂纹体的原始裂纹尺寸为 a_i。在交变应力作用下，裂纹缓慢地扩展，直至裂纹扩展到临界裂纹尺寸 a_c，而发生快速的失稳开裂。裂纹从 a_i 扩展到 a_c 所经历的循环次数称为疲劳寿命。

在亚临界扩展过程中，对具有穿透性中心裂纹的平板做拉伸脉动循环(应力在 σ_{max} 和零之间变化)试验，得到裂纹扩展速率 $\dfrac{da}{dN}$ (a 为裂纹的瞬时尺寸，N 为交变应力的循环次数)和应力强度因子幅 ΔK_I 的关系。$\dfrac{da}{dN}$ 为应力每循环一次裂纹的亚临界扩展尺寸。应力强度因子幅 $\Delta K_I = K_{I\,max} - K_{I\,min}$，$K_{I\,max}$ 和 $K_{I\,min}$ 分别为交变应力 σ_{max} 和 σ_{min} 对应的应力强度因子。

将试验测得的数据经过整理绘在 $\lg\dfrac{da}{dN}$-$\lg\Delta K_I$ 坐标系中，得到如图 7-13 所示的曲线。这条曲线大致可以划分为三个阶段。在第 I 阶段，应力强度因子幅 ΔK_I 值很低。当 ΔK_I 值小于某一界限值 ΔK_{th} 时，裂纹基本上不扩展($\dfrac{da}{dN} \leqslant 10^{-8}\sim10^{-7}$ mm/周)。该界限值 ΔK_{th} 称为裂纹扩展的门槛值。若知道材料在某种应力比 $R\left(R=\dfrac{\sigma_{min}}{\sigma_{max}}=\dfrac{K_{I\,min}}{K_{I\,max}}\right)$ 条件下的门槛值 ΔK_{th}，即可对该材料的含裂纹构件在同样应力比 R 下进行无限寿命设计。其过程是：已知构件的初始裂纹尺寸 a_0，根据 ΔK_{th} 计算裂纹不扩展的门槛应力 $\Delta\sigma_{th}$，进而确定实际工作应力。只要实际工作的应力变化量 $\Delta\sigma \leqslant \Delta\sigma_{th}$，裂纹就不会扩展。这就保证了构件的无限寿命要求。随着 ΔK_I 继续增大，当 $\Delta K_I > \Delta K_{th}$，裂纹开始扩展到直线与曲线的转折点 B_1 时，裂纹扩展进入第 II 阶段。在第 II 阶段，一般认为 $\lg\dfrac{da}{dN}$-$\lg\Delta K_I$ 的关系是一条直线。这是一个研究得最广泛、最深入的区域，也是最重要的裂纹扩展区域。

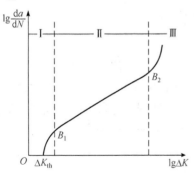

图 7-13　疲劳裂纹扩展 $\lg\dfrac{da}{dN}$-$\lg\Delta K_I$ 关系

Paris 给出一个简单且广泛使用的公式

$$\frac{da}{dN} = C\left(\Delta K_I\right)^m \tag{7-28}$$

Paris 公式表明疲劳裂纹扩展是由裂纹尖端弹性应力强度因子的变化幅度所控制的。当应力强度因子幅 ΔK_I 继续增大，则超过第 II 阶段的转折点 B_2 进入第 III 阶段，这时的 $K_{I\,max}$ 已接近材料的 K_{IC} (或 K_c)，裂纹扩展速率将急剧增快直至断裂。

由式(7-28)得

$$\mathrm{d}N = \frac{\mathrm{d}a}{C\left(\Delta K_{\mathrm{I}}\right)^{m}} \tag{7-29}$$

由于是脉动循环，$\Delta K_{\mathrm{I}} = K_{\mathrm{I}}$，由应力强度因子表达式(7-4)得到

$$\Delta K_{\mathrm{I}} = a\sigma\sqrt{\pi a}$$

代入式(7-29)，得

$$\mathrm{d}N = \frac{\mathrm{d}a}{C\left(a\sigma\sqrt{\pi}\right)^{m} a^{\frac{m}{2}}}$$

积分上式，并注意到当 $N = 0$ 时，$a = a_{\mathrm{i}}$；$N = N_{\mathrm{f}}$ 时，$a = a_{\mathrm{c}}$。于是得到疲劳寿命 N_{f}

$$N_{\mathrm{f}} = \begin{cases} \dfrac{\ln\left(\dfrac{a_{\mathrm{c}}}{a_{\mathrm{i}}}\right)}{\pi C \alpha^{2} \sigma^{2}} & (m = 2) \\[4mm] \dfrac{2a_{\mathrm{c}}}{(m-2)C\left(a\sigma\sqrt{\pi a_{\mathrm{c}}}\right)^{m}}\left[\left(\dfrac{a_{\mathrm{c}}}{a_{\mathrm{i}}}\right)^{\frac{m}{2}-1} - 1\right] & (m \neq 2) \end{cases} \tag{7-30}$$

式(7-30)为在脉动循环的交变拉应力作用下，张开型裂纹体的疲劳寿命。

【例7-4】 现设计一高压圆筒形容器，圆筒的内直径 $D_{\mathrm{i}} = 500\mathrm{mm}$，筒体壁厚 $S = 20\mathrm{mm}$。容器需要经常加卸载，加载时最大操作压力为 20MPa。容器制成后，经探伤发现在轴向焊缝中存在深 1mm、长 5mm 的表面裂纹。已知焊缝材料的断裂韧度 $K_{\mathrm{IC}} = 51\mathrm{MPa}\sqrt{\mathrm{m}}$，屈服极限 $\sigma_{\mathrm{s}} = 735\mathrm{MPa}$，疲劳裂纹亚临界扩展规律为 $\dfrac{\mathrm{d}a}{\mathrm{d}N} = 0.596\times10^{-10}\left(\Delta K_{\mathrm{I}}\right)^{2.44}$。此高压容器是否会发生断裂？断裂的安全系数为多少？疲劳寿命为多少？

解 要知道容器是否会发生瞬时断裂，需要计算带裂纹容器的应力强度因子 K_{I}，若 K_{I} 小于断裂韧度 K_{IC}，此容器就不会断裂。

(1) 计算垂直于裂纹方向的应力。

根据题意，此应力是圆筒的周向应力。由于

$$K = \frac{D_{\mathrm{o}}}{D_{\mathrm{i}}} = \frac{500 + 2\times20}{500} = 1.08 < 1.2$$

故可按薄壁圆筒的应力公式计算。

在操作压力下

$$\sigma_{\theta} = \frac{pD}{2S} = \frac{20\times(500+20)}{2\times20} = 260(\mathrm{MPa})$$

容器制成后要进行水压试验，水压试验的压力为 $1.25p = 25\mathrm{MPa}$。在水压实验时圆筒的周向应力为

$$\sigma_\theta^* = \frac{25 \times (500 + 20)}{2 \times 20} = 325(\text{MPa})$$

(2) 计算最大的应力强度因子 K_I。

在水压试验下垂直于裂纹方向的外加应力最大，故最大应力强度因子出现在水压试验的情况下。由具有表面裂纹的应力强度因子的计算式(7-3)得

$$K_I = \frac{1.1\sigma\sqrt{\pi a}}{\left[E^2(k) - 0.212\left(\dfrac{\sigma}{\sigma_s}\right)^2\right]^{1/2}}$$

式中，$\sigma = \sigma_\theta = 325\text{MPa}$；$a = 1\text{mm}$；$c = \dfrac{5}{2}\text{mm} = 2.5\text{mm}$；$\dfrac{a}{c} = \dfrac{1}{2.5} = 0.4$。由表 7-1 可以查出 $E(k) = 1.15$。

将以上数据代入上式，得

$$K_I = \frac{1.1 \times 325 \times \sqrt{\pi \times 1 \times 10^{-3}}}{\left[1.15^2 - 0.212\left(\dfrac{325}{735}\right)^2\right]^{\frac{1}{2}}} = 17.7(\text{MPa}\sqrt{\text{m}})$$

$$K_I < K_{IC}$$

断裂的安全系数为

$$n_k = \frac{K_{IC}}{K_I} = \frac{51}{17.7} = 2.88$$

说明在水压试验下圆筒不会断裂。也就是说已有的裂纹尺寸在水压试验的压力下不会突然迅速扩展。

(3) 计算容器的疲劳寿命。疲劳寿命可由下式计算：

$$N_f = \frac{2a_c}{(m-2)C\left(a\sigma\sqrt{\pi a_c}\right)^m}\left[\left(\frac{a_c}{a_i}\right)^{\frac{m}{2}-1} - 1\right]$$

式中，a_c 为在操作压力下的临界裂纹深度。

根据式(7-3)，并代入式(7-5)断裂判据，可得临界裂纹深度的计算式：

$$a_c = \frac{K_{IC}^2\left[E^2(k) - 0.212\left(\dfrac{\sigma}{\sigma_s}\right)^2\right]}{1.21\pi\sigma^2}$$

将 $\sigma = \sigma_\theta = 260\text{MPa}$，$K_{IC} = 51\text{MPa}\sqrt{\text{m}}$，$E(k) = 1.15$，$\sigma_s = 735\text{MPa}$ 等值代入，得

$$a_c = \frac{51^2\left[1.15^2 - 0.212\left(\dfrac{260}{735}\right)^2\right]}{1.21\pi \times 260^2} = 13.1 \times 10^{-3}(\text{m}) = 13.1(\text{mm})$$

式中，$a_i = 1\text{mm}$ 为原始裂纹深度；$m = 2.44$；$C = 0.596 \times 10^{-10}$；$a\sigma\sqrt{\pi a_c} = K_{IC} = 51\text{MPa}\sqrt{m}$。

将以上数据代入疲劳寿命计算式，得

$$N_f = \frac{2 \times 13.1 \times 10^{-3}}{(2.44 - 2) \times 0.596 \times 10^{-10} \times (51)^{2.44}} \left[\left(\frac{13.1}{1} \right)^{\frac{2.44}{2} - 1} - 1 \right]$$

$$= 5.18 \times 10^4 = 51800(\text{次})$$

计算出的疲劳寿命 N_f，加上适当的安全系数后，就是此容器允许的加卸载次数。在此范围内，容器不会发生疲劳断裂。

应力比对裂纹扩展速率的影响通常用裂纹闭合理论解释。该理论在预测疲劳裂纹生长方面也非常重要。在 20 世纪 70 年代早期，Elber 观察到在一定拉应力加载下，裂纹表面是闭合的，只有当下一加载循环拉应力足够大时才会开裂。对于这一现象，他提出了裂纹闭合理论。

Elber 假设裂纹闭合的发生是由裂纹尖端的塑性变形所致。7.3 节已经提到当材料中的应力大于屈服应力一定值时裂纹尖端周围会形成塑性区。如图 7-14 所示，当裂纹扩展时会形成塑性变形区，而周围的区域仍然保持弹性。当 ΔK 逐渐增大时，塑性区的尺寸也不断增大。Elber 认为在材料卸载时，被塑性拉伸的材料在到达零载荷前会使裂纹面贴合在一起(图 7-15)。

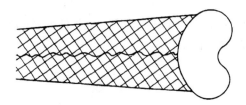

图 7-14　裂纹扩展塑性区

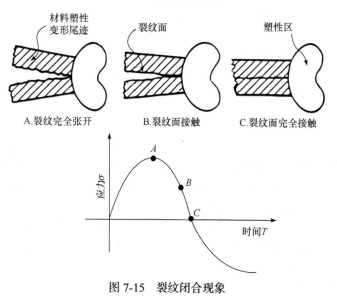

图 7-15　裂纹闭合现象

Elber 进一步引入裂纹张开应力，是指裂纹刚好完全张开时的应力值，用 σ_{op} 表示。他假设要使疲劳裂纹生长发生，裂纹必须完全张开，则

$$\Delta K_{eff} = K_{max} - K_{open} \tag{7-31}$$

$$\Delta K = K_{max} - K_{min}$$

因为

$$K_{open} > K_{min}$$

便有

$$\Delta K > \Delta K_{eff}$$

因此，等效应力强度因子幅 ΔK_{eff} 可以用来预测疲劳裂纹生长。ΔK_{eff} 值比 ΔK 小一些。

$$\frac{da}{dN} = f(\Delta K_{eff}) \tag{7-32}$$

Elber 认为 ΔK_{eff} 反映了 R 对裂纹生长速率的影响。在高 R 值时，裂纹闭合较少发生而且 ΔK_{eff} 值接近于 ΔK，这是因为 K_{open} 接近于 K_{min}。继而得出以下经验关系式：

$$\Delta K_{eff} = V \Delta K$$

$$V = \frac{\Delta K_{eff}}{\Delta K} = 0.5 + 0.4R \tag{7-33}$$

应当注意，式(7-33)只有在 $R > 0$ 时才成立。其他研究者则继续发展了对于 V 的表达式，并且将其扩展到了 $R < 0$ 的范围。

思　考　题

7-1　目前有哪些疲劳设计规范？

7-2　压力容器设计中免于疲劳分析的条件是什么？

7-3　什么是断裂韧度？

7-4　线弹性断裂力学和弹塑性断裂力学的区别是什么？

7-5　国际上有哪些缺陷评定规范？

7-6　什么是裂纹闭合效应的机理？

习　　题

7-1　15MnVR 圆筒试验容器，外径 $D_o = 200\text{mm}$，壁厚 $S = 6\text{mm}$。器壁轴向含有贯穿裂纹(内部密封) $2a = 61.5\text{mm}$。材料屈服强度 $\sigma_s = 390\text{MPa}$，$E = 2.06 \times 10^5 \text{MPa}$，$\delta_e = 0.08\text{mm}$。试求开裂压力以及在设计应力和打压实验应力下的临界裂纹尺寸。

7-2　疲劳试验用圆筒形容器，容器内径 $D_i = 200\text{mm}$，壁厚 $S = 6\text{mm}$，最高工作压力为 3MPa，容器沿轴向开有长 100mm 的穿透性裂纹。容器材料的 $\sigma_s = 570\text{MPa}$，$E = 2.06 \times 10^5 \text{MPa}$，$\delta_e = 0.06\text{mm}$。裂纹亚临界扩展规律为 $da/dN = 1.96 \times 10^{-10} \Delta K_1^{3.1}$。(1)此容器是否会断裂？断裂的安全系数是多少？(2)估算容器的疲劳寿命。

第8章

高温蠕变强度

一般情况下，当使用温度 $T_{使用}$（热力学温度，K）与金属自身的熔点 $T_{熔}$（热力学温度，K）符合 $T_{使用} > (0.25 \sim 0.35) T_{熔}$ 时，金属就会在外载荷作用下发生蠕变。蠕变变形就是金属在外力作用下随时间而不断增长的变形。

按现有的压力容器设计规范，在解决蠕变问题时，采用的是一种简单的处理办法：在确定许用应力时，用蠕变极限（在 100000h 产生 1% 的应变时的应力）或持久强度极限（经 100000h 破坏时的应力）除以安全系数，取其中较小值作为许用应力，而容器本身计算仍按弹性范围的强度公式进行。显然，利用这种办法确定容器壁厚所考虑的因素是不全面的。它没有注意到容器连接处或支承处的局部应力和焊缝处的残余应力，而这些部位由于应力大将引起很高的蠕变速率。此外，将使用期固定为 100000h 也不尽合理，如核动力设备要求设计寿命为 300000h，而有些设备却不足 100000h。因此，必须对在高温下操作的压力容器的蠕变性能进行具体研究，以便寻求既安全又经济合理的设计方法。

8.1 单向拉伸蠕变试验

压力容器的蠕变计算一般是在单向拉伸蠕变试验基础上建立起来的。

在做单向拉伸蠕变试验时，将做成标准尺寸的拉伸试件装卡在拉伸蠕变试验机上，在一定温度和载荷下以一定的时间间隔连续测量试件的伸长，直至试件破坏。试验结果如图 8-1 所示，图中横坐标 t 代表时间，纵坐标 ε 代表蠕变应变。图 8-1 是典型的蠕变曲线，它表明在应力恒定时应变 ε 随时间的变化情况。图 8-1 上线段 OA 表示瞬时应变 ε_0，它是在施加载荷的瞬间产生的。根据载荷的大小，这种应变可能是弹性的或弹塑性的。由 A 点开始蠕变，曲线明显地分成三个阶段。

蠕变第一阶段：即图中 AB 段。蠕变变形速度随时间增加而减小。

蠕变第二阶段：即图中 BC 段。蠕变变形速度保持恒定，这是最小蠕变速度的阶段，通常这一阶段的时间很长。

蠕变第三阶段：即图中 CD 段。蠕变变形随时间增加而急剧增加，试件截面积减小，最后导致断裂。

蠕变曲线的形式和应力、温度有直接的关系，如图 8-2 所示。在某一温度下，当应力非常小时，蠕变曲线只有两个阶段，此时蠕变第二阶段可能持续很长，蠕变速度非常小，如图 8-2 中的曲线Ⅳ；反之，当应力非常大时，可能完全没有蠕变第二阶段或第二阶段非常短，在蠕变第一阶段后，第三阶段几乎立即开始，如图 8-2 中的曲线Ⅰ。一般情况下，蠕变曲线都具有明显的三个阶段。

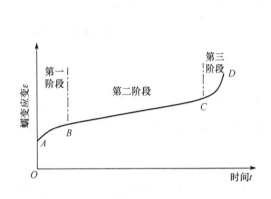

图 8-1　典型的蠕变曲线　　　　　　　图 8-2　在不同应力下的蠕变曲线

为了描述蠕变曲线，提出了一系列方程，它们各运用于一定条件下。在一般条件下，将曲线 EBF 改由两条直线 EB、BF 代替，如图 8-3 所示。当温度恒定时总应变 ε 为

$$\varepsilon = \varepsilon_0 + \varepsilon_{cr} \tag{8-1}$$

式中，ε_0 为按对数坐标系统描绘的蠕变曲线在纵坐标上的截距所代表的初始应变值；ε_{cr} 为与时间 t 有关的蠕变。

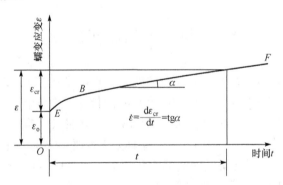

图 8-3　第二阶段蠕变率

试验结果表明，ε_0 和 ε_{cr} 可分别以应力的幂函数表示：

$$\varepsilon_0 = A\sigma^m$$

$$\varepsilon_{cr} = tB\sigma^n$$

式中，A、B、m、n 均为与温度、材料有关的常数。

对于某些设备，如锅炉中蒸汽过热器的管子，蠕变第二阶段很长，这时初始应变 ε_0

与 ε_{cr} 相比可忽略不计。式(8-1)变为

$$\varepsilon \approx \varepsilon_{cr} = tB\sigma^n \tag{8-2}$$

蠕变速率为

$$\dot{\varepsilon} = \frac{\varepsilon_{cr}}{t} = B\sigma^n \tag{8-3}$$

这也是图 8-3 中 *EF* 线的斜率。常数 *B*、*n* 可根据试验求得。

8.2　复杂应力状态下的蠕变方程式

复杂应力状态下的蠕变试验相当复杂。解决这类问题一般仍是利用单向拉伸蠕变试验的结果。为了建立复杂应力状态下的蠕变方程式，需要做如下几点假设：

(1) 在蠕变变形时，主应力 σ_1、σ_2、σ_3 的方向与主应变 ε_1、ε_2、ε_3 的方向一致。

(2) 蠕变变形时，材料的体积不变，因此

$$\varepsilon_1 + \varepsilon_2 + \varepsilon_3 = 0 \tag{8-4}$$

(3) 主剪应力与主剪应变成正比

$$\frac{\varepsilon_1 - \varepsilon_2}{\sigma_1 - \sigma_2} = \frac{\varepsilon_2 - \varepsilon_3}{\sigma_2 - \sigma_3} = \frac{\varepsilon_3 - \varepsilon_1}{\sigma_3 - \sigma_1} = \theta \tag{8-5}$$

式中的 θ 值需由试验确定。因为在塑性状态下材料的应力-应变关系不成直线，故它是 σ_1、σ_2 与 σ_3 的函数。

根据式(8-4)和式(8-5)，可以得出

$$\left.\begin{array}{l} \varepsilon_1 = \dfrac{2\theta}{3}\left[\sigma_1 - \dfrac{1}{2}(\sigma_2 + \sigma_3)\right] \\[3mm] \varepsilon_2 = \dfrac{2\theta}{3}\left[\sigma_2 - \dfrac{1}{2}(\sigma_3 + \sigma_1)\right] \\[3mm] \varepsilon_3 = \dfrac{2\theta}{3}\left[\sigma_3 - \dfrac{1}{2}(\sigma_1 + \sigma_2)\right] \end{array}\right\} \tag{8-6}$$

式(8-6)与广义胡克定律的应力-应变关系相似，所不同的是用塑性条件下的 $\dfrac{2\theta}{3}$ 代替了弹性条件下的 $1/E$，并用 1/2 代替了泊松比 μ。

在等速蠕变阶段，可将式(8-6)除以 *t* 得到主蠕变率

$$\left.\begin{array}{l} \dot{\varepsilon}_1 = \dfrac{\varepsilon_1}{t} = \varPsi\left[\sigma_1 - \dfrac{1}{2}(\sigma_2 + \sigma_3)\right] \\[3mm] \dot{\varepsilon}_2 = \dfrac{\varepsilon_2}{t} = \varPsi\left[\sigma_2 - \dfrac{1}{2}(\sigma_3 + \sigma_1)\right] \\[3mm] \dot{\varepsilon}_3 = \dfrac{\varepsilon_3}{t} = \varPsi\left[\sigma_3 - \dfrac{1}{2}(\sigma_1 + \sigma_2)\right] \end{array}\right\} \tag{8-7}$$

式中，$\Psi = \dfrac{2\theta}{3t}$。

将式(8-7)用于单向拉伸时，即 $\sigma_1 = \sigma$，$\sigma_2 = \sigma_3 = 0$，则主蠕变率为

$$\dot{\varepsilon} = \Psi \sigma \tag{8-8}$$

前已指出，材料受单向拉伸时，稳定蠕变速率可用式(8-3)表示，则由式(8-8)和式(8-3)，得

$$\Psi = B\sigma^{n-1} \tag{8-9}$$

将以单向拉伸蠕变试验得到的结果式(8-9)应用于复杂应力状态，只需将式中的 σ 以相当应力 σ_{eq} 代入即可。

根据米赛斯屈服条件，相当应力为

$$\sigma_{\text{eq}} = \frac{1}{\sqrt{2}}\sqrt{\left(\sigma_1 - \sigma_2\right)^2 + \left(\sigma_2 - \sigma_3\right)^2 + \left(\sigma_3 - \sigma_1\right)^2} \tag{8-10}$$

将 σ_{eq} 代入式(8-9)

$$\Psi = B\sigma_{\text{eq}}^{n-1} \tag{8-11}$$

将式(8-11)代入式(8-7)，得复杂应力状态下的蠕变方程式：

$$\left.\begin{aligned}
\dot{\varepsilon}_1 &= B\sigma_{\text{eq}}^{n-1}\left[\sigma_1 - \frac{1}{2}\left(\sigma_2 + \sigma_3\right)\right] \\
\dot{\varepsilon}_2 &= B\sigma_{\text{eq}}^{n-1}\left[\sigma_2 - \frac{1}{2}\left(\sigma_3 + \sigma_1\right)\right] \\
\dot{\varepsilon}_3 &= B\sigma_{\text{eq}}^{n-1}\left[\sigma_3 - \frac{1}{2}\left(\sigma_1 + \sigma_2\right)\right]
\end{aligned}\right\} \tag{8-12}$$

8.3　厚壁圆筒的蠕变计算

下面利用上述方法解决厚壁圆筒在内压 P 和温度恒定时的稳定蠕变阶段的应力分布计算。假设：

(1) 圆筒截面在蠕变后仍为圆形。

(2) 轴向的蠕变率 $\dot{\varepsilon}_z = 0$。

如果圆筒受内压后，在任意半径 r 处的周向、径向和轴向应力分别以 σ_θ、σ_r 和 σ_z 表示，则由式(8-12)，周向、径向、轴向的蠕变率为

$$\left.\begin{aligned}
\dot{\varepsilon}_\theta &= B\sigma_{\text{eq}}^{n-1}\left[\sigma_\theta - \frac{1}{2}\left(\sigma_r + \sigma_z\right)\right] \\
\dot{\varepsilon}_r &= B\sigma_{\text{eq}}^{n-1}\left[\sigma_r - \frac{1}{2}\left(\sigma_\theta + \sigma_z\right)\right] \\
\dot{\varepsilon}_z &= B\sigma_{\text{eq}}^{n-1}\left[\sigma_z - \frac{1}{2}\left(\sigma_r + \sigma_\theta\right)\right]
\end{aligned}\right\} \tag{8-13}$$

由于假设 $\dot{\varepsilon}_z = 0$ ，则由第 2 章厚壁圆筒受内压的应力关系得到

$$\sigma_z = \frac{1}{2}(\sigma_r + \sigma_\theta) \tag{8-14}$$

若用小变形理论计算蠕变应力，可引用第 1 章关于厚壁圆筒的平衡方程

$$r\frac{\mathrm{d}\sigma_r}{\mathrm{d}r} = \sigma_\theta - \sigma_r$$

几何方程

$$\varepsilon_\theta = \frac{u}{r} , \quad \varepsilon_r = \frac{\mathrm{d}u}{\mathrm{d}r}$$

结合蠕变时的蠕变率和应力的关系式(8-13)和式(8-14)，并应用厚壁筒内、外壁面的边界条件，可解得蠕变应力的表达式

$$\left.\begin{aligned}
\sigma_r &= p\left[\frac{1-\left(R_0/r\right)^{2/n}}{K^{2/n}-1}\right] \\
\sigma_\theta &= \frac{p}{n}\left[\frac{n+\left(2-n\right)\left(R_0/r\right)^{2/n}}{K^{2/n}-1}\right] \\
\sigma_z &= \frac{p}{K^{2/n}-1}\left[1+\left(\frac{1-n}{n}\right)\left(\frac{R_0}{r}\right)^{2/n}\right]
\end{aligned}\right\} \tag{8-15}$$

将式(8-14)代入式(8-10)，得相当应力

$$\sigma_{\mathrm{eq}} = \frac{\sqrt{3}}{2}(\sigma_\theta - \sigma_r)$$

将上式及式(8-15)代入式(8-13)可得蠕变率

$$\dot{\varepsilon}_\theta = -\dot{\varepsilon}_r = \frac{B}{2}(3)^{(n+1)/2}\left(\frac{R_0}{r}\right)^2\left(\frac{1}{n}\right)^n\left(\frac{p}{K^{2/n}-1}\right)^n \tag{8-16}$$

与 σ_{eq} 相对应的蠕变率为

$$\dot{\varepsilon} = \frac{\sqrt{2}}{3}\sqrt{\left(\dot{\varepsilon}_\theta - \dot{\varepsilon}_r\right)^2 + \left(\dot{\varepsilon}_r - \dot{\varepsilon}_z\right)^2 + \left(\dot{\varepsilon}_z - \dot{\varepsilon}_\theta\right)^2} \tag{8-17}$$

将式(8-16)代入，并注意到 $\dot{\varepsilon}_z = 0$ 的假设，可得

$$\dot{\varepsilon} = \frac{2}{\sqrt{3}}\dot{\varepsilon}_\theta = B(3)^{n/2}\left(\frac{R_0}{r}\right)^2\left[\frac{p}{n\left(K^{2/n}-1\right)}\right]^n \tag{8-18}$$

由式(8-18)可见，最大的 $\dot{\varepsilon}$ 值将发生在内壁面。

将式(8-15)代入式(8-10)便可算出相当应力，其最大值产生于筒体的内壁面。将 $r = R_{\mathrm{i}}$ 代入，其数值为

$$\sigma_{eq} = \frac{\sqrt{3}p}{n}\frac{K^{2/n}}{K^{2/n}-1} \tag{8-19}$$

由式(8-19)，得出蠕变破坏压力 p_{cr} 的表达式

$$p_{cr} = \frac{n\sigma'_{eq}\left(K^{2/n}-1\right)}{\sqrt{3}K^{2/n}} \tag{8-20}$$

式中，σ'_{eq} 采用单向拉伸实验时蠕变的破坏应力。

在处理厚壁圆筒的蠕变问题时，需将蠕变速率值限制在允许范围内，并保证在此范围内不会发生应力破坏。

思 考 题

8-1　金属蠕变的三个阶段及其特征分别是什么？

8-2　蠕变变形和蠕变断裂的机制是什么？

8-3　影响蠕变的因素有哪些？怎样影响蠕变？

8-4　改善蠕变的方法有哪些？

8-5　什么是蠕变极限和持久强度？

第三篇

过程装备结构应力分析

第 9 章

有限单元法简介

有限单元法是对各类工程问题获得近似解的一种离散化数值分析方法。自 1960 年 R. W. Clough 在其学术论文中将基于弹性力学基础和结构矩阵分析理论相结合的方法称为有限单元法，并将其用于平面应力分析中以来，经过有关研究者多年的研究和发展，目前这种方法已成为具有坚实理论基础和完善计算格式的一种数值分析方法。有限单元法除能求解固体静力学中大量的复杂问题外，也能有效地处理材料的各种失效问题，模拟材料或结构的线性和非线性性能，解决依赖于时间的有关问题和各种场问题，分析结构的动态特性。特别是计算机技术的发展，更促进了这种方法理论基础的完善。同时，大量的商用有限元分析软件也应运而生，为解决工程实际问题提供了可靠的工具。由于本书章节有限，不能对上述有关问题一一进行详细论述，在此仅介绍弹性力学中有限单元法的基本理论和方法，并对 ANSYS 有限元应力分析软件及其应用作简要介绍。若需更深入的了解可参阅相关文献或专著。

9.1 弹性力学的有限单元法简介

9.1.1 概述

弹性力学分析问题是从微元入手，建立平衡方程、几何方程和物理方程，并在一定的边界条件下求解。无论是采用以位移为未知量的位移法，还是采用以应力为未知量的应力法，都需要求相应的微分方程组的解，这些方程一般为高阶偏微分方程。在边界条件下精确地求出它们的解，在数学上是相当困难的，对简单问题可得到解答，但对大量的工程实际问题，特别是结构的几何形状、载荷情况、约束条件及材料性质比较复杂的问题，严格地按弹性力学的基本方法精确地求出它们的解是不可能的。因此，在工程实际中往往采用弹性力学的近似解法和数值解法，以求出问题的近似解答。

随着计算机技术的迅猛发展，有限单元法已成为目前极为有效的求解弹性力学问题的数值解法，为弹性力学应用于工程实际不断赋予新的内涵。这一方法的基本概念是首先将原来的连续体或结构划分为数目有限的许多小块体，称为有限单元或简称单元，这些单元在称为"结点"的结合点相连接。这样，就以有限单元的集合体来代替原来的连续体或结构，同时在结点上引进等效结点载荷以代替实际作用于单元上的外力，并根据实际情况将约束条件加到相应的结点上，上述过程称为连续体的有限单元离散化。其次，根据分块近似的思想，选择简单的函数组近似地表示每个单元上真实的位移分布规律，这一假设的函数组称为位移模式或位移插值函数，其未知量通常是结点位移。按照一定的理论，建立单元的平衡方程，即结点力和结点位移的关系，从而获得单元刚度矩阵。之后，按照结点位移的连续性和结点的平衡条件，将单元方程组集起来，获得整个连续体或结构以结点位移为未知量的系统平衡方程(从而获得总刚度矩阵)。最后，按照给定的位移边界条件修改这些方程并求解，便得到各结点处的位移，继而求出各单元的应力、应变等参数。

以上方法为有限单元位移法，随着所取未知量的不同，还有力法和混合法等。本书针对最为普遍的位移法，简单介绍弹性力学有限单元法的基本理论和方法。

9.1.2　有限单元分析过程

1. 连续体的有限单元离散和计算简图

有限单元法分析的最初是将连续体离散化为有限个单元的组合体，它是真实结构的一个近似的力学模型，而整个数值计算将在这个离散化的模型或计算简图上进行。以平面应力问题为例，如图 9-1 所示结构，采用三角形单元划分时，先将结构划分为有限个互不重叠的三角形。这些三角形在其顶点(结点)处相连接(铰接)，且仅在结点处相连，组成一个有限单元的集合体。再将作用在单元上的载荷，包括集中载荷、表面载荷和体积载荷，按虚功等效的原则移置到结点上，成为等效结点载荷，并将约束条件加在相应的结点处，如 AB 边为固支边，位移为零，所以在 AB 边上各结点处设置固定铰支座。这样即得到该结构的有限元计算简图。

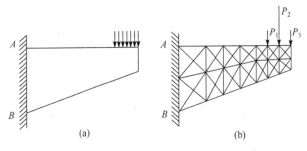

图 9-1　有限元计算简图

在进行连续体的有限单元离散而形成计算简图时，单元的形状、大小、数目、排列及约束设置的选择，与连续体或结构的几何形状、描述该问题所必需的独立空间坐标数目、计算精度、载荷分布情况、约束条件等有关，要尽可能精确地模拟原来连续体或结构的实际情况。一般单元越小，网格越密，计算精度越高，但计算量大。一般在满足精度要求的前提下，单元应尽量减少。应力梯度变化大和重要的部位，计算对象的厚度或者弹性性质有突变之处，结构受有集中突变的分布载荷或集中载荷时，单元应取小些，网格也划分得密些，且应把这些突变线作为单元的边界线。

单元形式的选择主要取决于连续体或结构的形状及所要求解的精度。表 9-1 给出了若干常用的典型单元。在具体解决工程实际问题时，可采用不同形式的单元：如对于平面问题，可采用三角形单元或矩形单元；对于三维空间问题，可采用四面体单元、棱柱体单元或等参数单元；对于压力容器轴对称问题，可采用轴对称壳单元或轴对称三角形环形单元等。有时为了准确地描述实际物体或结构，往往需要同时使用两种或两种以上形式的单元，如弹性体中采用相同数目的结点时，矩形单元的精度要比常应变三角形单元高。但是矩形单元也有明显的缺点，一是不能适应斜交边界，二是不便于不同部位采用不同大小的单元(由于单元之间仅在结点处相连接)。为了弥补这些缺点，可把矩形单元和三角形单元混合使用，如图 9-2 所示。再如具有径向接管的压力容器应力分析中，除采用空间等参数单元外，在接管和壳体连接过渡区域还采用了五面体单元。

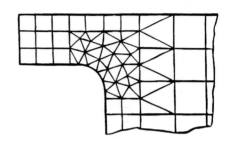

图 9-2　混合使用矩形单元和三角形单元

表 9-1　常用典型单元

单元形式		结点数	每个结点的自由度数	位移模式	典型应用
三角形常应变单元		3	2	$u = \alpha_1 + \alpha_2 x + \alpha_3 y$ $v = \alpha_4 + \alpha_5 x + \alpha_6 y$	平面问题
三角形线应变单元		6	2	$u = \alpha_1 + \alpha_2 x + \alpha_3 y$ $\quad + \alpha_4 xy + \alpha_5 x^2 + \alpha_6 y^2$ $v = \alpha_7 + \alpha_8 x + \alpha_9 y$ $\quad + \alpha_{10} xy + \alpha_{11} x^2 + \alpha_{12} y^2$	平面问题
矩形单元		4	2	$u = \alpha_1 + \alpha_2 x + \alpha_3 y + \alpha_4 xy$ $v = \alpha_5 + \alpha_6 x + \alpha_7 y + \alpha_8 xy$	平面问题
平面等参数单元		8	2	$u = \alpha_1 + \alpha_2 \xi + \alpha_3 \eta + \alpha_4 \xi^2$ $\quad + \alpha_5 \xi\eta + \alpha_6 \eta^2$ $\quad + \alpha_7 \xi^2\eta + \alpha_8 \xi\eta^2$ $v = \beta_1 + \beta_2 \xi + \beta_3 \eta + \beta_4 \xi^2$ $\quad + \beta_5 \xi\eta + \beta_6 \eta^2$ $\quad + \beta_7 \xi^2\eta + \beta_8 \xi\eta^2$	平面问题

续表

单元形式	结点数	每个结点的自由度数	位移模式	典型应用
四面体常应变单元	4	3	$u = \alpha_1 + \alpha_2 x + \alpha_3 y + \alpha_4 z$ $v = \alpha_5 + \alpha_6 x + \alpha_7 y + \alpha_8 z$ $w = \alpha_9 + \alpha_{10} x + \alpha_{11} y + \alpha_{12} z$	三维问题
空间等参数单元	20	3	(略)	三维问题
截锥体壳单元	2	3	$u = \alpha_1 + \alpha_2 s$ $w = \alpha_3 + \alpha_4 s + \alpha_5 s^2 + \alpha_6 s^3$	轴对称壳体
三角形环形单元	2	3	$u = \alpha_1 + \alpha_2 r + \alpha_3 z$ $w = \alpha_4 + \alpha_5 r + \alpha_6 z$	轴对称实体

2. 选择位移模式

在整个弹性体内各点的位移变化情况是很复杂的，很难找到一个恰当的位移函数表示整个区域里位移的复杂变化，但将整体划分为小单元，每个单元的局部范围里可用比较简单的函数表达真实的位移分布，就像小区域里以直线代替曲线一样，把各单元的位移函数连接起来，可近似表示整个区域的真实位移函数，这种化繁为简的思想是有限元的独到之处。

在有限元分析中，要精确求出问题的解，除针对具体问题选择合适的单元形式外，选择合理的单元位移模式准确地描述真实的分布也是至关重要的。很难想象，选择一个与真实位移分布有很大差异的位移模式而能得到良好的数值解。许多类型的函数都可以作位移函数，但应用最广泛的是多项式函数，其原因是多项式容易进行复杂的数学运算，即不难进行积分和微分运算。例如，选择三角形常应变单元时，位移模式为

$$
\left.\begin{aligned}
u &= \alpha_1 + \alpha_2 x + \alpha_3 y \\
v &= \alpha_4 + \alpha_5 x + \alpha_6 y
\end{aligned}\right\} \tag{9-1}
$$

为了保证解答的收敛性，要求位移模式必须满足以下三个条件：

(1) 位移模式必须包含单元的刚体位移。即当结点位移是由某个刚体位移所引起时，弹性体内不会有应变。这样，位移模式就不仅要具有描述形变的能力，而且要具有描述由于其他单元变形而通过结点位移引起单元刚体位移的能力。如式(9-1)中，常数项 α_1、α_4 可反映刚体的平动，α_2、α_3、α_5、α_6 可反映刚体的转动。

(2) 位移模式必须包含单元的常应变。每个单元的应变包含两个部分：一部分是与该单元各点的位置坐标有关的，即所谓各点的变应变；另一部分是与位置坐标无关的，即所谓常应变。从物理意义上看，当单元尺寸无限缩小时，每个单元中的变应变应趋于常量。除非位移模式包含这些常应变，否则就没有可能收敛正确解。不难看出，式(9-1)中与 α_2、α_3、α_5、α_6 有关的线性项提供了单元中的常应变。

(3) 位移模式在单元内要连续，并使相邻单元间的位移保持协调。当选择多项式构成位移模式时，单元内的连续性要求总是满足的，单元间的协调性要求单元之间不开裂也不重叠，对于梁、板和壳单元，还要求单元之间有斜率的连续性。通常，当单元交界面上的位移取决于该交界面上结点的位移时，可以保证位移的协调性。

满足条件(1)和(2)的单元称为完备单元；满足条件(3)的单元称为协调单元；同时满足三个条件的称为完备的协调单元。关于各种单元的收敛性可参阅相关文献。

选择多项式位移模式的阶次时，要考虑到解的收敛性，既要考虑到完备性和协调性的要求，还要考虑到位移与局部坐标的方位无关，这一性质称为几何各向同性。对于线性多项式，各向同性的要求通常就等价于必须包含常应变状态。对于高次模式，就是不应有一个偏惠的坐标方向，也就是位移形式不应随局部坐标的更换而改变。经验证明，按帕斯卡(Pascal)三角形(图 9-3)选择二维多项式的各项，可实现位移模式的几何各向同性。

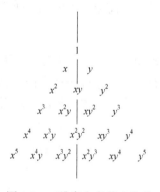

选择多项式模式要考虑的最后一个因素是，多项式中的项数必须等于或稍大于单元边界上的外结点的自由度数。通常取与单元的外自由度数相等，取过多的项是不合适的。

图 9-3 二维完全多项式排列

根据所选定的位移模式，就可以导出用结点位移表示单元内任意点位移的关系式，其矩阵形式是

$$
(f) = [N](\delta)^e \tag{a}
$$

式中，(f) 为单元内任意点的位移列阵；$(\delta)^e$ 为单元的结点位移列阵；$[N]$ 为形函数矩阵。

3. 分析单元的力学特性

利用几何方程，由位移表达式导出用结点位移表示单元应变的表达式

$$
(\varepsilon)^e = [B](\delta)^e \tag{b}
$$

式中，$(\varepsilon)^e$ 为单元内任一点的应变列阵；$[B]$ 为单元应变矩阵。

利用物理方程，由应变表达式导出用结点位移表达单元应力的关系式

$$(\sigma)^e = [D][B](\delta)^e \qquad (c)$$

式中，$(\sigma)^e$ 为单元内任一点的应力列阵；$[D]$ 为与单元材料有关的弹性矩阵。

由直接法、变分法、加权残余法或能量平衡等方法，可获得单元结点力和结点位移的关系式，即单元刚度方程

$$(F)^e = [k](\delta)^e \qquad (d)$$

式中，$(F)^e$ 为单元结点力；$[k]$ 为单元刚度矩阵，单元刚度矩阵的组成形式取决于单元形状，以及描述单元位移分布形式的位移模式。导出单元刚度矩阵是单元分析的核心内容。

4. 计算等效结点载荷

弹性体离散化后，假定力是通过结点从一个单元传递到另一个单元的，而实际作用在结构上的力是通过单元公共边界传递的，所以有限元分析中需要将作用在单元上的体积力、表面力及集中力按虚功等效的原则移植到结点处，而得到等效结点载荷。

5. 建立结构整体平衡方程

建立整体平衡方程包括：①组集单元刚度矩阵形成总体刚度矩阵；②组集单元等效结点载荷形成整体载荷列阵，由此得到结构整体平衡方程

$$(P) = [K](\delta) \qquad (e)$$

式中，$[K]$ 为总体刚度矩阵；(δ) 为整个物体的结点位移列阵；(P) 为整体载荷列阵。对整体平衡方程作适当修改后，选择合适的计算方法可求出结点位移，再利用公式(c)计算各单元的应力，加以整理得出所求结果。

9.2　三角形常应变单元的有限元列式

9.2.1　单元位移

从离散化的计算模型中取出一个单元，如图 9-4 所示，三个结点按逆时针顺序编号为 i, j, m，结点坐标分别为 $(x_i, y_i), (x_j, y_j), (x_m, y_m)$。

单元位移

$$(f) = \begin{pmatrix} u(x, y) \\ v(x, y) \end{pmatrix} \qquad (9\text{-}2)$$

每个结点的位移分量为

$$(\delta_i) = \begin{pmatrix} u_i & v_i \end{pmatrix}^{\mathrm{T}} \qquad (i, j, m) \qquad (9\text{-}3)$$

单元的结点位移

$$(\delta)^e = \left(\left(\delta_i\right)^T \quad \left(\delta_j\right)^T \quad \left(\delta_m\right)^T \right)^T = \left(u_i \quad v_i \quad u_j \quad v_j \quad u_m \quad v_m \right)^T \qquad (9\text{-}4)$$

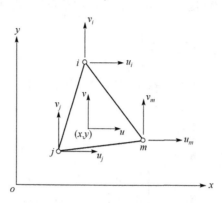

图 9-4　三角形单元

将三角形单元三个结点处的结点坐标 x_i、y_i、x_j、y_j、x_m、y_m 代入三角形单元的位移模式(9-1)时，应等于三个结点处的六个位移分量，由此可确定位移模式中的六个待定系数 $\alpha_i(i=1,2,\cdots,6)$。推导可得以结点位移表达单元位移的关系式：

$$\left. \begin{aligned} u &= N_i u_i + N_j u_j + N_m u_m \\ v &= N_i v_i + N_j v_j + N_m v_m \end{aligned} \right\} \qquad (9\text{-}5)$$

式中，N_i、N_j、N_m 为位移分布形态函数，简称形函数，并且

$$N_i = (a_i + b_i x + c_i y)/2\Delta \qquad (i,j,m) \qquad (9\text{-}6)$$

$$a_i = x_j y_m - x_m y_j, \quad b_i = y_j - y_m, \quad c_i = -(x_j - x_m) \qquad (i,j,m) \qquad (9\text{-}7)$$

式中，Δ 为三角形单元的面积。

由式(9-5)将单元位移写成矩阵形式：

$$(f) = \begin{pmatrix} u \\ v \end{pmatrix} = \begin{bmatrix} N_i & 0 & N_j & 0 & N_m & 0 \\ 0 & N_i & 0 & N_j & 0 & N_m \end{bmatrix} \begin{pmatrix} u_i \\ v_i \\ u_j \\ v_j \\ u_m \\ v_m \end{pmatrix} = \begin{bmatrix} I N_i & I N_j & I N_m \end{bmatrix} \begin{pmatrix} \delta_i \\ \delta_j \\ \delta_m \end{pmatrix} = [N](\delta)^e \qquad (9\text{-}8)$$

式中，I 为二阶单位矩阵；$[N]$ 为形函数矩阵。

证明可得，形函数具有以下性质：

(1) $N_i + N_j + N_m = 1$。

(2) $N_i(x_j \quad y_j) = \begin{cases} 1 & (i=j) \\ 0 & (i \neq j) \end{cases}$。

(3) 三角形单元 ij 边上的形函数与第三个结点的坐标无关。

以上形函数的性质在其他较为复杂的单元分析中常被利用，使分析过程大为简化。

9.2.2 单元应变和应力

将式(9-8)代入平面应力问题的几何方程，可用结点位移表示的单元应变为

$$(\varepsilon)^e = \begin{pmatrix} \varepsilon_x \\ \varepsilon_y \\ \gamma_{xy} \end{pmatrix}^e = \begin{bmatrix} \dfrac{\partial}{\partial x} & 0 \\ 0 & \dfrac{\partial}{\partial y} \\ \dfrac{\partial}{\partial x} & \dfrac{\partial}{\partial y} \end{bmatrix} \begin{pmatrix} u \\ v \end{pmatrix} = \begin{bmatrix} B_i & B_j & B_m \end{bmatrix} \begin{pmatrix} \delta_i \\ \delta_j \\ \delta_m \end{pmatrix} = [B](\delta)^e \tag{9-9}$$

式中，$[B]$ 为应变矩阵，其元素

$$[B_i] = \frac{1}{2\Delta} \begin{bmatrix} b_i & 0 \\ 0 & c_i \\ c_i & b_i \end{bmatrix} \qquad (i, j, m) \tag{9-10}$$

将式(9-9)代入平面应力问题的物理方程，可用结点位移表示单元应力

$$(\sigma)^e = \begin{pmatrix} \sigma_x & \sigma_y & \tau_{xy} \end{pmatrix}^T = [D](\varepsilon)^e = [D][B](\delta)^e \tag{9-11}$$

式中，$[D]$ 为弹性矩阵。

9.2.3 单元刚度矩阵

从离散体中取出的任意单元是在结点力以及相应的应力分量作用下处于平衡的，如图 9-5 所示。

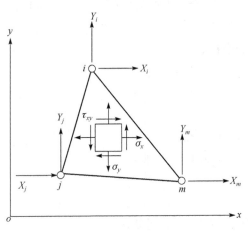

图 9-5 任意单元的平衡

若设

结点力：$(F)^e = \begin{pmatrix} F_i & F_j & F_m \end{pmatrix}^T = \begin{pmatrix} X_i & Y_i & X_j & Y_j & X_m & Y_m \end{pmatrix}^T$

结点虚位移：$(\delta^*)^e = \begin{pmatrix} u_i^* & v_i^* & u_j^* & v_j^* & u_m^* & v_m^* \end{pmatrix}^T$

单元虚位移：$\left(f^*\right) = [N]\left(\delta^*\right)^{\mathrm{e}}$

单元虚应变：$\left(\varepsilon^*\right) = [B]\left(\delta^*\right)^{\mathrm{e}}$

按照虚位移原理，即在虚位移发生时外力在虚位移上所做的功等于弹性体应力在虚应变上所做的虚功，可得

$$\left(\left(\delta^*\right)^{\mathrm{e}}\right)^{\mathrm{T}} \left(F\right)^{\mathrm{e}} = \iint \left(\varepsilon^*\right)^{\mathrm{T}} [D](\varepsilon)^{\mathrm{e}}\, t \mathrm{d}x \mathrm{d}y \tag{9-12}$$

将虚应变的表达式及式(9-9)代入式(9-12)，考虑到虚位移是任意的，可导出用结点位移表示结点力的表达式

$$(F)^{\mathrm{e}} = \iint [B]^{\mathrm{T}} [D][B]\, t \mathrm{d}x \mathrm{d}y (\delta)^{\mathrm{e}} \tag{9-13}$$

记

$$[k]^{\mathrm{e}} = \iint [B]^{\mathrm{T}} [D][B]\, t \mathrm{d}x \mathrm{d}y \tag{9-14}$$

则式(9-13)可写成

$$(F)^{\mathrm{e}} = [k]^{\mathrm{e}} (\delta)^{\mathrm{e}} \tag{9-15}$$

考虑到 $[B]$、$[D]$ 中的元素为常量，t 为单元的厚度，$\iint \mathrm{d}x \mathrm{d}y = \Delta$，式(9-14)可简化为

$$[k]^{\mathrm{e}} = [B]^{\mathrm{T}} [D][B]\, t \Delta \tag{9-16}$$

式(9-16)为单元刚度方程，$[k]^{\mathrm{e}}$ 为单元刚度矩阵。若将单元刚度矩阵写成分块形式，则

$$[k]^{\mathrm{e}} = \begin{bmatrix} k_{ii} & k_{ij} & k_{im} \\ k_{ji} & k_{jj} & k_{jm} \\ k_{mi} & k_{mj} & k_{mm} \end{bmatrix} \tag{9-17}$$

其中

$$[k_{rs}] = [B_r]^{\mathrm{T}} [D][B_s] = \frac{Et}{4(1-\mu^2)\Delta} \begin{bmatrix} b_r b_s + \dfrac{1-\mu}{2} c_r c_s & \mu b_r c_s + \dfrac{1-\mu}{2} c_r b_s \\ \mu c_r b_s + \dfrac{1-\mu}{2} b_r c_s & c_r c_s + \dfrac{1-\mu}{2} b_r b_s \end{bmatrix} \tag{9-18}$$

$$(r = i, j, m; \quad s = i, j, m)$$

9.2.4　等效结点载荷

1. 面积坐标

如图 9-6 所示三角形单元 *ijm* 中，任意一点 *P(x,y)* 的位置，可用以下三个比值确定

$$L_i = \frac{\Delta_i}{\Delta}, \qquad L_j = \frac{\Delta_j}{\Delta}, \qquad L_m = \frac{\Delta_m}{\Delta} \tag{9-19}$$

式中，Δ 为三角形 ijm 的面积，Δ_i、Δ_j、Δ_m 分别为三角形 Pjm、Pmi、Pij 的面积。这三个比值称为 P 点的面积坐标。由面积坐标和直角坐标之间的关系可以看出，三角形 Pjm 的面积为

$$\Delta_i = \frac{1}{2}\begin{vmatrix} 1 & x & y \\ 1 & x_j & y_j \\ 1 & x_m & y_m \end{vmatrix} = \frac{1}{2}(a_i + b_i x + c_i y) \tag{9-20}$$

$$L_i = \frac{\Delta_i}{\Delta} = \frac{1}{2\Delta}(a_i + b_i x + c_i y) \tag{9-21}$$

由式(9-6)可得，对于三角形常应变单元 $L_i = N_i$。同理，$L_j = N_j$，$L_m = N_m$。

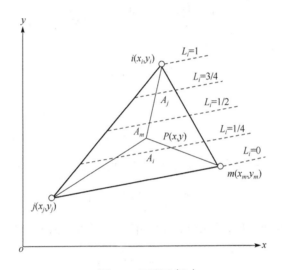

图 9-6   面积坐标

引入面积坐标的概念，可简化三角形域上或其边界上的积分运算。在计算面积坐标的幂函数时，可以应用以下积分公式

$$\iint L_i^a L_j^b L_m^c \mathrm{d}x\mathrm{d}y = \frac{a!b!}{(a+b+c+2)!}2\Delta$$

式中，a、b、c 为整数。计算面积坐标的幂函数沿三角形单元某一边界上积分时，可应用公式

$$\int L_i^a L_j^b \mathrm{d}s = \frac{a!b!}{(a+b+1)!}l$$

式中，s 为沿三角形某边上的积分变量；l 为该边的长度。

2. 等效结点载荷的移置

单元的等效结点载荷是由实际作用在单元上的集中力 $\{G\}$、分布表面力 $\{q\}$ 及体积力 $\{p_v\}$，按虚功等效原理，移置到结点上形成的，即上述三种力在相应的虚位移上所做的

功等于移置到结点处的等效结点载荷在结点的虚位移上所做的功。

设单元的等效结点载荷为 $(p)^e$，$(p)^e = \begin{pmatrix} p_{ix} & p_{iy} & p_{jx} & p_{jy} & p_{mx} & p_{my} \end{pmatrix}^T$，单元结点的虚位移为 $(\delta^*)^e$，单元的虚位移为 (f^*)。因而有

$$\left((\delta^*)^e \right)^T (p)^e = (f^*)_b^T (G) + \int_l (f^*)^T (q) t \mathrm{d}l + \iint_A (f^*)^T (p_v) t \mathrm{d}x \mathrm{d}y \tag{9-22}$$

注意到 $(f^*) = [N](\delta^*)^e$，且 $\left((\delta^*)^e \right)^T$ 是任意的，可移到积分号前面，于是式(9-22)可写成

$$(p)^e = [N]_b^T (G) + \int_l [N]^T (q) t \mathrm{d}l + \iint_A [N]^T (p_v) t \mathrm{d}x \mathrm{d}y \tag{9-23}$$

显然，等效结点载荷与所选取的单元位移模式有关。对于三角形常应变单元，$[N] = \begin{bmatrix} IN_i & IN_j & IN_m \end{bmatrix} = \begin{bmatrix} IL_i & IL_j & IL_m \end{bmatrix}$，代入式(9-22)，利用面积坐标的积分公式，根据载荷的具体分布形式，可求出单元的等效结点载荷。

9.2.5　总刚度矩阵形成

假设弹性体划分为 n_e 个单元和 n 个结点，对每个单元都进行了上述运算，得到 n_e 组形如式(9-15)的方程，根据以下原则将这些方程组集起来，可得到整个弹性体的平衡关系式。

(1) 离散体系各单元变形后必须在结点处协调地连接起来，即与某结点相连接的 m 个单元，在该点处必须具有相同的结点位移。

$$(\delta_i^1) = (\delta_i^2) = \cdots = (\delta_i^m) = (\delta_i)$$

(2) 组成离散体的各结点必须满足平衡条件，即与体系上某一点 i 直接相连的所有单元作用于该点的结点力，应与作用在该点的等效结点载荷保持平衡。

$$\sum_e (F_i^e) - \sum_e (p_i)^e = (0)$$

由此可得整体平衡方程为

$$[K](\delta) = (P) \tag{9-24}$$

式中，(δ) 为整个弹性体离散后，由各结点按照结点编号顺序从小到大组成的结点位移列阵，即

$$(\delta)_{2n \times 1} = \begin{pmatrix} \delta_1^T & \delta_2^T & \cdots & \delta_n^T \end{pmatrix}^T$$

(P) 为弹性体的载荷列阵，它是由相关单元移置到各结点上的等效结点载荷叠加后，按照结点编号顺序从小到大组成的。$[K]$ 为整个弹性体的刚度矩阵，即总刚度矩阵，它是弹性

体各单元刚度矩阵的总和，注意到式(9-14)，则有

$$[K] = \sum_{e=1}^{n_e} [k]^e = \sum_{e=1}^{n_e} \iint [B]^{\mathrm{T}} [D] [B] t \mathrm{d}x \mathrm{d}y \tag{9-25}$$

如写成分块矩阵的形式

$$[K] = \begin{bmatrix} K_{11} \cdots K_{1i} \cdots K_{1j} \cdots K_{1m} \cdots K_{1n} \\ \\ K_{i1} \cdots K_{ii} \cdots K_{ij} \cdots K_{im} \cdots K_{in} \\ \\ K_{j1} \cdots K_{ji} \cdots K_{jj} \cdots K_{jm} \cdots K_{jn} \\ \\ K_{m1} \cdots K_{mi} \cdots K_{mj} \cdots K_{mm} \cdots K_{mn} \\ \\ K_{n1} \cdots K_{ni} \cdots K_{nj} \cdots K_{nm} \cdots K_{nn} \end{bmatrix} \tag{9-26}$$

$$[K_{rs}]_{2 \times 2} = \sum_{e=1}^{n_e} k_{rs} \qquad \begin{pmatrix} r = 1, 2, \cdots, n \\ s = 1, 2, \cdots, n \end{pmatrix} \tag{9-27}$$

它是单元刚度矩阵扩大到 $2n \times 2n$ 阶之后，在同一位置的子矩阵之和。扩大后的单元刚度矩阵中有许多零元素，实际上，式(9-27)不必对全部单元求和，只有当 $[k_{rs}]$ 的下标 $r = s$ 或者属于同一个单元的结点号码时，$[k_{rs}]$ 才不等于零，否则都等于零。

总刚度矩阵具有正定、稀疏、对称和奇异等特性。由于总刚度矩阵为奇异矩阵，为求得唯一的解，必须先用给定的边界结点约束条件对总刚度方程进行处理，消除总刚度矩阵 $[K]$ 的奇异性，然后才能求解(参考后面的例题)。

以上所述三角形常应变单元采用了线性的位移模式，它是实际位移的最低逼近形式，精度受到限制，要提高精度，需改进位移模式的精度，从表 9-1 中可以看出，六结点三角形单元和矩形单元等，选择了双线性位移模式。但对于曲边边界问题，采用上述直线边界单元，存在用直线代替曲线所产生的误差，而这种误差又不能用提高单元内位移模式的精度来补偿。因此，要构造一些曲边高精度单元，以便在给定的精度下，用数目较少的单元求解实际问题，如八结点等参数单元等。

各种形式单元的分析，可通过表 9-1 中给出的单元位移模式，按上述三角形单元分析过程进行分析，由于篇幅所限，在此不一一论述。

9.2.6 算例

【例 9-1】 设有图 9-7(a)所示的正方形薄板，在沿其对角线顶点上作用有压力，载荷沿厚度均匀分布，且为 2kN/m，板厚 $t = 1m$。试计算板的应力值。

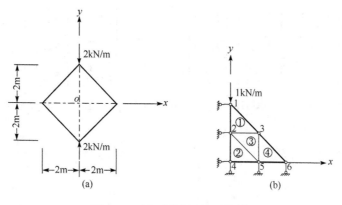

图 9-7　正方形薄板受一对压力

解　由于两个对角线均为该板的对称轴，因此只需取薄板的 1/4 作为计算对象[图 9-7(b)]。根据板的受力情况，应按平面应力问题处理。分析如下：

(1) 将所讨论的对象划分成四个三角形单元，它们彼此只在结点处用铰链连接。由于在对称轴上的结点不存在与对称轴垂直的位移分量，因此在对称轴上的结点处应设置支座连杆。在如图划分单元的情况下，所有载荷已作用在结点上。根据计算简图 9-7(b)，约束条件为

$$u_1 = u_2 = u_4 = v_4 = v_5 = v_6 = 0 \tag{a}$$

(2) 对各单元结点进行编号，并按式(9-7)计算系数 b_r、c_r $(r = i, j, m)$ 值，见表 9-2。

表 9-2　计算系数 b_r、c_r $(r = i, j, m)$值

	单元①			单元②			单元③			单元④		
	编号	b	c	编号	b	c	编号	b	c	编号	b	c
i	1	0	1.0	2	0	1.0	2	−1.0	0	3	0	1.0
j	2	−1.0	−1.0	4	−1.0	−1.0	5	0	−1.0	5	−1.0	−1.0
m	3	1.0	0	5	1.0	0	3	1.0	1.0	6	1.0	0

三角形单元面积 $\varDelta = \dfrac{1}{2} m^2$。

(3) 各单元刚度矩阵。

$$
[K]^1 = \begin{bmatrix} \left[K_{11}^1 \right] & \left[K_{12}^1 \right] & \left[K_{13}^1 \right] \\ \left[K_{21}^1 \right] & \left[K_{22}^1 \right] & \left[K_{23}^1 \right] \\ \left[K_{31}^1 \right] & \left[K_{32}^1 \right] & \left[K_{33}^1 \right] \end{bmatrix}
\qquad
[K]^2 = \begin{bmatrix} \left[K_{22}^2 \right] & \left[K_{24}^2 \right] & \left[K_{25}^2 \right] \\ \left[K_{42}^2 \right] & \left[K_{44}^2 \right] & \left[K_{45}^2 \right] \\ \left[K_{52}^2 \right] & \left[K_{54}^2 \right] & \left[K_{55}^2 \right] \end{bmatrix}
$$

$$\left[K\right]^3 = \begin{bmatrix} \left[K_{22}^3\right] & \left[K_{25}^3\right] & \left[K_{23}^3\right] \\ \left[K_{52}^3\right] & \left[K_{55}^3\right] & \left[K_{53}^3\right] \\ \left[K_{32}^3\right] & \left[K_{35}^3\right] & \left[K_{33}^3\right] \end{bmatrix} \qquad \left[K\right]^4 = \begin{bmatrix} \left[K_{33}^4\right] & \left[K_{35}^4\right] & \left[K_{36}^4\right] \\ \left[K_{53}^4\right] & \left[K_{55}^4\right] & \left[K_{56}^4\right] \\ \left[K_{63}^4\right] & \left[K_{65}^4\right] & \left[K_{66}^4\right] \end{bmatrix} \tag{b}$$

为便于计算，取 $\mu = 0$。其中各单元刚度矩阵的子矩阵按式(9-18)计算为

$$\left[K_{11}^1\right] = \left[K_{22}^2\right] = \left[K_{33}^4\right] = \frac{E}{2}\begin{bmatrix} \dfrac{1}{2} & 0 \\ 0 & 1 \end{bmatrix} \qquad \left[K_{12}^1\right] = \left[K_{24}^2\right] = \left[K_{35}^4\right] = \frac{E}{2}\begin{bmatrix} -\dfrac{1}{2} & -\dfrac{1}{2} \\ 0 & -1 \end{bmatrix}$$

$$\left[K_{13}^1\right] = \left[K_{25}^2\right] = \left[K_{36}^4\right] = \frac{E}{2}\begin{bmatrix} 0 & \dfrac{1}{2} \\ 0 & 0 \end{bmatrix} \qquad \left[K_{22}^1\right] = \left[K_{44}^2\right] = \left[K_{55}^4\right] = \frac{E}{2}\begin{bmatrix} \dfrac{3}{2} & \dfrac{1}{2} \\ \dfrac{1}{2} & \dfrac{3}{2} \end{bmatrix}$$

$$\left[K_{23}^1\right] = \left[K_{45}^2\right] = \left[K_{56}^4\right] = \frac{E}{2}\begin{bmatrix} -1 & -\dfrac{1}{2} \\ 0 & -\dfrac{1}{2} \end{bmatrix} \qquad \left[K_{33}^1\right] = \left[K_{55}^2\right] = \left[K_{66}^4\right] = \frac{E}{2}\begin{bmatrix} 1 & 0 \\ 0 & \dfrac{1}{2} \end{bmatrix} \tag{c}$$

$$\left[K_{22}^3\right] = \frac{E}{2}\begin{bmatrix} 1 & 0 \\ 0 & \dfrac{1}{2} \end{bmatrix} \quad \left[K_{25}^3\right] = \frac{E}{2}\begin{bmatrix} 0 & 0 \\ \dfrac{1}{2} & 0 \end{bmatrix} \quad \left[K_{23}^3\right] = \frac{E}{2}\begin{bmatrix} -1 & 0 \\ -\dfrac{1}{2} & -\dfrac{1}{2} \end{bmatrix}$$

$$\left[K_{55}^3\right] = \frac{E}{2}\begin{bmatrix} \dfrac{1}{2} & 0 \\ 0 & 1 \end{bmatrix} \quad \left[K_{33}^3\right] = \frac{E}{2}\begin{bmatrix} \dfrac{3}{2} & \dfrac{1}{2} \\ \dfrac{1}{2} & \dfrac{3}{2} \end{bmatrix} \quad \left[K_{35}^3\right] = \frac{E}{2}\begin{bmatrix} -\dfrac{1}{2} & 0 \\ -\dfrac{1}{2} & -1 \end{bmatrix}$$

(4) 组集单元刚度矩阵，形成总刚度方程。

将单元刚度矩阵的子矩阵放到总刚度矩阵相应的行和列中，如下列矩阵中用黑体写出的单元②的单元刚度矩阵子矩阵在总刚度矩阵中的位置，这一扩大了的矩阵称为单元②的单元刚度矩阵对总刚度矩阵的贡献矩阵，各单元贡献矩阵的子矩阵在相应位置进行叠加，可获得总刚度矩阵，这种总刚度矩阵形成的方法称为直接刚度法。

$$\begin{bmatrix} \left[K_{11}^1\right] & \left[K_{12}^1\right] & \left[K_{13}^1\right] & & & \\ \left[K_{22}^1\right]+\left[\boldsymbol{K_{22}^2}\right]+\left[K_{22}^3\right] & \left[K_{23}^1\right]+\left[K_{23}^3\right] & \left[\boldsymbol{K_{24}^2}\right] & \left[\boldsymbol{K_{25}^2}\right]+\left[K_{25}^3\right] & \\ \left[K_{31}^1\right] & \left[K_{32}^1\right]+\left[K_{32}^3\right] & \left[K_{33}^1\right]+\left[K_{33}^3\right]+\left[K_{33}^4\right] & & \left[K_{35}^3\right]+\left[K_{35}^4\right] & \left[K_{36}^4\right] \\ & \left[\boldsymbol{K_{42}^2}\right] & & \left[\boldsymbol{K_{44}^2}\right] & \left[\boldsymbol{K_{45}^2}\right] & \\ & \left[\boldsymbol{K_{52}^2}\right]+\left[K_{52}^3\right] & \left[K_{53}^3\right]+\left[K_{53}^4\right] & \left[\boldsymbol{K_{54}^2}\right] & \left[\boldsymbol{K_{55}^2}\right]+\left[K_{55}^3\right]+\left[K_{55}^4\right] & \left[K_{56}^4\right] \\ & & \left[K_{63}^4\right] & & \left[K_{65}^4\right] & \left[K_{66}^4\right] \end{bmatrix} \begin{Bmatrix} (\delta_1) \\ (\delta_2) \\ (\delta_3) \\ (\delta_4) \\ (\delta_5) \\ (\delta_6) \end{Bmatrix} = \begin{Bmatrix} (P_1) \\ (P_2) \\ (P_3) \\ (P_4) \\ (P_5) \\ (P_6) \end{Bmatrix} \tag{d}$$

将各单元刚度矩阵的子矩阵式(c)代入式(d)中，整理可得方程组

$$\begin{bmatrix} 0.25 & 0 & -0.25 & -0.25 & 0 & 0.25 & 0 & 0 & 0 & 0 & 0 & 0 \\ & 0.5 & 0 & -0.5 & 0 & 0 & 0 & 0 & 0 & 0 & 0 & 0 \\ & & 1.5 & 0.25 & -1.0 & -0.25 & -0.25 & -0.25 & 0 & 0.25 & 0 & 0 \\ & & & 1.5 & -0.25 & -0.5 & 0 & -0.5 & 0.25 & 0 & 0 & 0 \\ & & & & 1.5 & 0.25 & 0 & 0 & -0.5 & -0.25 & 0 & 0.25 \\ & & & & & 1.5 & 0 & 0 & -0.25 & -1.0 & 0 & 0 \\ & & & & & & 0.75 & 0.25 & -0.5 & -0.25 & 0 & 0 \\ & & & & & & & 0.75 & 0 & -0.25 & 0 & 0 \\ & & \text{对称} & & & & & & 1.5 & 0.25 & -0.5 & -0.25 \\ & & & & & & & & & 1.5 & 0 & -0.25 \\ & & & & & & & & & & 0.5 & 0 \\ & & & & & & & & & & & 0.25 \end{bmatrix} \begin{Bmatrix} u_1 \\ v_1 \\ u_2 \\ v_2 \\ u_3 \\ v_3 \\ u_4 \\ v_4 \\ u_5 \\ v_5 \\ u_6 \\ v_6 \end{Bmatrix} = \begin{Bmatrix} 0 \\ -1 \\ 0 \\ 0 \\ 0 \\ 0 \\ 0 \\ 0 \\ 0 \\ 0 \\ 0 \\ 0 \end{Bmatrix} \quad (e)$$

(5) 引入边界条件，并求解。

求解前，应根据约束条件(a)修正方程组(e)，以消除总刚度矩阵的奇异性。对于零位移约束的情况，考虑到求解过程中，在整体刚度矩阵中，与位移为零的结点所对应的行和列的元素在求解其他结点的位移时不起作用，因而可以从总刚度矩阵中划去。将方程组(e)划去与零位移相对应的 1、3、7、8、10、12 行和列后，方程组简化为

$$\begin{bmatrix} 0.5 & -0.5 & 0 & 0 & 0 & 0 \\ & 1.5 & -0.25 & -0.5 & 0.25 & 0 \\ & & 1.5 & 0.25 & -0.5 & 0 \\ & & & 1.5 & -0.25 & 0 \\ & & & & 1.5 & -0.5 \\ & & & & & 0.5 \end{bmatrix} \begin{Bmatrix} v_1 \\ v_2 \\ u_3 \\ v_3 \\ u_5 \\ u_6 \end{Bmatrix} = \begin{Bmatrix} -1 \\ 0 \\ 0 \\ 0 \\ 0 \\ 0 \end{Bmatrix} \quad (f)$$

解方程组可以求出位移

$$\begin{Bmatrix} v_1 \\ v_2 \\ u_3 \\ v_3 \\ u_5 \\ u_6 \end{Bmatrix} = \frac{1}{E} \begin{Bmatrix} -3.252 \\ -1.252 \\ -0.088 \\ -0.372 \\ 0.176 \\ 0.176 \end{Bmatrix} \quad (g)$$

若为非零位移约束，则需采用其他方法，常用的方法为乘大数法。该法是将总刚度矩阵 $[K]$ 中相应给定位移约束的对角线元素 K_{ii} 和等效结点载荷列阵 (P) 中的 P_i 加以修正，即将 K_{ii} 乘以一个相当大的数，如 1×10^{15}，$[K]$ 中其他元素保持不变。(P) 中的对应项 P_i 代之以给定的位移乘以相应的主对角线元素，同时乘以相同的大数 1×10^{15}，(P) 中其他元素保持不变。这种方法不改变总刚度矩阵的阶数，计算程序编制较为简单。

(6) 计算单元应力。

求出结点位移后，可根据式(9-11)求出单元应力如下：

$$\begin{pmatrix} \sigma_x \\ \sigma_y \\ \tau_{xy} \end{pmatrix}^{(1)} = E \begin{pmatrix} -0.088 \\ -2.00 \\ 0.440 \end{pmatrix} kN/m^2 \qquad \begin{pmatrix} \sigma_x \\ \sigma_y \\ \tau_{xy} \end{pmatrix}^{(2)} = E \begin{pmatrix} 0.176 \\ -1.252 \\ 0 \end{pmatrix} kN/m^2$$

$$\begin{pmatrix} \sigma_x \\ \sigma_y \\ \tau_{xy} \end{pmatrix}^{(3)} = E \begin{pmatrix} -0.088 \\ -0.372 \\ 0.308 \end{pmatrix} kN/m^2 \qquad \begin{pmatrix} \sigma_x \\ \sigma_y \\ \tau_{xy} \end{pmatrix}^{(4)} = E \begin{pmatrix} 0 \\ -0.372 \\ -0.132 \end{pmatrix} kN/m^2$$

因为是三角形常应变单元，所以单元内的应力处处相等，通常把它看作三角形单元中心处的应力值。

可采用绕点平均法(图 9-8)或二单元平均法(图 9-9)对单元应力进行处理。将应力移置到相应的结点上，对边界结点的应力，如图 9-8 中的 0 处，首先用绕点平均法求出 1、2、3 处的应力，再由内结点处的应力用二次插值公式推算出：

二单元平均法 $(\sigma_x)_1 = \dfrac{1}{2}\left[(\sigma_x)_A + (\sigma_x)_B\right]$ $(\sigma_x)_2 = \dfrac{1}{2}\left[(\sigma_x)_c + (\sigma_x)_d\right]$

绕点平均法 $(\sigma_x)_1 = \dfrac{1}{6}\left[(\sigma_x)_A + (\sigma_x)_B + (\sigma_x)_C + (\sigma_x)_D + (\sigma_x)_E + (\sigma_x)_F\right]$

边界点插值 $f = \dfrac{(x-x_2)(x-x_3)}{(x_1-x_2)(x_1-x_3)}f_1 + \dfrac{(x-x_1)(x-x_3)}{(x_2-x_1)(x_2-x_3)}f_2 + \dfrac{(x-x_1)(x-x_2)}{(x_3-x_1)(x_3-x_2)}f_3$

式中，x_1、x_2、x_3 为三个插值点 1、2、3 的坐标，f_1、f_2、f_3 为相应的给定函数值。将以上各值及所推算点的坐标 x 代入上式，便可求得函数的近似值。

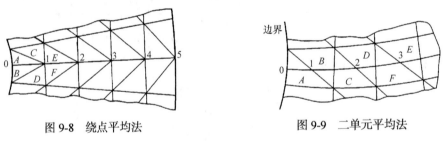

图 9-8 绕点平均法   图 9-9 二单元平均法

【例 9-2】 图 9-10(a)为一均布简支梁，高 3m，长 18m，承受的均布载荷为 10kN/m²，

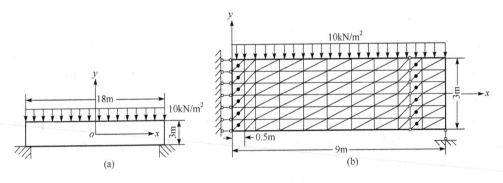

图 9-10 简支梁受均布载荷

$E = 2 \times 10^6 \, \text{kN/m}^2$，$\mu = 0.167$，取梁的厚度为 1，按平面应力问题处理。由于对称，只对右边一半进行有限元计算。选取对称轴为 y 轴。在 y 轴上各结点布置水平连杆支座。在准备整理应力结果之处，采用了较密的网格，图 9-10(b) 为计算简图。通过有限元计算，对于 $x = 0.25\text{m}$ 截面上各点[图 9-10(b) 中左端黑点处]的弯曲应力 σ_x 的计算结果列于表 9-3 中。

表 9-3 弯曲应力 σ_x 计算结果分析

黑点的坐标 y/m	有限元解/MPa	函数解/MPa	误差/MPa
1.50	−248	−272	−8.82
1.25	−205	−225	−8.88
0.75	−122	−134	−8.89
0.25	−41	−44	−6.81
−0.25	38	44	−13.36
−0.75	120	134	−10.44
−1.25	210	225	−6.66
−1.5	258	272	−5.14

表中 $y = 1.5\text{m}$(梁顶)及 $y = -1.5\text{m}$(梁底)处的应力无法用二单元平均法求出，而是由梁内三个点处的应力用插值公式推算得出的。表中的函数解是由弹性力学平面问题计算出来的。通过计算表明：应力 σ_x 沿横截面高度基本上按直线变化。

对于剪应力 τ_{xy}，弹性力学函数解与材料力学解相同。用二单元平均法算出在 $x = 7.75\text{m}$ 截面上[图 9-10(b) 上右端黑点处]剪应力 τ_{xy} 的值，并算出该截面的最大剪应力，为此 37.9kN/m^2 与函数解 38.8kN/m^2 相比，误差为 2.32%(以函数解为基础)。

整理挤压应力 σ_y 时，所得结果和函数解相差很大，这是符合下述规律的一个实例，即如果弹性体在某一方向具有特别小的尺寸，则这一方向的正应力的有限元解将具有较大的误差。这可用加密网格解决。由于这个正应力一般是最次要的应力，因此没有必要为其特意加密网格。

思 考 题

9-1 说明有限元方法解题的主要步骤。

9-2 说明有限元方法解误差的主要来源。

9-3 说明结构力学中的三种"非线性"都包含哪些，并解释其含义。

9-4 给出由单元刚度矩阵组装形成总体刚度矩阵的基本原理和过程。

习 题

9-1 列表给出有限元几类基本单元的图形、节点数、节点自由度数和单元总自由度数(包括杆单元、梁单元、平面三角形单元、平面四边形单元、轴对称问题三角形单元、四边形壳单元、四面体单元)。

9-2 计算如图 9-11 所示的直梁单元承受 4 种典型载荷分布形式的等效节点载荷(要求计算过程)。

9-3 计算如图 9-12 所示的三杆平面桁架结构在总体坐标系下各单元的单元刚度矩阵。杆单元材料的弹性模量为 $E = 200\text{GPa}$ ，截面积为 $A = 1.0 \times 10^{-4}\text{m}^2$ 。

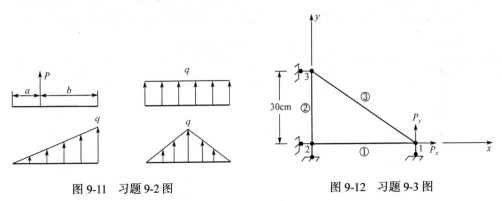

图 9-11 习题 9-2 图   图 9-12 习题 9-3 图

第10章

ANSYS 软件介绍

10.1 初步认识 ANSYS

10.1.1 ANSYS 的功能

ANSYS 提供了对各种物理场的分析，是一种融合结构、热、电磁、流场、声学等为一体的大型通用有限元软件。其主要功能包括：

(1) 结构分析。

结构分析是有限元分析方法最常用的一个应用领域。ANSYS 能够完成的结构分析有：结构静力分析，结构非线性分析，结构动力学分析。

(2) 热分析。

热分析用于计算一个系统的温度等热物理量的分布及变化情况。ANSYS 能够完成的热分析有：稳态温度场分析，瞬态温度场分析，相变分析，辐射分析。

(3) 流体动力学分析。

ANSYS 软件的 FLOTRAN CFD 分析功能能够进行二维及三维的流体瞬态和稳态动力学仿真，其可以完成以下分析：层流、紊流分析，自由对流与强迫对流分析，可压缩流/不可压缩流分析，亚音速、跨音速、超音速流动分析，多组分流动分析，移动壁面及自由界面分析，牛顿流体与非牛顿流体分析，内流和外流分析，分布阻尼和热辐射分析。

(4) 电磁场分析。

ANSYS 软件能分析电感、电容、涡流、电场分布、磁力线及能量损失等电磁场问题；也可用于螺线管、发电机、变换器、电解槽等装置的设计与分析。其内容主要包括：2D、3D 及轴对称静磁场分析，2D、3D 及轴对称时变磁场分析，交流磁场分析，静电场、交流电场分析。

(5) 声学分析。

ANSYS 软件能进行声波在含流体介质中传播的研究，也能分析浸泡在流体中的固体结构的动态特性。其涉及范围包括：声波在容器内的流体介质中的传播，声波在固体介质中的传播，水下结构的声学特征，无限表面吸收单元。

(6) 压电分析。

用于 2D、3D 结构对直流、交流或任意随时间变化的电流或机械载荷的响应。主要涉及内容如下：稳态分析，瞬态分析，谐响应分析，交流、直流、时变电载荷或机械载荷分析。

(7) 多耦合场分析。

多耦合场分析是考虑两个或多个物理场之间的相互作用。ANSYS 统一数据库及多物理场分析并存的特点保证了其可方便地进行耦合场分析，允许的耦合类型有以下几种：热-应力耦合，磁-热耦合，磁-结构耦合，流体流动-热耦合，流体-结构耦合，热-电耦合，电-磁-热-流体-应力耦合等。

(8) 优化设计。

优化设计是一种寻找最优设计方案的技术。ANSYS 程序提供多种优化方法，包括零阶方法和一阶方法等。对此，ANSYS 提供了一系列的分析-评估-修正的过程。此外，ANSYS 程序还提供一系列的优化工具以提高优化过程的效率。

(9) 用户编程扩展功能。

用户可编辑特性(UPFS)是指 ANSYS 程序的开放结构允许用户连接自己编写的FORTRAN 程序和子过程。UPFS 允许用户根据需要定制 ANSYS 程序，如用户自定义的材料性质、单元类型、失效准则等。通过连接自己的 FORTRAN 程序，用户可以生成一个针对自己特定计算目的的 ANSYS 程序版本。

(10) 其他功能。

ANSYS 程序支持的其他一些高级功能包括拓扑优化设计、自适应网格划分、子模型、子结构、单元的生和死。

10.1.2　ANSYS 的工作界面

启动 ANSYS 后，进入图形界面运行环境，同时弹出主窗口和输出窗口，分别介绍如下。

1. ANSYS 的输出窗口

图 10-1 为 ANSYS 的输出窗口，它是一种 DOS 窗口，记录 ANSYS 的配置信息和运

图 10-1　ANSYS 的输出窗口

行命令等内容。主窗口执行的 GUI 操作被自动转化为对应的命令输出到此窗口。在求解大型有限元程序时，可以通过监视此输出窗口了解程序运行的步骤。不可对输出窗口进行编辑，只能查看其显示的信息。

2. ANSYS 的主窗口

几乎所有相关的操作都在 ANSYS 的主窗口中完成。因此，了解主窗口界面对于熟悉 ANSYS 十分重要。图 10-2 给出了 ANSYS 主窗口界面及相应部分的划分。

图 10-2　ANSYS 主窗口界面及其相应部分的划分

可以看到，ANSYS 主窗口分为几个不同部分，每部分有其特殊功能。下面简单介绍各部分的作用。

1) ANSYS 状态栏

图 10-3 为 ANSYS 状态栏示意图。状态栏中显示的是材料号、单元号、实常数号、坐标系号及截面类型号。ANSYS 可以设定多种材料性能，并通过不同的材料号识别不同的材料类型。ANSYS 提供了丰富的单元类型，并通过实常数设定单元的某些特性。坐标变换在 ANSYS 实体建模过程中经常被使用，常用的坐标系包括笛卡儿坐标系、柱坐标系和球坐标系，ANSYS 通过坐标系号识别目前处于工作状态的坐标系。截面类型号通常在包括梁单元的情况下使用，其避免了建立实体梁模型的麻烦，ANSYS 通过截面类型号识别不同的梁截面形状。

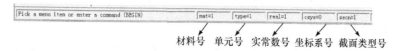

图 10-3　ANSYS 状态栏

2) 命令输入窗口

图 10-4 为命令输入窗口。在命令输入窗口中可以输入 ANSYS 命令，ANSYS 所有操作都可以通过输入对应的命令实现。对于复杂的模型，输入一系列命令比图形操作(GUI)更加方便和快捷。ANSYS 命令输入窗口非常人性化，在输入命令时，会自动弹出该命令的提示信息，如图 10-4 中深色区域所示。

图 10-4　命令输入窗口

3) ANSYS 工具栏

ANSYS 工具栏中集成了几个比较常用的按钮，单击这些按钮可以高效快捷地完成保存数据、恢复数据、退出等命令。ANSYS 工具栏如图 10-5 所示。

图 10-5　ANSYS 工具栏

4) 图形显示控制按钮集

图 10-6 为图形显示控制按钮集，通过这些按钮可以控制模型的显示方式，如显示模型的正视图和侧视图、放大缩小模型、使模型平移和绕某个坐标轴旋转。点击动态控制按钮，按住鼠标左键可以任意拖动模型，按住鼠标右键可以任意旋转模型，滚动鼠标中键可以放大和缩小模型。

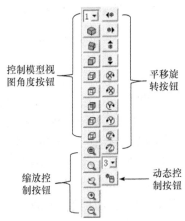

图 10-6　图形显示控制按钮集

5) ANSYS 实用菜单

前面介绍了 ANSYS 界面中一些比较简单的部分，接下来介绍 ANSYS 的实用菜单，如图 10-7 所示。菜单涉及文件(File)、选择(Select)、列表显示(List)、图形显示(Plot)、绘图控制(PlotCtrls)、工作平面(WorkPlane)等系列 ANSYS 的关键操作,因此非常重要。在此,仅对一些常见的操作进行介绍。

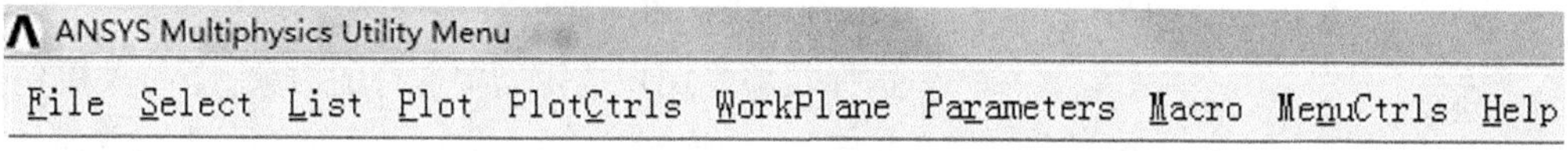

ANSYS Multiphysics Utility Menu

File　Select　List　Plot　PlotCtrls　WorkPlane　Parameters　Macro　MenuCtrls　Help

图 10-7　ANSYS 实用菜单

Ⅰ. File(文件)菜单

File(文件)菜单部分主要完成文件管理、数据库操作等系列功能。图 10-8 为 File(文件)菜单及其简要说明。

Clear & Start New: 清除当前数据并开始新的分析
Change Jobname: 修改工作文件名
Change Directory: 修改工作目录的路径
Change Title: 修改工作标题
Resume Jobname.db: 从默认文件中恢复数据,其功能等同于工具栏中的RESUME_DB按钮
Resume from: 从其他路径的文件中恢复数据
Save as Jobname.db: 以默认文件名储存当前数据库信息,其功能等同于工具栏中的SAVE_DB按钮
Save as: 以用户自定义文件名存放当前数据库信息
Write DB log file: 输出数据库文件
Read Input from: 读入命令文件,如APDL文件
Switch Output to: 输出结果文件
List: 显示文件内容
File Operations: 设置ANSYS文件的属性等
File Options: 选择指定属性的文件
Import: 导入其他CAD等软件生成的实体模型
Export: 导出IGES格式的文件
Report Generator: 报告生成器,用户在完成ANSYS分析后生成一份完整的报告
Exit: 退出ANSYS

图 10-8　File 子菜单

Ⅱ. Select(选择)菜单

Select(选择)菜单用于实体模型或者有限元模型中对象的选取,在复杂模型中该功能非常实用,它同时可以对组件和部件进行管理。图 10-9 为 Select(选择)菜单及其简要说明。

Entities: 实体选择工具
Component Manager: 组件管理器
Comp/Assembly: 组件/部件
Everything: 选择整个模型中的所有对象
Everything Below: 选择某类对象

图 10-9　Select 子菜单

Entities 实体选择工具在 ANSYS 操作中经常被用到,需要进行详细的说明。单击 Entities,弹出图 10-10 所示的对话框,该对话框分为三大块:选择对象和选择方式、选择

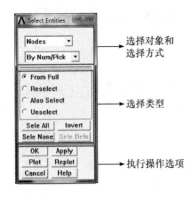

图 10-10 Entities 对话框

（图中标注）选择对象和选择方式 → 选择类型 → 执行操作选项

类型、执行操作选项。只有一次设置完成这三项内容，才可以正确执行选择操作，下面分别介绍这三项内容。

i. 选择对象和选择方式

选择对象是用户指定需要选择的对象，下拉菜单包括节点、单元、关键点、线、面、体等对象。选择方式是指定对选择对象的选取方式，下拉菜单及其功能简述如下。

By Num/Pick：通过输入对象的编号或鼠标拾取进行选择。

Attached to：通过附着关系进行选择，如附着在线上的关键点或节点等。

By Location：通过坐标位置或范围进行选择。

By Attributes：根据材料号、实常数号等单元属性进行选择，如选择实常数号为 2 的所有单元。

Exterior：选择模型的外边界，如选择有限元模型最外围的节点。

By Hard Points：通过硬点选择。

Concatenated：选择通过 xCCAT 连接命令而连接在一起的对象等。

ii. 选择类型

选择类型是关于集合的运算，如选择全部对象、选择部分对象、增加选择对象等。选择类型及其功能简述如下。

From Full：从已经确定的对象中选出一个子集。

Reselect：从当前集合中再选择一些内容构成一个更小的集合。

Also Select：追加新的对象到已定义的集合。

Unselect：从当前集合中除去一些对象。

Invert：选择当前集合的补集。

Select None：放弃选择的集合。

Select All：选择所有对象的全集。

iii. 执行操作选项

执行操作选项是完成 i.和 ii.设定后进行的最后一步执行操作。执行操作选项及其功能简述如下。

OK：确认用户对选择的设置，单击，选择对话框会消失。

Apply：确认用户对选择的设置，单击，选择对话框仍然保持。

Plot：图形显示出用户的选择结果。

Replot：重新图形显示出用户的选择结果。

Cancel：取消用户对选择的设置，并退出选择对话框。

Help：可进入在线帮助系统，查看关于选择操作的帮助文件。

Ⅲ. List(列表)菜单

List(列表)子菜单主要用来显示文件信息，可以列表显示命令记录文件、列表显示错误信息文件。List(列表)子菜单及其功能如图 10-11 所示。

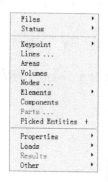

Files: 列表显示文件内容
Status: 列表显示用户所选内容的状态
Keypoint: 列表显示关键点的属性和相关数据
Lines: 列表显示线的属性和相关数据
Areas: 列表显示面的属性和相关数据
Volumes: 列表显示体的属性和相关数据
Nodes: 列表显示节点的属性和相关数据
Elements: 列表显示单元的属性和相关数据
Components: 列表显示组件的属性和相关数据
Picked Entities: 列表显示所选对象的属性和相关数据
Properties: 列表显示要查看的属性
Loads: 列表显示载荷信息
Other: 列表显示模型中的其他信息

图 10-11　List 子菜单

Ⅳ. Plot(绘图)菜单

Plot(绘图)子菜单主要用来图形显示模型的各个图形对象,如可以图形显示实体模型的关键点、线和面,图形显示有限元模型的节点、单元等。Plot(绘图)子菜单及其功能如图 10-12 所示。

Replot: 刷新图形显示窗口的模型
Keypoints: 图形显示关键点
Lines: 图形显示线
Areas: 图形显示面
Volumes: 图形显示体
Specified Entities: 图形显示特定对象
Nodes: 图形显示节点
Elements: 图形显示单元
Layered Elements: 图形显示层单元
Materials: 图形显示指定材料属性的对象
Data Tables: 图形绘制满足数据表条件的对象
Array Parameters: 数组参数
Multi-Plots: 图形显示所有对象
Components: 图形显示组件中的内容

图 10-12　Plot 子菜单

Ⅴ. PlotCtrls(绘图控制)菜单

PlotCtrls(绘图控制)子菜单中的各个选项用于控制模型的各类对象的显示,以及制作动画、输出需要的图形等。该子菜单的基本功能如图 10-13 所示。

Ⅵ. WorkPlane(工作平面)菜单

WorkPlane(工作平面)菜单用于控制工作平面坐标系和系统坐标系。图 10-14 为 WorkPlane(工作平面)子菜单及其功能的简要说明。在有限元模型建立过程中,经常需要转换工作平面和建立局部坐标系。

参数(Parameters)、宏(Macro)和菜单控制(MenuCtrls)这三个菜单并不常用,本书不再介绍,需读者自行学习。帮助(Help)菜单将在后续章节进行单独介绍。

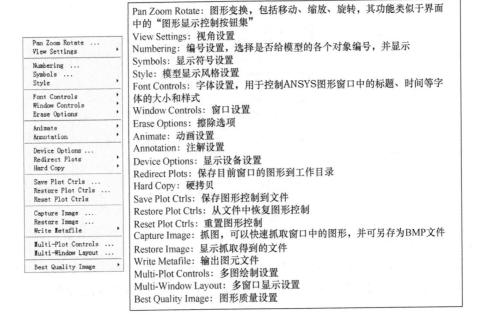

Pan Zoom Rotate：图形变换，包括移动、缩放、旋转，其功能类似于界面中的"图形显示控制按钮集"
View Settings：视角设置
Numbering：编号设置，选择是否给模型的各个对象编号，并显示
Symbols：显示符号设置
Style：模型显示风格设置
Font Controls：字体设置，用于控制ANSYS图形窗口中的标题、时间等字体的大小和样式
Window Controls：窗口设置
Erase Options：擦除选项
Animate：动画设置
Annotation：注解设置
Device Options：显示设备设置
Redirect Plots：保存目前窗口的图形到工作目录
Hard Copy：硬拷贝
Save Plot Ctrls：保存图形控制到文件
Restore Plot Ctrls：从文件中恢复图形控制
Reset Plot Ctrls：重置图形控制
Capture Image：抓图，可以快速抓取窗口中的图形，并可另存为BMP文件
Restore Image：显示抓取得到的文件
Write Metafile：输出图元文件
Multi-Plot Controls：多图绘制设置
Multi-Window Layout：多窗口显示设置
Best Quality Image：图形质量设置

图 10-13　PlotCtrls 子菜单

Display Working Plane：显示工作平面
Show WP Status：显示工作平面状态
WP Settings：工作平面设置
Offset WP by Increments：移动或旋转工作平面
Offset WP to：移动工作平面到指定位置
Align WP with：移动工作平面到指定位置并与激活坐标系一致
Change Active CS to：更改当前激活坐标系
Change Display CS to：更改当前显示坐标系
Local Coordinate Systems：创建局部坐标系

图 10-14　WorkPlane 子菜单

6) ANSYS Main Menu(主菜单)

主菜单位于 ANSYS 窗口的左侧，为树形结构。最常用的子菜单为前处理器(Preprocessor)、求解器(Solution)、通用后处理器(General Postproc)和时间历程后处理器(TimeHist Postpro)，如图 10-15 所示。下面对这四个子菜单及其功能进行介绍。

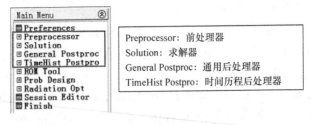

Preprocessor：前处理器
Solution：求解器
General Postproc：通用后处理器
TimeHist Postpro：时间历程后处理器

图 10-15　ANSYS Main Menu 子菜单

Ⅰ. Preprocessor(前处理器)

前处理器用于定义单元类型、设置材料属性、建立实体模型和网格划分，其部分功能如图 10-16 所示。

图 10-16　Preprocessor 部分子菜单

Ⅱ. Solution(求解器)

求解器用于对有限元模型施加载荷和进行求解设置，其部分功能如图 10-17 所示。

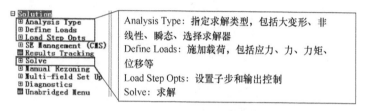

图 10-17　Solution 部分子菜单

Ⅲ. General Postproc(通用后处理器)

通用后处理器用于图形显示或列表输出求解结果，还可以对得到的结果进行各种运算。其部分功能如图 10-18 所示。

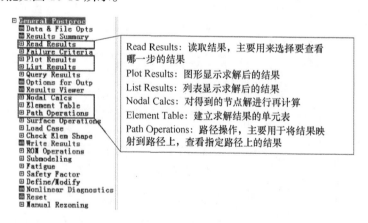

图 10-18　General Postproc 部分子菜单

Ⅳ. TimeHist Postpro(时间历程后处理器)

时间历程后处理器主要用于查看因变量随自变量的变化关系，或在瞬态求解结束后调取变量随时间演化的关系。

10.1.3 ANSYS 的帮助系统

要想掌握好 ANSYS，必须会使用 ANSYS 的帮助系统。ANSYS 的帮助系统不仅提供了使用所有命令的解释和说明，以及图形界面操作的解释，还提供了丰富的有限元分析素材。通过学习这些教程，不仅能够迅速掌握 ANSYS 有限元分析的方法，甚至有助于对有限元理论一定深度的理解。

1. GUI 形式访问帮助系统

单击实用菜单中的 Help，出现如图 10-19 所示的子菜单，单击任何一个子菜单都会进入 ANSYSY 帮助系统。在帮助系统中单击 Mechanical APDL 菜单，可以看到丰富的 ANSYS 操作和分析指导文件，其涵盖了从入门到精通 ANSYS 有限元分析的全面教程，如图 10-20 所示。

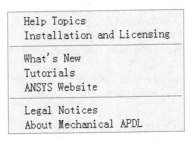

图 10-19　Help 子菜单

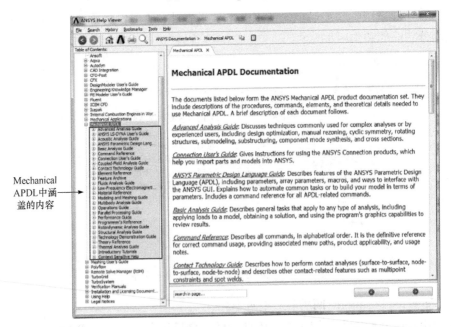

Mechanical APDL中涵盖的内容

图 10-20　ANSYS 帮助系统

2. APDL 命令访问帮助系统

在 ANSYS 的命令窗口直接输入：HELP 加所需帮助的内容，回车，就会直接访问该命令的帮助内容。例如输入 HELP/TITLE，就会弹出/TITLE 命令的用法帮助文件。

3. 对话框中访问帮助系统

ANSYS 操作时经常会出现对话框，如图 10-10 所示 Entities 对话框，单击对话框中的"Help"按钮，就会进入 Entities 对话框操作的帮助指导文件。

10.2　ANSYS 分析的基本步骤

本节介绍 ANSYS 有限元分析的典型步骤。实际应用中基本是按照这些步骤来进行分析的。ANSYS 软件提供了两种工作模式，即图形交互方式(GUI 方式)和命令流方式(APDL 方式)。GUI 方式能实现 ANSYS 绝大部分的功能，APDL 方式能实现 ANSYS 全部的功能。两种工作模式是互通的，学习 ANSYS 要至少掌握其中一种方式。

10.2.1　定义单元类型

1. 单元的概念

ANSYS 中建立有限元模型有两种方法：一是建立实体模型，然后对实体模型进行网格划分生成单元，通常用于建立复杂的有限元模型；二是先建立结点再生成单元，通常用于建立简单的有限元模型。ANSYS 提供了丰富的单元类型，包括杆单元、梁单元、管单元、2D 平面单元、3D 实体单元和壳单元等。其中，杆单元只能承受拉压载荷，梁单元既可以承受拉压载荷又可以承受弯矩，2D 平面单元用于平面网格的划分，3D 实体单元用于三维结构的网格划分。

2. 单元的定义

定义单元类型必须先进入前处理器，方法如下：

(1) 命令：/PREP7。

(2) GUI：Main Menu → Preprocessor。

然后通过下面命令或 GUI 操作，即可定义一个单元。例如，这里定义一个 PLANE183 单元：

(1) 命令：ET,1,PLANE183。其中 1 为用户自定义的单元编号，也可以采用其他数字，代表单元 1 为 PLANE183 单元。

(2) GUI：Main Menu →Preprocessor →Element Type →And/Edit/Delete。将弹出图 10-21(a)所示的对话框，单击 Add，弹出图 10-21(b)所示的对话框，选择 Solid →8 node 183，Element type reference number 栏中自动按顺序编号为 1(也可修改)，单击 OK，定义完成。

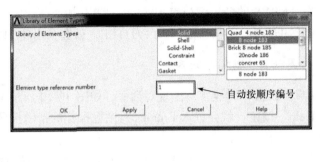

(a)　　　　　　　　　　　　　　(b)

图 10-21　定义单元类型对话框

图 10-21(a)所示的对话框中 Delete 按钮也可以执行已定义单元的删除操作，这里为不可选状态，是因为还没有定义单元。对话框中的 Options 按钮用来设置单元的实常数，有的单元不存在实常数，有的单元有多个实常数，一般分析中实常数都不需要设置(保持其默认值)，具体功能可以访问 ANSYS 的帮助系统。

10.2.2　设置材料属性

ANSYS 中所有分析都需要输入材料属性。例如，在进行结构分析时，需要输入材料的线弹性属性，如杨氏模量、泊松比等，以及材料的非线性属性，如应力-应变关系、本构模型参数等。以下用一个多线性材料模型的示例说明命令流和 GUI 的操作方式。

【例 10-1】　用多线性模型描述材料的应力-应变关系。

(1) 命令流：

MP 命令用来定义材料的线弹性属性，TB 命令用来定义材料的非线性行为，TBTEMP 命令用来定义环境温度，TBPT 命令用来输入数据。具体命令如下：

```
/PREP7
MP,EX,1,195000              !定义杨氏模量为 195000
MP,PRXY,1,0.3              !定义泊松比为 0.3
TB,MISO,1,1,25,0              !定义材料非线性行为为 Multilinear isotropic
                            hardening plasticity
TBTEMP,0              !定义温度为 0
TBPT,DEFI,0,0              !定义应力应变关系
TBPT,DEFI,0.00154,300
TBPT,DEFI,0.0029538,324.1573
TBPT,DEFI,0.0059122,354.91573
TBPT,DEFI,0.0100195,380.19663
```

TBPT,DEFI,0.0142046,397.89326

TBPT,DEFI,0.0209432,418.53933

TBPT,DEFI,0.0279388,434.55056

TBPT,DEFI,0.036099,449.29775

TBPT,DEFI,0.0475656,465.73034

TBPT,DEFI,0.0604323,480.47753

TBPT,DEFI,0.0762269,495.22472

TBPT,DEFI,0.0931004,508.28652

TBPT,DEFI,0.1110443,520.08427

TBPT,DEFI,0.1319247,531.88202

TBPT,DEFI,0.1561409,543.67978

TBPT,DEFI,0.1917807,558.42697

TBPT,DEFI,0.2213867,568.96067

TBPT,DEFI,0.2548915,579.49438

TBPT,DEFI,0.2975755,591.29213

TBPT,DEFI,0.333545,600.14045

TBPT,DEFI,0.3792319,610.25281

TBPT,DEFI,0.4325187,620.78652

TBPT,DEFI,0.4821979,629.63483

TBPT,DEFI,0.5180104,635.53371

(2) GUI：

单击 Main Menu →Preprocessor →Material Props →Material Models，弹出图 10-22(a) 所示的对话框，单击 Structural →Linear →Elastic →Isotropic，弹出图 10-22(b)所示的对话框，Temperature 栏中软件默认温度为 0，在 EX 栏中输入杨氏模量 195000，在 PRXY 栏中输入泊松比 0.3，单击 OK 完成材料的线弹性属性设置。

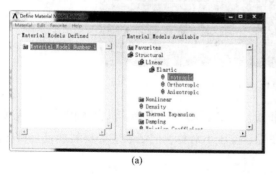
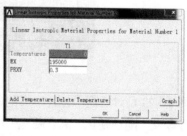

(a)	(b)

图 10-22　材料线弹性属性设置对话框

单击 Structural→Nonlinear→Inelastic→Rate Independent→Isotropic Hardening Plasticity→ Mises Plasticity→Multilinear，弹出图 10-23(a)所示的对话框，T1 栏中软件默认温度为 0，

在 STRAIN-STRESS 栏中输入应力应变数据，每输完一行需要点击一下 Add Point 增加一行，直到所有数据输入完毕，点击 OK 完成材料的非线性属性设置。可以单击 Graph 按钮用图形显示输入的结果，如图 10-24 所示。

(a)

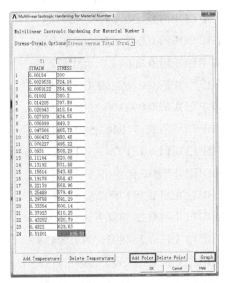

(b)

图 10-23   材料非线性属性设置对话框

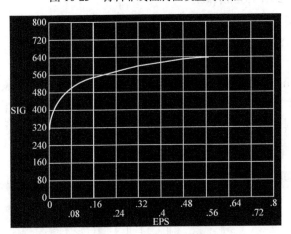

图 10-24   图形显示材料属性

图 10-23(b)对话框中包含丰富的非线性材料模型可供选择，包含率相关、率无关、各向同性硬化、随动硬化、混合硬化、蠕变、拉压不对称、记忆效应等材料属性。具体内容可以访问 ANSYS 的帮助系统。

10.2.3   建立实体模型

ANSYS 具有强大的实体建模技术，包含布尔运算、坐标变换、曲线构造、拖拽、旋转、拷贝、镜像、倒角等多种手段，可以建立真实的反映工程结构的复杂几何模型。

建立实体模型或者直接建立节点(或单元)在 Main Menu→Preprocessor→Modeling 菜单下完成。图 10-25 列出了 Modeling 子菜单及其基本功能。

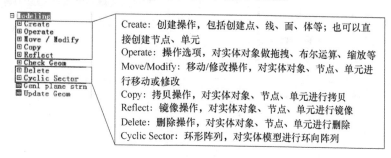

图 10-25　Modeling 子菜单

Modeling→Booleans(布尔运算)子菜单在实体模型的建立过程中发挥着极其重要的作用。图 10-26 给出了 Booleans 子菜单及其功能。

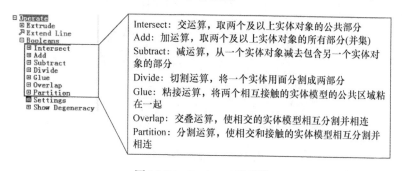

图 10-26　Booleans 子菜单

10.2.4　网格划分

ANSYS 提供两种基本网格划分技术：智能网格和映射网格。智能网格通常为 ANSYS 自动适应，为三角形网格和四面体网格，往往求解效率比较低。映射网格需要用户自行规划，通常为四边形网格和六面体网格，具有较高的计算效率。图 10-27 所示的 MeshTool 网格划分工具可以帮助用户完成精确的有限元模型。用户通过 Main Menu→Preprocessor→Meshing→MeshTool 进入 MeshTool 工具对话框。MeshTool 可以指定已定义的单元和材料类型，设置网格尺寸，执行智能和映射网格划分、进行局部细化等。MeshTool 中包含多个模块，每个模块及其功能已经在图 10-27 中列出。

对于含有裂纹的实体模型，往往要设立应力集中点，应力集中处的网格为蜘蛛网型网格，如图 10-28 所示。单击 Main Menu→Preprocessor→Meshing→Size Cntrls→Concentrat KPs 选择需要设置的应力集中关键点后，进入应力集中点网格设置对话框，如图 10-29 所示。在对话框相应栏中设置网格半径及划分的扇形数，点击 OK 完成设置，在执行网格划分后将在应力集中点处生成蜘蛛网型网格。

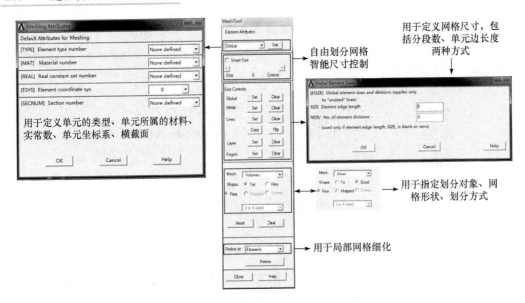

用于定义网格尺寸,包括分段数、单元边长度两种方式

自由划分网格智能尺寸控制

用于定义单元的类型、单元所属的材料、实常数、单元坐标系、横截面

用于指定划分对象、网格形状、划分方式

用于局部网格细化

图 10-27   MeshTool 工具

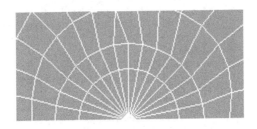

图 10-28   蜘蛛网型网格

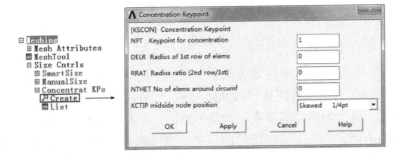

图 10-29   创建应力集中点网格属性对话框

10.2.5   加载与求解

当有限元模型建立完成之后,就需要为模型施加一定的激励,并根据特定的需要设置特定的边界条件,然后进行求解。这些过程都是在 Solution(求解器)菜单中完成的,图 10-30 给出了 Solution 子菜单及其功能。求解器的基本功能是定义分析类型,施加载荷和边界条件,执行结果输出控制和求解。

图 10-30　Solution 子菜单

10.2.6　后处理器

ANSYS 的后处理器用来观察 ANSYS 的分析结果。ANSYS 的后处理器分为通用后处理器和时间历程后处理器两部分。后处理结果包括位移、反作用力、温度、应力、应变、速度及热流等，输出形式可以是图形显示和数据列表两种。下面对两种处理器进行简要说明。

1. 通用后处理器

有限元模型建立并求解后，用户需要知道想要的结果，如应力分布、应变分布、温度分布等。通用后处理器就是用图形或列表显示出这些结果。图 10-31 给出了 General Postproc 子菜单及其基本功能。

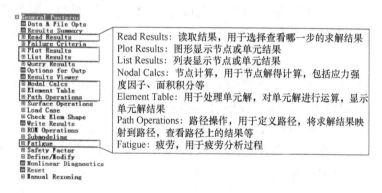

图 10-31　General Postproc 子菜单

2. 时间历程后处理器

当需要表征某个变量随自变量变化关系时就需要用到时间历程后处理器，如需要表征位移随时间的变化关系、应力随应变的变化关系，都需要用到时间历程后处理器。单击 TimeHist Postpro，弹出如图 10-32 所示的 Time History Variables 对话框，时间历程后处理器的所有功能都集成在该对话框中。其可以定义变量、删除变量、对变量进行运算、图形或列表显示变量之间的关系。

工具菜单,用
于添加、删除
变量,图形或
列表显示变量
之间的关系

已定义的变量,
时间变量由系
统自动定义

对变量进行数
学运算的面板

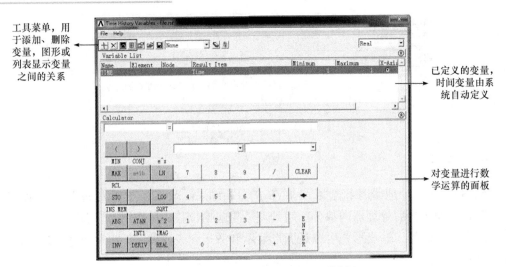

图 10-32　Time History Variables 对话框

10.3　ANSYS 实例分析——厚壁圆筒弹塑性分析

采用双线性随动强化模型对厚壁圆筒进行弹塑性分析,分别模拟自增强、卸载和施加工作载荷三个过程。圆筒的内外半径分别为 50mm 和 100mm,自增强内压为 375MPa,工作压力为 250MPa。将厚壁圆筒简化为平面应变问题,根据对称性,取圆筒的四分之一模型并施加垂直于对称面的约束。下面给出 GUI 操作和 APDL 命令两种过程。

1. GUI 操作

(1) 定义 PLANE183 单元,并设定为平面应变行为。单击 Main Menu→Preprocessor→Element Type→Add/Edit/Delete,弹出图 10-33(a)左边所示的对话框,单击 Add,弹出图 10-33(a)右边所示的对话框,在左栏中找到 Solid,右栏中选择 8 node 183,单击 OK,完成单元的定义。出现图 10-33(b)左边对话框所示的 PLANE183 单元,单击对话框中的

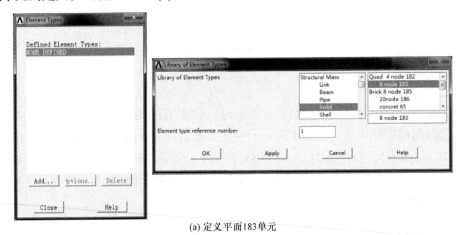

(a) 定义平面183单元

图 10-33　定义单元

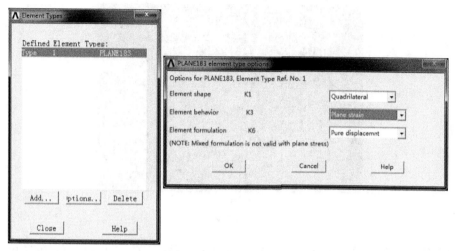

(b) 定义单元行为为平面应变

图 10-33(续)

Options，弹出图 10-33(b)右边所示的对话框，设置 K3 的下拉菜单为 Plane strain，完成平面应变行为的设定。

(2) 定义材料属性。单击 Main Menu→Preprocessor→Material Props→Material Models，弹出图 10-34(a)左边所示的对话框，单击 Structural→Linear→Elastic→Isotropic，弹出图 10-34(a)右边所示的对话框，输入弹性模量为 200000MPa，泊松比为 0.3，单击 OK，回到图 10-34(b)左边所示的对话框。单击 Structural→Nonlinear→Inelastic→Rate Independent→Kinematic Hardening Plasticity→Mises Plasticity→Bilinear，弹出图 10-34(b)右边所示的对话框，输入屈服

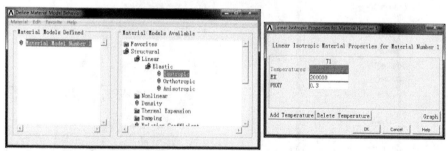

(a) 设置材料的线弹性参数

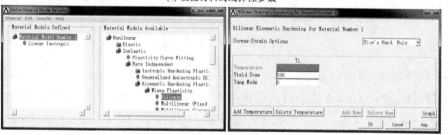

(b) 定义材料的双线性行为

图 10-34　定义材料属性

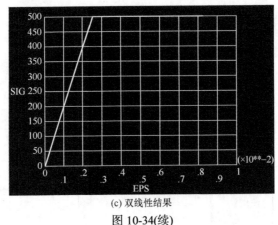

(c) 双线性结果

图 10-34(续)

极限为 500MPa，第二模量为 0，单击 OK，完成材料属性定义。可以单击图 10-34(b)右边所示对话框中的 Graph，在图形界面显示材料的属性图，如图 10-34(c)所示。

(3) 建立实体模型。单击 Main Menu→Preprocessor→Modeling→Create→Areas→Circle→Partial Annulus，弹出图 10-35 所示的对话框，输入图中所示的参数，建立 1/4 内半径为 50mm、外半径为 100mm 的圆环。单击 OK，完成建模，图形显示窗口绘制出如图 10-35 所示的 $\frac{1}{4}$ 圆环。

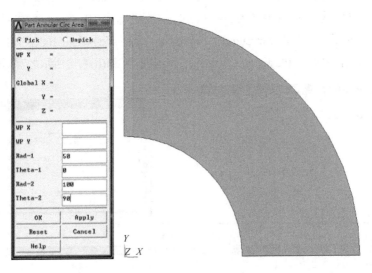

图 10-35   建立实体模型

(4) 网格划分。单击 Main Menu→Preprocessor→Meshing→Meshtool，弹出如图 10-36(b) 所示的对话框。单击 Global 栏中的 Set，弹出如图 10-36(a)所示的对话框，设置 Element edge length 为 3mm，单击 OK，完成单元边长的设置。设置图 10-36 中 Mesh 栏为 Areas，Shape 为 Quad，划分方式为 Mapped，单击 Mesh 按钮，选择图形显示窗口中的模型进行网格划分，得到图 10-36(c)所示的结果。

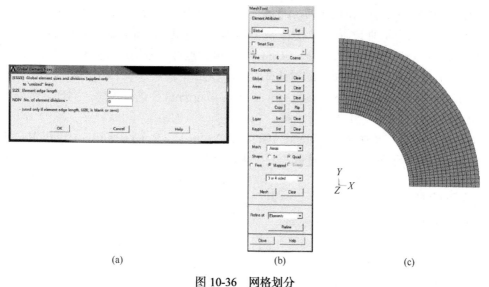

(a)　　　　　　　　(b)　　　　　　　　(c)

图 10-36　网格划分

(5) 加载与求解。单击 Main Menu→Solution→Define Loads→Apply→Structural→Displacement→On Lines，弹出图 10-37(a)左边所示的对话框，鼠标点选 2 号线或在空白栏

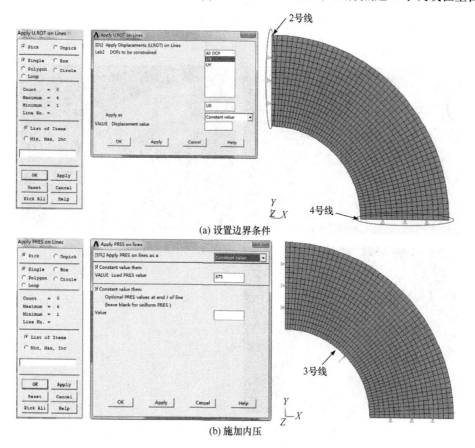

(a) 设置边界条件

(b) 施加内压

图 10-37　定义载荷及边界条件

中输入 2，单击 OK，弹出图 10-37(a)中间所示的对话框，选择 UX，单击 OK，完成 2 号线的 X 方向约束。同理设置 4 号线的 Y 方向约束。单击 Main Menu→Solution→Define Loads→Apply→Structural→Pressure→On Lines，鼠标点选 3 号线或在空白栏中输入 3，单击 OK，弹出图 10-37(b)中间所示的对话框，在 VALUE 中输入 375，单击 OK，完成 375MPa 的内压设置。单击 Main Menu→Solution→Solve→Current LS 进行求解。同理，将内压分别设置为 0 和 250MPa，分别进行求解。

(6) 查看结果。单击 Main Menu→General Postproc→Read Results→By Pick，弹出图 10-38(a)左边所示的对话框，选取第一个求解结果，单击 Read 完成选择。单击 Main

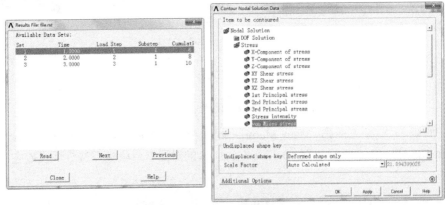

(a) 选取第一步求解结果

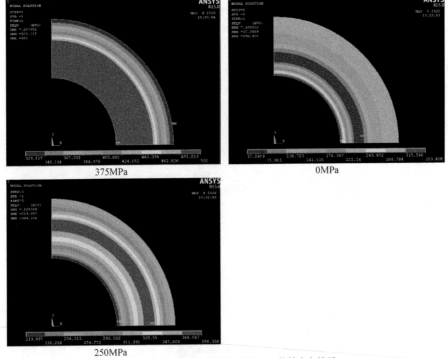

375MPa

0MPa

250MPa

(b) 自增强、卸载和工作载荷下的Mises等效应力结果

图 10-38　查看有限元分析结果

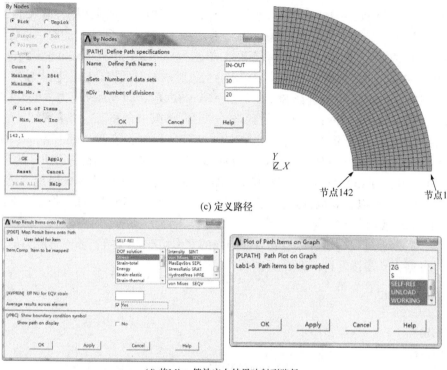

(c) 定义路径

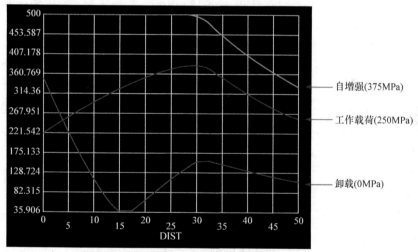

(d) 将Mises等效应力结果映射到路径

(e) 路径上的自增强、卸载和工作载荷条件下的Mises等效应力变化情况

图 10-38(续)

Menu →General Postproc→Plot Results→Contour Plot→Nodal Solu，弹出图 10-38(a)右边所示的对话框，选择 Nodal Solution→Stress→von Mises stress，单击 OK。图形显示窗口自动绘制第一个求解结果的 Mises 等效应力图。同理可以查看第二个和第三个求解结果，如图 10-38(b)所示。

　　查看圆柱内壁面到外壁面 Mises 应力分布。单击 Main Menu→General Postproc→Path

Operations→Define Path→By nodes，弹出图 10-38(c)左边所示的对话框，输入 142,1，或
鼠标逐个点选 142 号和 1 号节点，单击 OK，弹出图 10-38(c)中间所示的对话框，输入路
径名为 IN-OUT。选取第一个求解结果，单击 Main Menu→General Postproc→Path
Operations →Map onto Path，弹出图 10-38(d)左边所示的对话框。Lab 栏中输入 SELF-
REI(用户自定义标识)，下面选择 Stress→von Mises SEQV，即 Mises 应力，单击 OK，完
成将第一个求解结果的 Mises 应力映射到路径。同理，将第二个和第三个求解结果的 Mises
应力映射到路径，分别命名为 UNLOAD 和 WORKING。单击 Main Menu→General
Postproc→Path Operations→Plot Path Item→On Graph，弹出图 10-38(d)右边所示的对话框，
选中 SELF-REI、UNLOAD 和 WORKING，单击 OK，绘制路径上的 Mises 应力结果，如
图 10-38(e)所示。可以直观地看到，厚壁圆筒在自增强压力、卸载后和工作压力下内壁面
到外壁面 Mises 应力分布情况。

　　当然，后处理过程中还可以看到后壁圆筒的变形情况，径向、环向等应力的分布情
况等，此处略去，需读者自行查看。

　　2. APDL 命令

```
FINISH
/CLEAR
/PREP7                   !进入前处理器
ET,1,183,,,2             !定义 PLANE183 单元，并设定为平面应变行为
MP,EX,1,200000           !设定材料的弹性模量为 200000MPa
MP,PRXY,1,0.3            !设定材料泊松比为 0.3
TB,BKIN,1,1              !设定材料为双线性随动强化行为
TBTEMP,0                 !设定温度为 0
TBDATA,1,500,0           !设定材料的屈服极限为 500MPa，第二模量为 0
PCIRC,50,100,0,90        !建立内半径为 50mm、外半径为 100mm 的 1/4 圆环
ESIZE,3                  !设置网格尺寸为 3mm
MSHKEY,1                 !设置为映射划分方式
MSHAPE,0                 !设置为四边形网格
AMESH,ALL                !进行网格划分
FINISH
/SOLU                    !进入求解器
DL,4,,UY                 !对 4 号线施加 Y 方向约束
DL,2,,UX                 !对 2 号线施加 X 方向约束
SFL,3,PRES,375           !施加自增强内压为 375MPa
SOLVE                    !求解
SFL,3,PRES,0             !释放自增强内压
SOLVE                    !求解
SFL,3,PRES,250           !施加工作内压为 250MPa
```

```
SOLVE                        !求解
FINISH
/POST1                       !进入通用后处理器
PATH,IN-OUT,2,30,20          !通过节点 1 和 142 定义路径
PPATH,1,142
PPATH,2,1
SET,1                        !读取第一步求解结果
PLNSOL,S,EQV                 !绘制 Mises 等效应力结果
PDEF,SELF-REI,S,EQV          !将自增强的 Mises 应力映射到路径，命名为 SELF-REI
SET,2                        !读取第二步求解结果
PLNSOL,S,EQV                 !绘制 Mises 等效应力结果
PDEF,UNLOAD,S,EQV            !将卸载后的 Mises 应力映射到路径，命名为 UNLOAD
SET,3                        !读取第三步求解结果
PLNSOL,S,EQV                 !绘制 Mises 等效应力结果
PDEF,WORKING,S,EQV           !将卸工作压力的Mises应力映射到路径,命名为WORKING
PLPATH,SELF-REI,UNLOAD,WORKING       !绘图比较最后结果
FINISH
```

思　考　题

10-1　杆梁单元如何区分？各有什么特点？应用时如何选择？

10-2　有限元分析法一般可以归结为几个步骤？

10-3　ANSYS 主菜单中有几种主要的处理器？各自的功能是什么？

10-4　ANSYS 中选择单元类型的基本原则是什么？

习　　题

10-1　对如图 10-39 所示的平面结构进行应力应变分析，材料的弹性模量 $E = 200\text{GPa}$ ，两端压力为 100MPa，中心孔压力分布为 300MPa。

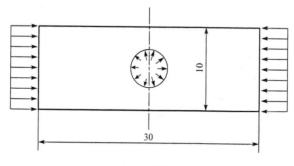

图 10-39　习题 10-1 图

10-2 对如图 10-40 所示的镁合金试样和材料的应力应变关系，按图示位置进行四点弯模拟，得出其中性层位置随载荷的变化趋势。

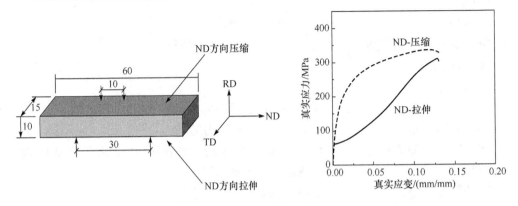

图 10-40 习题 10-2 图

10-3 周边简支圆盘如图 10-41 所示，圆盘半径为 400mm，厚度为 15mm，弹性模量为 125GPa，泊松比为 0.28，受均布压力 P 和载荷 F 的作用。均布压力 $P=15$MPa，圆盘材料应力应变关系如下表所列，集中力 F 的载荷时间曲线如图所示。试求该圆盘的应力和变形响应。

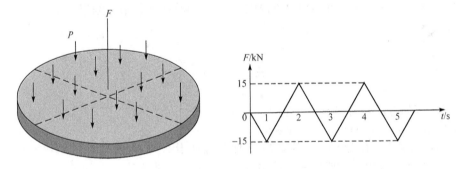

图 10-41 习题 10-3 图

表 10-1 习题 10-3 材料应力应变关系

应力 σ/MPa	130	190	220	260	280	300
应变 $\varepsilon \times 10^{-6}$	1200	1800	2700	4400	6700	10500

参 考 文 献

□旭. 2002. 过程装备力学基础. 北京: 化学工业出版社.

□增杰, 周敬恩. 1995. 工程材料的断裂与疲劳. 北京: 机械工业出版社.

□钦珊. 1979. 压力容器的应力分析与强度设计. 北京: 原子能出版社.

高庆. 1986. 工程断裂力学. 重庆: 重庆大学出版社.

顾元宪. 1992. 计算机辅助设计及软件设计方法. 北京: 科学普及出版社.

黄克智. 1987. 板壳理论. 北京: 清华大学出版社.

黄义. 1983. 弹性力学基础及有限单元法. 北京: 冶金工业出版社.

黄载生. 1990. 化工机械力学基础. 北京: 化学工业出版社.

库默 V, 杰曼 M D, 施 C F. 1985. 弹塑性断裂分析工程方法. 周洪范, 周黻秋译. 北京: 国防工业出版社.

全国压力容器标准化技术委员会. 2011. GB 150—2011 压力容器. 北京: 中国标准出版社.

全国压力容器标准化技术委员会. 2014. JB 4732—1995(R2005)钢制压力容器——分析设计标准. 北京: 中国标准出版社.

全国压力容器标准化技术委员会. 2019. GB/T 19624—2019 在用含缺陷压力容器安全评定. 北京: 中国标准出版社.

铁摩辛柯 S, 沃诺斯基 S. 1977. 板壳理论. 《板壳理论》翻译组译. 北京: 科学出版社.

涂善东. 2003. 高温结构完整性原理. 北京: 科学出版社.

王仁东. 1984. 断裂力学理论和应用. 北京: 化学工业出版社.

王仁东. 1988. 化工机械力学基础. 2 版. 北京: 化学工业出版社.

王志文. 1990. 化工容器设计. 北京: 化学工业出版社.

谢贻权, 何福保. 1981. 弹性和塑性力学中的有限单元法. 北京: 机械工业出版社.

徐秉业, 黄炎, 刘信生, 等. 1984. 弹塑性力学及其应用. 北京: 机械工业出版社.

徐芝伦. 1982. 弹性力学. 北京: 高等教育出版社.

余国琮, 胡修慈, 吴文林. 1988. 化工容器及设备. 天津: 天津大学出版社.

张福范. 1984. 弹性薄板. 2 版. 北京: 科学出版社.

Anderson T L. 1991. Fracture Mechanics: Fundamentals and Applications. Boca Raton: CRC Press.

ANSYS, Help, ANSYS Structural Products. ANSYS, Inc., 2013, Version 15.0.

Bannantine J A, Comer J J, Handrock J L. 1990. Fundamentals of Metal Fatigue Analysis. Upper Saddle River: Prentice Hall.

Clough R W. 1960. The finite element method in plane stress analysis. Proceeding of 2nd ASCE Conference on Electronic Computation, 23: 345-378.

Harrison R P, Loosemore K, Milne I. 1976. Assessment of the integrity of structures containing defects. CEGB Report R/H/R6.

Huebner K H, Thornton E A. 1982. The Finite Element Method for Engineers. Hoboken: John Wiley & Sons.

Milne I, Ainsworth R A, Dowling A R, et al. 1988. Assessment of the integrity of structures containing defects. International Journal of Pressure Vessels and Piping, 32(1): 3-104.

Stephens R I, Fatemi A, Stephens R R, et al. 2000. Metal Fatigue in Engineering. Hoboken: John Wiley & Sons.